流速仪法流量、输沙率数据处理软件开发技术与实践

孟春丽　孙章顺　白淑娟　徐永红　吴　剑　等著

黄河水利出版社
·郑州·

图书在版编目(CIP)数据

流速仪法流量、输沙率数据处理软件开发技术与实践/孟春丽等著. —郑州:黄河水利出版社,2019.11

ISBN 978-7-5509-2547-2

Ⅰ.①流… Ⅱ.①孟… Ⅲ.①流量观测-软件开发-研究②输沙率-测验-软件开发-研究 Ⅳ.①P332.4-39②TV142-39

中国版本图书馆 CIP 数据核字(2019)第 277604 号

出 版 社:黄河水利出版社　　网址:www.yrcp.com

地址:河南省郑州市顺河路黄委会综合楼 14 层　　邮政编码:450003

发行单位:黄河水利出版社

发行部电话:0371-66026940、66020550、66028024、66022620(传真)

E-mail:hhslcbs@126.com

承印单位:虎彩印艺股份有限公司

开本:787 mm×1 092 mm　1/16

印张:22

字数:536 千字　　印数:1—1 000

版次:2019 年 11 月第 1 版　　印次:2019 年 11 月第 1 次印刷

定价:98.00 元

前　言

流量和输沙率(含沙量)是两个主要的水文要素,流量测验和输沙率测验是水文测验中非常重要的两个测验项目。长期以来,流量、输沙率测验数据均由人工观测、记录、计算。流量和输沙率的测验内容较多,各项内容的组合情况又较复杂,致使流量和输沙率的测验、计算和资料整编工作量大,差错率高。为提高流量测验和输沙率测验的时效性和精度,大幅降低职工劳动强度,实现水文测报整的数字化、信息化,流量、输沙率及其他水文测验项目测验数据的计算机处理亟待计算机化,开发相应的数据处理软件势在必行。

水文是一个专业性较强的行业,水文数据又具有许多特殊性、不确定性,市场上没有通用的水文数据处理软件。

为了促进水文行业专用软件开发技术的发展,提高业内外对水文专业软件开发的兴趣和能力,本书以"流速仪法流量、输沙率数据处理软件开发"为例,从软件的需求分析、概要设计、详细设计等方面入手,以 Visual Basic 6.0 为平台,介绍水文专用软件的设计方法、开发技巧。

本书分为8章,详细介绍了流量测验、输沙率测验的技术要求,Visual Basic 6.0 编程的基础知识,项目开发的需求分析、数据要求、概要设计、软件设计、软件开发、软件测试,用户使用说明编制等技术方法。具体编写人员及编写分工如下:孟春丽负责全书统稿,编写前言、第2章、第6章第8节第2部分,总字数约5.9万字;孙章顺负责编写第3章、第6章第6节,总字数约5.8万字;白淑娟负责编写第4章和第6章第8节第7、8部分,总字数约5.5万字;徐永红、仇建斌、李海霞、高夏阳、吕刚和高佳负责编写第5章,第6章第1、2、3、7节,第6章第8节第1、3、4、5、6部分,第7章,总字数约21.1万字;吴剑、杨玉琳、孟宇华负责编写第1章,第6章第4、5节,总字数约11.6万字;娄砚北负责编写第8章,总字数约2.3万字。

本书主要是针对项目管理单位和项目开发单位及其开发人员而编写的,谨在此出版以供广大喜好水文软件开发的技术人员做参考,从而更好地为水文水资源的研究和发展奉献一份绵薄之力。

由于时间仓促,再加上作者水平所限,书中有关计算机软件方面的语言欠准、错误在所难免,希望广大读者不吝赐教,以便我们修正改进。

作　者

2019年9月

目　录

1 流速仪法流量测验技术要求

1.1 流速面积法测流的基本原理

流量是指单位时间内流过某一过水断面的水体体积。流量测验有以下两种思路:一种是设想从一个水池的出流口用量筒逐秒地承接水流并量记水量,或者记下出流时间和相应水量并用后者除以前者(出流时间越短,流量的瞬时性越明显),可以直接或者系列单位为 m^3/s 的数值,从而实现测流,这类方法可称为量积法测流。另一种是设想取面积微小的流束,测量出流速,用流速乘以面积,也可得出单位时间内流过该流束过水断面的水体体积,这类方法就称为流速面积法测流。之所以设想取面积微小的流束测流速,是认为流束的流速分布差异可以忽略,测出的就是全断面的平均流速。如果将水流断面面积放大,可以有两种途径测量一定精度的流量:一种是测出可划分为流束的各流束流量后累加;另一种是根据流速分布情况,在断面合适的位置分别测量流速,以一定的规则统计计算断面平均流速,用断面平均流速乘以断面面积获得单位时间内流过该过水断面的水体体积。显而易见,后一种途径对断面面积很大的江河有实用意义,水文测验的流速面积法基本以此为模式进行规则化或衍变扩展。

流速仪多线多点法是最典型的流速面积法测验河流流量的模式,其测量实施过程是,按断面流速分布规律,在断面布置若干测深测速垂线测量深度,在测速垂线上安排若干流速测点,用流速仪按规定的时间测流流速;其计算过程是,计算测点流速和垂线平均流速,计算相邻垂线间的面积,通过相邻垂线平均流速计算对应面积的平均流速,用相邻垂线间的面积乘以对应面积的平均流速获得该面积部分的流量,累加各面积部分的流量即为全断面的流量。

一种更理想简化的模式,是测量或推算出断面平均流速和全断面面积,通过计算其乘积得到全断面流量。在工程实践中,常需要设计合适的方式开展本模式与流速仪多线多点法模式的对比试验,探索与断面平均流速最接近的代表区域(点、垂线、若干点或垂线平均值等),或固定测量区域获得特征流速后建立与断面平均流速的换算关系,分析、总结本模式需要的断面平均流速的测法。

从水力学堰闸出流公式的推导过程可知,先用能量方程推求出考察断面的平均流速,再乘以断面面积才获得出流流量,只是在简化公式过程中合并了有关要素,蕴含掩盖了面积和流速等原始计算量值,突出了水头、宽度等要素并引入许多系数,可见水力学堰、闸测流的依据也是流速面积法。

由以上可知,流速面积法测流具有普遍意义。

1.2　流速仪法流速测验的基本要求

1.2.1　流速仪法流速测验的适用条件

(1)断面内大多数测点的流速不超过流速仪的测速范围。

(2)垂线水深不应小于流速仪用一点法测速的必要水深0.16 m。

(3)在一次测流的起讫时间内,水位涨落差不应大于平均水深的10%;水深较小和涨落急剧的河流不应大于平均水深的20%。

(4)流经测流断面的漂浮物不致频繁影响流速仪正常运转。

(5)冬季气温低时,流速仪入水以后转动灵活。

(6)在特殊情况下,个别测次超出了流速仪适用范围时,应在资料中说明;应在使用后将仪器封存,进行比测或重新检定。

1.2.2　测验中需掌握的基本规定

单位时间内流过某一过水断面的水体体积称为流量(也称为流率或断面流量),常用符号 Q 表示,以 m^3/s 计。断面流量 Q 与过水断面面积 A 的比值定义为断面平均流速 $V_{断}$,在实际应用中通常是由其他测算途径先求出 $V_{断}$,再用 $Q=V_{断}A$ 推算断面流量。

由流量基本概念衍生的概念较多,如将某一过水断面分割为若干部分,则通过各部分面积上的流量称为部分流量;流量本身具有瞬时的意义,相对于瞬时流量,有时段(日、月、年等)平均流量等概念。

1.2.2.1 测深、测速垂线布置

(1)主槽要较河滩为密,在河床和流速的急剧转折点处都分布有垂线的前提下,垂线分布应尽量均匀。

(2)为避免个别垂线的测速偶然误差对总流量影响过大,断面内任意两条相邻测速垂线的间距,最好不超过总水面宽的20%。

(3)断面最大流速和最大水深处及两边必须测速,主槽部分两测速垂线的间距不得大于20 m,滩地部分两测速垂线的间距不得大于40 m。

(4)当水位涨落或河岸冲刷(淤积),使靠岸边的一条测速垂线离水边太近或太远时,应及时调整靠岸边的两测速垂线的位置。基本原则是:第一条测速垂线到水边的距离应小于第一条测速垂线到第二条测速垂线的距离,大于第一条测速垂线到第二条测速垂线距离的一半。

(5)大于断面总流量1%的串沟水流,应布设测速垂线,垂线数应根据水面宽确定,但最少不得少于3条,不与主流相同的独立死水岔沟可不测。

(6)流速仪常测法测速垂线数,依据给定的单次流量最大总随机不确定度来确定,一般情况应按表1-1执行,当出现洪水漫滩时,应根据实际情况增加垂线数。

表 1-1 各级水面宽下的最少测速垂线数要求

水面宽(m)	测速垂线数(条)
<100	9 ~ 10
100 ~ 200	11 ~ 12
200 ~ 300	13 ~ 14
300 ~ 400	15 ~ 16
400 ~ 500	17 ~ 18
>500	>18

(7)流速仪多线多点法测流的测速垂线数,应是流速仪常测法垂线数的 1.6 倍。

1.2.2.2 测深方法、测速方法

1. 测深方法

水深测量有多种测量方法,我们采用的方法基本上是测深杆、测深锤和船上(或吊箱上)铅鱼测深。其中,船上(或吊箱上)铅鱼测深若悬索偏角大于10°需进行干绳、湿绳改正。

(1)悬索偏角测量。船上铅鱼测深时,偏角测量可利用扇形量角器直接量读出偏角,即悬索支点沿悬索切线与铅直线的夹角。吊箱上铅鱼测深时,偏角测量可采用措施测量其偏角。

(2)当悬索偏角大于10°时,如果水深测量采取直接测读(悬索上有标尺),只做湿绳改正;如果采取计数器或游标法测读水深,应做干绳、湿绳改正。

(3)湿绳改正可根据悬索直径(d,mm)、铅鱼质量(G,kg)按照公式$\beta=0.144\dfrac{G}{d}$计算出铅鱼、悬索所受冲力分配的参数β后,根据参值的大小,按照偏角、水深由《水文测验手册》附录 I-2 湿绳长度改正数表中直接查出相应的改正值。

(4)干绳改正时,首先计算悬索支点至水面的高差与测得水深的比值,若比值小于表1-2中的数据可不做干绳改正;否则应根据悬索偏角、悬索支点至水面的高差值由《水文测验手册》附录 1-3 干绳长度改正数表中直接查出相应的改正值。

表 1-2

铅鱼在河底时的悬索偏角	10°	15°	20°	25°	30°	35°	40°
悬索支点至水面的高差与测得水深的比值	0.64	0.28	0.16	0.10	0.06	0.04	0.03

(5)当悬索偏角小于10°,但干绳改正数超过水深1% ~2%时,只做干绳长度改正,公式为

$$\text{干绳改正数} = \text{干绳长度} \times (1 - \cos a)$$

式中,a 为悬索偏角。

2. 测速方法

测点流速测量的方法主要有电铃盒、秒表人工计时和智能流速记录仪两种,不论采用哪种记录方法,测速历时都要符合规范要求。在进行流速测验时,若断面发生了流向偏角,需

进行流向偏角测量及改正。流向偏角测量可采用流向仪、流向器或系线浮标法进行。流向仪可测出垂线上每一个测点的流向,流向器只能测出水面附近的流向,系线浮标法只能测出水面流向。

1.2.2.3 垂线测点布设要求

(1)用任何方法测流,垂线上流速测点的间距都不宜小于流速仪旋桨、旋叶或旋杯的直径。

(2)测水面流速时,流速仪转子旋转部分不得露出水面。

(3)测河底流速时,应将流速仪下放至0.9相对水深以下,并应使仪器旋转部分的边缘离开河底2~5 cm。测冰底或冰花底流速时,应使流速仪旋转部分的边缘离开冰底或冰花底5 cm。

(4)垂线流速测点数目要求。

流速仪精测法的垂线流速测点数目要求见表1-3。

表1-3 流速仪精测法的垂线流速测点数目要求

水深或有效水深(m)		垂线上测点数目和位置	
悬杆悬吊	悬索悬吊	畅流期	冰期
>1.00	>3.00	五点(水面、0.2、0.6、0.8、河底)	六点(冰底或冰花底、0.2、0.4、0.6、0.8有效水深、河底)
0.60~1.00	2.00~3.00	三点(0.2、0.6、0.8)	三点(0.15、0.5、0.85有效水深)
0.40~0.60	1.50~2.00	二点(0.2、0.8)	二点(0.2、0.8有效水深)
0.20~0.40	0.80~1.50	一点(0.6)	一点(0.5有效水深)
0.16~0.20	0.60~0.80	一点(0.5)	一点(0.5有效水深)
	<0.60	改用悬杆或其他方法	改用悬杆悬吊
<0.16		改用小浮标	

流速仪常测法的垂线流速测点数目要求见表1-4。

1.2.2.4 垂线测点的定位要求

(1)流速仪可采用悬杆悬吊或悬索悬吊,应使流速仪在水下呈水平状态。

(2)流速仪离船边的距离不应小于1.0 m,小船不应小于0.5 m。

(3)不论是采用悬杆悬吊还是采用悬索悬吊,应使流速仪在水平面的一定范围内能够自由转动。

(4)在测速过程中,测船一般不宜摆动。

1.2.2.5 死水、回流边界或回流量测定

测流断面出现死水区或回流区时,在每次施测流量的同时一般均应测定死水区或回流区的流速,以便能据以确定死水边界和计算回流量。

(1)死水区的断面面积超过总的断面面积的3%时,需根据以往资料或目测确定死水边界,计算死水面积;否则,死水可做流水处理。

表 1-4　流速仪常测法的垂线流速测点数目要求

水深或有效水深 (m)		垂线上测点数目和位置 二测点数目和位置(m)	
悬杆悬吊	悬索悬吊	畅流期	冰期
>0.60	>2.00	二点(0.2、0.8)	三点(0.15、0.5、0.85 有效水深)
0.40~0.60	1.50~2.00	二点(0.2、0.8)	二点(0.2、0.8 有效水深)
0.20~0.40	0.80~1.50	一点(0.6)	一点(0.5 有效水深)
0.16~0.20	0.60~0.80	一点(0.5)	一点(0.5 有效水深)
	<0.60	改用悬杆或其他方法	改用悬杆悬吊
<0.16		改用小浮标	

(2)断面上出现回流区,回流量不超过断面顺流量的 1%,且在不同时间内顺逆不定,只需在顺逆流两侧布置测速垂线,测定其边界,回流可做死水处理;否则,除测定其边界外,还需在回流区布设适当的测速垂线,以测出回流量。

1.2.2.6　流向偏角测量与改正

(1)当测验断面出现斜流、分叉、回流、死水现象时,在水流流态比较明显周围或全断面进行流向偏角观测。

(2)当进行流速仪法和微波流速仪法测流,出现斜流、流速信号上下异常时,应进行流向偏角观测。

(3)流向偏角观测要符合《河流流量测验规范》(GB 50179—2015)和水文勘测任务书的规定要求。

(4)缆道站或施测流向偏角有困难的测站,通过资料分析,当影响总流量不超过 1% 时,可不施测流向偏角,但每年应施测 1~2 次水流平面图进行检验。

1.2.2.7　流向观测仪器

(1)测杆式流向器:转轴部分装在悬杆上,转轴上端度盘与转轴保持垂直,下端尾翼应能随流向自由旋转。若实测水面附近的流向,应先使流向仪转轴上端的度盘与转轴垂直,当罗盘读数为零时应使其指针对准流向仪度盘的 0°或 90°。流向仪尾翼的尺寸应保证在低流速时能使其随流向自由旋转。

(2)电磁流向仪:利用电磁与地磁的夹角测量流向。采用流向仪测出流向的磁方位角,并计算测出的磁方位角与测流断面垂直线的磁方向角之差,应连续读数 3~5 次,取平均值。

(3)系线浮标法:采用系线浮标测流向时,宜将浮标系在 20~30 m 长的柔软细线上,自垂线处放出,待细线拉紧后,采用六分仪或量角器测量流向偏角。当采用量角器测量时,量角器上应绘有方向线,并应采用罗盘仪或照准器控制其方向,使它重合或垂直于测流断面线。

(4)数字流向仪:按照生产厂家的技术参数,满足流向测量的要求。

1.2.2.8 流向偏角的要求

每条垂线应观测3次取平均值，当流向偏角超过10°时，应从其往两岸延伸进行全断面观测；本次流量有流向偏角时，下次测流仍然观测流向偏角，直到全断面流向偏角小于10°。

当全年流向偏角都小于10°时，按水文勘测任务规定要求。

1.2.3 流速仪测流的测验方法

1.2.3.1 测流方法的选择

不同的测验时期实测流量时，可在保证测验安全的前提下，针对具体情况，选择符合实际的测流方法，如流速仪精测法、常测法、简测法、全断面浮标法、中泓浮标法等。根据多年的实际工作经验，不同时期的测验方法可按照以下情况确定：

(1)畅流期测流方法确定。一般根据水位涨落及测站任务书确定，如无特殊情况主要采用流速仪法测流。

(2)流冰(花)期测流方法确定。一般根据具体流冰(花)密度确定测流方法，稀疏流冰(花)一般采用流速仪一点法或全断面浮标法，稠密流冰(花)一般采用全断面浮标法或中泓浮标法。

(3)稳定封冻期测流方法确定。一般采用流速仪常测法，如有特殊要求可采用流速仪精测法。

(4)不论采用那种测流方法，都必须在保证人员和设备安全的前提下进行。

1.2.3.2 具体测验方法

1. 精测法

精测法的目的是为测线精简和确定测验方法积累资料。精测法就是用更多的测线和测点进行流量测验，研究各级水位条件下，断面流量沿河宽水流分布规律，为精简分析做大量储备工作。

按照水文勘测任务书的要求，就是在测站一年中，选择中高水，测速垂线取常测法2倍以上，80%以上垂线水深满足五点法以上测速，大部分测点时间在100 s以上，测次每年有1～2次。如果是一年中无大中洪水情况，可以在比较大的水深处，用五点法以上测法，一年中累计测验垂线不少于2～3条，为测点系数分析积累资料。

2. 常测法

常测法是以精测法为基础，经过对一部分测线和测点的精简分析后，满足表1-5条件就可以进行常测法流量测验。

一年中的平水期，满足流量测验规范、水文勘测任务书、黄委水文局水文测验质量管理办法、测验质量检查计分标准、河南水文局水文监测质量管理办法，以及试验研究和上级临时文件要求。

3. 简测法

简测法是以精测法和常测法为基础，对资料通过分析，测得的流量资料满足常测法流量精度条件或中高水不确定度达到低水时精度，就可以进行简测法测验。

简测法就是在水位涨落急剧，冲淤变化较大，设施设备安全故障原因，满足洪水过程控制的要求等情况下，进行的流量测验。可采用减少测深测速垂线，缩短测验历时方法，进行流速仪测流。

表 1-5　流速仪法单次流量测验允许误差

站类	水位级	允许误差(%)				
		X'_Q				$\hat{u}_Q$
		基本资料收集	水文分析计算	防汛	水资源管理	
一类精度	高	5	6	5	5	−1.5～1
	中	6	7	6	6	−2.0～1
	低	9	9	8	7	−2.5～1
二类精度	高	6	7	6	6	−2.0～1
	中	7	8	7	7	−2.5～1
	低	10	10	9	8	−3.0～1
三类精度	高	8	9	8	7	−2.5～1
	中	9	10	9	8	−3.0～1
	低	12	12	11	10	−3.5～1

注:1. X'_Q—置信水平为 95% 总随机不确定度。

2. $\hat{u}_Q$—系统误差,为不同资料用途控制指标。测验资料用于其他用途的单次流量测验允许误差,可根据需要分析确定。

1.2.3.3　测流前的准备工作(或测法确定)

(1)每次测流前,根据水位涨落情况,参考上次流量资料的水深变化和流速横向分布,确定使用一种或者两种型号的流速仪实测流量。

(2)水位暴涨暴落,水情变化急剧时,可以采用缩短测验历时,减少测深测速垂线和流速测点方法测流,但要满足测验精度要求。

(3)受变动回水影响,漂浮物或流冰严重时,可采用流速仪、微波流速仪和浮标结合的办法测流。

(4)枯水期流量较小,受水深和流速限制,不能用高速流速仪测流时,可用低速流速仪和小浮标结合的方法测流。

(5)一年中流速仪测法,可以选择精测法、常测法和简测法,需根据测站特性、设施设备、洪水涨落幅度,按照《河流流量测验规范》(GB 50179—2015)要求和水文勘测任务书要求,确定测验方法。

1.2.4　流速仪测流的工作内容

流速仪测流的工作内容包括以下几个方面:

(1)进行水道断面测量。

(2)在各测速垂线上测量各点的流速(必要时同时测出流向)。

(3)观测水位。

(4)根据需要观测水面比降。

(5)观测天气现象、测流段及其附近的河流情况。

(6)计算、检查和分析实测流量及有关数值。

1.2.5 流速仪测流误差来源与控制

1.2.5.1 误差来源

(1)起点距定位误差。

(2)水深测量误差。

(3)流速测点定位误差。

(4)流向偏角导致的误差。

(5)入水物体干扰流态导致的误差。

(6)流速仪轴线与流线不平行导致的误差。

(7)停表或其他计时装置的误差。

1.2.5.2 误差控制

误差控制应按照《河流流量测验规范》(GB 50179—2015)要求执行,并符合下列要求:

(1)应建立主要仪器、测具及有关测验设备装置的定期检查登记制度。

(2)减小悬索偏角,缩小仪器偏离垂线下游的偏距。宜使仪器接近测速点的实际位置。

(3)在不影响测验安全的前提下,适当加大铅鱼质量。

(4)尽可能减少整个测流设备的阻水力。

(5)测速时,宜使测船的纵轴与流线平行,并应保持测船的稳定。

1.2.6 流速仪流量测验步骤及方法

1.2.6.1 准备工作

1. 畅流期

当进行流速仪测流时,应准备的测验工具一般有铅鱼、流速仪、计数器、电线、测深杆或测深锤、原始记载表、计算器等。

2. 冰期

封冻期流量测验时,应准备的测验工具一般有铅鱼、流速仪、电铃盒、秒表、电线、测深杆或测深锤、打冰工具、铁锹、量冰尺、冰花尺等。

1.2.6.2 测验步骤

1. 畅流期

(1)在岸上打开流速仪箱,检查仪器编号与鉴定公式是否一致,仪器鉴定日期是否合格。检查流速仪的旋转灵活性(用嘴吹桨叶),同时接流速仪线进行信号检查;挟带流速仪、智能流速记录仪、测深杆(测深锤)、对讲机等测验用品,穿好救生衣上船。

(2)检查绞车、水深计数器的显示,检查水文绞车构件是否齐全、牢固,校检计数的准确性。

(3)安装流速仪、智能流速记录仪。

(4)观测天气、风向、风力等辅助项目。

(5)观读或量取水边起点距。

(6)记录流量测验起始时间,并观测水位。

(7)布置第一条测深、测速垂线。用测深杆(测深锤)顺水流方向测深两次,两次测得的水深差值不得超过最小水深值的2%;若超过2%,需重新测量水深。计算平均水深及测点水深，测量结果利用对讲机报给记载人员。

(8)根据计算的测点水深，利用流速仪及智能流速记录仪施测测点流速。将流速仪放至水面位置时，检查计数器归零，下至所测测点位置待信号稳定后计时，测点历时需满足测站任务书要求。本测点施测完毕后，将流速仪提出水面重新归零后施测下一个测点。当测点流速出现异常(如0.2测点流速小于0.8测点流速)时，对异常点需复测，确认其准确性。同时，注意是否需要观测流向偏角和悬索偏角。

(9)重复步骤(6)、(7)，施测全部测深、测速垂线。测深、测速垂线的布设需满足《河流流量测验规范》(GB 50179—2015)、测站任务书等的要求。

(10)到最后一条测速垂线时，先观读或量取水边起点距，然后布置测深、测速垂线，全部垂线测验完备后记录测验结束时间，并观读水位。

(11)流量测验过程中，若水位变化较大，测流过程中应增加水位测记。

(12)测验完毕后，收回流速仪并清洗，整理其他器具。

2. 冰期

(1)测验河段发生封冻现象时，要详细记录、查看河段上下游的冰清现象，冰凌堆积、冰坝的位置、距离、高度、宽度等，以及测站周围风向、风力、气温等气象信息，本站河段水温情况。

(2)测站积极准备封冻状况下的测验方案、设施设备、测验器具、人身安全防护保障措施、救援方案等。

(3)密切关注上下游测站的水情信息，以及上下游河段的水利工程的运行情况。

(4)进入封冻初期，在基本水尺断面或其他测验断面周围，选择安全的地方，探测或打冰窟窿，进行冰厚测量；不能满足冰上行走时，有吊箱或重铅鱼的测站，用测深锤、钢钎等工具，选择破冰措施，进行流量测验。

(5)人员不能行走且无破冰措施时，应在测站上下游，选择无封冻或流量较大，有代表性地段，进行流量测验。

(6)进入稳定封冻期以后，在保证人员安全的前提下，可采取打冰窟窿，实测水深，观察水内冰情和冰情流动，按照畅流期或冰期的流速仪测法要求，进行流量测验。

(7)测流前要准备的工作如下：

①测流前要准备打冰或破冰工具、捞冰工具。

②测流前要在下游水流比较开阔地点，查看从封冻冰面下流出的冰花、冰松、流冰块的密度、大小等。

③准备1~2架流速仪，温度较低时需准备煤油或温水，根据封冻前的水深情况准备测深杆、悬杆悬吊、音响器、对讲机、秒表和记载工具。

④测验开始前所有通信联络要正常，对人员要详细分工，明确责任，在冰上行走时要观察冰面流水、冒水等现象，打冰期间要有防滑、防冻保护措施，同时对打冰人员要有冰裂紧急逃生措施。

⑤安排部分人员在测站上下游观察天空漂浮物，河道冰面、冰情异常声响。

⑥打冰窟窿顺序，在封冻初期，一般上午测流，从两岸向河心移动，封冻中后期，选择中午时间，从河心往两岸或先主流后两岸。

⑦冰孔打开后，防止冒水、溅水，稳定后观察冰下现象，测量冰厚、水侵冰厚、水深、冰花

等，捞出冰花、冰松，按畅流期流速仪测法流量，如果冰花等密集，可用防冰罩。

⑧测速垂线布设及数量，按测站任务书要求，流速仪出水，若结冰不转动，可用煤油或温水融化冰层，严禁敲打和扭转。

(8)冰期流量测验，根据断面封冻情况选用不同测验设施施测，采用的方法有吊箱流速仪法、冰上流量测验法及浮标法等。吊箱流速仪法与冰上流量测验法步骤基本相同，仅渡河方式及悬吊设备有所区别。测验步骤如下：

①安装仪器；

②开始计时并观测水位；

③查找和确定三边起点距(冰面边、水边、冰底边)；

④布置第一条测深、测速垂线并凿孔；

⑤进行垂线水深测量；

⑥量取冰厚、水浸冰厚、冰花厚；

⑦进行垂线测点流速测量；

⑧第一条垂线测验结束后，进行第二条垂线测量，依次类推。到最后一条测深、测速垂线时，首先观读或量取三边起点距，然后布置测深、测速垂线，全部垂线测验完备后计时结束并观读水位。

1.2.7 其他附属项目观测要求

1.2.7.1 水位观测

每次测流时，均应观测或摘录基本水尺水位，当估计水位变化引起水道断面面积的变化不超过测流开始时断面面积的5%(平均水深大于1 m)或10%（平均水深小于1 m)时，可只在测流开始和终了时各观测或摘录一次水位；否则，在测流过程中应加测或加摘水位，并以控制水位变化过程为原则。

当测流过程可能跨过水位过程线的峰顶或峰谷时，应增加观测或摘录水位的次数。

1.2.7.2 水面比降观测

设有比降水尺的测站，当测流过程中水位变化平稳时，可只在测流开始时观测一次水面比降；水位变化较大时，则应在测流开始和终了时各观测一次。

1.2.7.3 天气现象及其他观测

每次测流时，应同时观察和记录天气现象，风力、风向及测验河段附近发生的影响水位与流量关系稳定的有关情况。

1.2.8 流速仪实测流量的记载与计算

1.2.8.1 一般规定

(1)流速仪型号及公式填记：直接填记所用仪器的“型”和“号”，有两个桨头的仪器公式以下标形式加以区分。

(2)停表检查填记：停表检查，10 min 误差 +（或 -）×. × s。

(3)水边为陡岸记测得水深，水边为斜坡的水深应记为“0”，流速栏空白。

(4)信号数为0时的测点流速也记为“0”，并参加垂线数、测点数统计。

(5)冰花塞死的边界处应按死水边处理，死水边界的垂线平均流速填“0”作为死水边标记。

(6)畅流水面五点法测速垂线最上测点的相对位置应填为"水面",测点深填记0.10 m;有盖面冰时六点法最上测点的相对位置应填为"冰底"或"冰花底",测点深填记至冰底或冰花底下0.10 m处;最下测点相对位置均填为"河底",测点深为水深减去铅鱼底至仪器中心距离。

(7)相邻垂线起点距有记至0.1 m的,相邻垂线间距也应记至0.1 m。

(8)用测深杆、测深锤、铅鱼施测水深时,水深小于1 m测记。

(9)水深(或有效水深)0.16~0.20 m用流速仪0.5水深流速时,不再乘以半深流速系数,测点流速即做垂线平均流速。

(10)流速测量计时用机械表时,历时大于或等于100 s记至1 s,小于100 s记至0.2 s;用电子表时均记至0.1 s。

(11)封冻期计算实测流量时,在连续两条及以上垂线有水深,但有效水深为零,在计算冰底宽时,这部分间距不再减去;在连续两条及以上垂线有冰厚但无水深,在计算水面宽时,应将这部分间距减去。

(12)水深均匀变浅至零的斜坡岸边,流速系数取0.70;不平整的陡岸边,流速系数取0.80;光滑的陡岸边,流速系数取0.90;流水与死水(或冰花到底)交界处,流速系数取0.60。

(13)水面流速系数、半深流速系数有试验值的采用试验值,没有试验值的可采用经验值。

1.2.8.2 畅流期流量计算

1. 垂线起点距水深的计算

垂线起点距水深可采用与测量方法相应的公式计算。

2. 测点流速的计算

一般用转数、历时算出,或从流速仪检数表上查读。当实测流向偏角大于10°而各测点均有记录时,在计算垂线平均流速之前,应做偏角改正。若仅在水面或水面附近施测流向偏角,可先计算出实测的垂线平均流速后再做流向偏角改正。计算公式为

$$v_N = v\cos\theta$$

式中,v_N为垂直于断面的测点(或垂线平均)流速,m/s;v为实测的测点(或垂线平均)流速,m/s;θ为流向偏角,(°)。

3. 垂线平均流速计算

(1)垂线上没有回流时的计算公式如下:

十点法

$$v_m = \frac{1}{10}(0.5v_{0.0} + v_{0.1} + v_{0.2} + v_{0.3} + v_{0.4} + v_{0.5} + v_{0.6} + v_{0.7} + v_{0.8} + v_{0.9} + 0.5v_{1.0})$$

五点法

$$v_m = \frac{1}{10}(v_{0.0} + 3v_{0.2} + 3v_{0.6} + 2v_{0.8} + V_{1.0})$$

三点法

$$v_m = \frac{1}{3}(v_{0.2} + v_{0.6} + v_{0.8})$$

或

$$v_m = \frac{1}{4}(v_{0.2} + 2v_{0.6} + v_{0.8})$$

二点法:

$$v_m = \frac{1}{2}(v_{0.2} + v_{0.8})$$

一点法

$$v_m = v_{0.6} \quad v_m = Kv_{0.5} \quad v_m = K_1 v_{0.0} \quad v_m = K_2 V_{0.2}$$

(2)当垂线上有回流时,回流流速应为负值,可采用图解法量算垂线平均流速;当只在个别垂线上有回流时,可直接采用分析法计算垂线平均流速。

4. 部分面积的计算

部分面积可按下式计算:

$$A_i = \frac{1}{2}(d_{i-1} + d_i) \times b_i$$

式中,A_i 为第 i 部分面积,m^2;i 为测速垂线或测深垂线序号,$i=1,2,\cdots,n$;d_i 为第 i 条垂线的实际水深,m,当测深、测速没有同时进行时,应采用加测水深或推算出应用水深;b_i 为第 i 部分断面宽,m。

5. 部分平均流速的计算

除简测法外,两测速垂线中间部分的平均流速为两垂线平均流速的算术平均值。岸边或死水边部分平均流速,等于至岸边或死水边起第一条测速垂线的平均流速乘以流速系数。

6. 部分面积、流速计算图例

部分面积、流速计算图例见图 1-1。

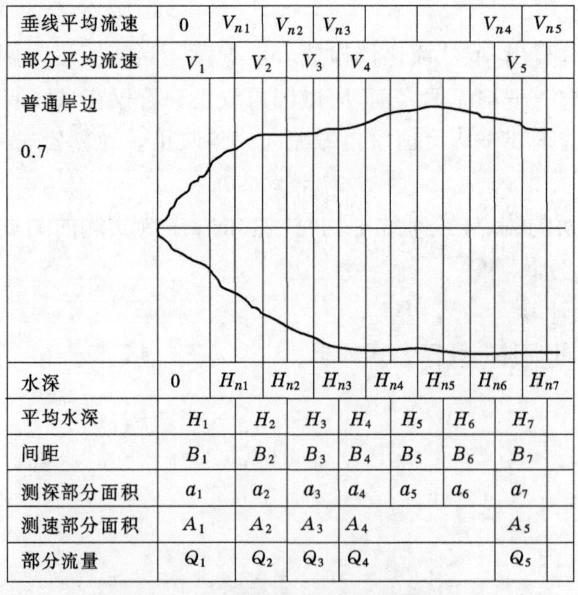

图 1-1 部分面积、流速计算图例

图 1-1 中各项计算如下:

部分平均流速

$$v_1 = 0.7 \times v_{n1} \quad v_2 = (v_1 + v_2)/2 \quad v_4 = (v_3 + v_4)/2$$

平均水深

$$H_1 = (0 + H_{n1})/2 \quad H_2 = (H_{n1} + H_{n2})/2$$

测深部分面积

$$a_1 = H_1 \times B_1 \quad a_2 = H_2 \times B_2$$

测速部分面积

$$A_1 = a_1 \quad A_2 = a_2 \quad A_4 = a_4 + a_5 + a_6$$

部分流量：

$$Q_1 = A_1 \times v_1 \quad Q_2 = A_2 \times v_2 \quad Q_4 = A_4 \times v_4$$

断面总流量：

$$Q = Q_1 + Q_2 + Q_3 + \cdots + Q_5$$

7.有关项目的计算

有关项目的计算见表1-6。

表1-6　有关项目的计算

计算项目	定义及计算方法
水道断面面积或断面总面积	自由水面线与河底线所包围的面积。计算时,取流水断面面积与死水面积之和
死水面积	水道断面面积的一部分,其中流速等于零(或当零处理)。其面积根据死水边上的水深及其至水边间距算得
水面宽	两岸水边之间的宽度(没有独股水流时)
平均水深	断面总面积(或水道断面面积)与水面宽的比值
平均流速	由断面流量除以水道断面面积而得
最大水深	从各个“水深”中挑选的最大值
最大流速	从各个“测点流速”中挑选的最大值
水面比降	由上、下比降水尺的平均水位差除以两比降断面间的间距而得

2 悬移质输沙率测验技术要求

2.1 含沙量、输沙率的符号和计量单位

含沙量是度量浑水中泥沙所占比例的概念。含沙量和特定因素或条件组合及进行统计计算会衍化出很多与含沙量关联的概念术语，如考虑流速的输移含沙量，考虑空间位置的测点含沙量、垂线平均含沙量、断面平均含沙量及单样含沙量，时间统计的日(月、年)断面平均含沙量等。

单位时间内通过河流某一断面的泥沙质量称为输沙率，有悬移质输沙率、推移质输沙率和全沙输沙率等术语，床沙不参与输移，故无床沙输沙率的说法。

输沙率通常的符号为 Q_s、q_s，单位为 g/s 或 kg/s 或 t/s。

某断面悬移质输沙率 Q_s、断面平均含沙量 S 和流量 Q 的基本关系为

$$S = \frac{Q_s}{Q}$$

对于一次断面悬移质泥沙测验，若将测算的目标量确定为断面平均含沙量，经典的测验方法是输沙率法。基本做法是，根据一般的断面流速、含沙量分布不均匀的特点，在断面布置测验垂线，在垂线选择测点，测验(测定)各点含沙量，通过对断面各点含沙量和所代表的流量(流速、面积等因素)区域计算区域输沙率，统计出全断面的输沙率 Q_s，进而计算出 S。输沙率法推算的断面平均含沙量考虑了区域流量(流速、面积等因素)，符合部分流量加权原理。

2.2 悬移质输沙率测验基本要求

2.2.1 输沙率测验工作内容

(1)采用不同的悬移质输沙率测验方法测定断面平均含沙量，均须符合部分流量加权原理和精度要求。

(2)悬移质输沙率测验时，测沙垂线必须测速。

(3)悬移质输沙率测验的沙样需做颗粒分析时，必须加测水温。

(4)需建立单断沙关系时，应采取相应单沙。

(5)用流速仪法测流时输沙率测验的工作内容包括：按流速仪测流的有关规定布置测速垂线，在各垂线上施测水深、起点距及流速；采取相应单位水样；在各取样垂线上采取水样，观测水位、比降等测流附属观测项目，所取水样兼作颗粒分析时应加测水温。

(6)采用浮标法测流时，输沙率测验的工作内容，除测速方法与流速仪法不同外，可只在测沙垂线上采取水样，其他内容相同。

(7)用全断面混合法时,输沙率测验可以同时测流,也可以不同时测流。只在测沙垂线上采取水样。

(8)测次布设应符合《河流悬移质泥沙测验规范》(GB/T 50159—2015)及测站任务书要求。

2.2.2 测验步骤

2.2.2.1 准备工作

测验断面不稳定的测站,当进行输沙率测验时,首先根据水位涨落选择最近一次实测流量资料,采用等流中线法进行分析确定测沙垂线位置。输沙率测验一般与流量测验同时进行,应准备的测验工具一般有铅鱼、流速仪、计数器、电线、测深杆或测深锤、沙样桶、采样器、量杯、清水、水温表、原始记载表、计算器等。

2.2.2.2 测验步骤

(1)安装仪器。

(2)记录测验起始时间,并观测水位。

(3)观读或量取水边起点距。

(4)测取起始单样含沙量。

(5)按测站任务书要求布设测深、测速垂线,并进行垂线水深、测点流速测量。

(6)当测至测沙垂线时,除完成测深、测速步骤外,还应根据本次输沙率测验方法取样。现场量取水样量积。

(7)测至最后一条测速垂线时,首先观读或量取水边起点距,然后布置测深、测速垂线。

(8)全部垂线测验完成后,测取终了单样含沙量,取样结束后记录测验终止时间并观读水位。

当水样需做颗粒分析时,应施测水温。

需要建立单断沙关系时,应施测相应单沙。

2.2.3 悬移质输沙率测次布置、取样垂线布置、垂线上的取样方法

2.2.3.1 悬移质输沙率测次布置

一年内悬移质输沙率的测次,应主要分布在洪水期,以能准确地推算出各种时段的输沙量为原则,并应符合下列规定:

(1)采用断面平均含沙量过程线法进行资料整编的站。

每年测次应能控制含沙量变化的全过程,每次较大洪峰的测次不应少于5次;平、枯水期,一类站每月应测5~10次,二、三类站每月应测3~5次。

(2)采用单断沙关系线法进行资料整编的站。

测次应满足单断沙关系曲线定线要求,并符合下列规定:

①历年单断沙关系与历年单断沙综合关系线比较,一类站其变化在±3%以内时,年测次不应少于15次。二类站做同样比较,其变化在±5%以内时,年测次不应少于10次;年变化在±2%以内时,年测次不应少于6次。三类站做同样比较,其变化在±5%以内时,年测次不应少于6次;年变化在±2%以内时,输沙率可实行间测。测次应均匀分布在含沙量变幅范围内。

②单断沙关系线随水位级或时段不同而分为两条以上关系线时，每年悬移质输沙率测次应满足：一类站不应少于25次，二、三类站不应少于15次。在关系曲线发生转折变化处应分布测次。

(3)采用单断沙关系比例系数过程线法整编的站。

测次应均匀分布并控制比例系数的转折点。在流量和含沙量主要转折变化处，应分布测次。

(4)采用流量输沙率关系曲线法整编资料的站。

年测次分布应能控制各主要洪峰变化过程，平、枯水期，应分布少量测次。流量与输沙率关系较稳定的站，可通过流量推算输沙率；根据流量变化布置输沙率测次，输沙率测次分布应满足资料整编要求。

(5)测站在大中峰洪水时，单断沙关系延长：一类站不超过10%，二类站不超过15%，三类站不超过20%。单断沙关系间距：一类站不超过20%，二类站不超过25%，三类站不超过35%。

2.2.3.2 悬移质输沙率颗粒级配测次布置

一年内测定断面平均颗粒分析的测次，应主要分布在洪水期，并应符合下列规定：

(1)用断面平均颗粒级配过程线法进行资料整编的站。

一、二类站，每年测次应能控制颗粒级配变化过程，每次较大洪峰应测3~5次；汛期每月不应少于4次；非汛期，多沙河流每月应测2~3次，少沙河流每月应测1~2次。

(2)用单断颗关系线法进行资料整编的站。

一类站历年单断颗关系线与历年综合关系线比较，粗沙部分变化在±2%以内，细沙部分变化在±4%以内时，每年测次不应少于15次；二类站做同样比较，粗沙部分变化在±3%以内，细沙部分变化在±6%以内时，每年测次不应少于10次。

单断颗关系线随水位级或不同时段而分为两条以上关系曲线时，每年测次，一类站不应少于20次，二类站不应少于15次。

单断颗关系点散乱的站，应相应增加测次。

三类站每年在汛期洪水时施测5~7次，非汛期施测2~3次，可不计算月、年平均颗粒级配。

2.2.3.3 悬移质输沙率测验取样垂线布置

取样方法控制，应根据测站特性、精度要求和设施设备条件等情况分析确定。测沙垂线布设方法和测沙垂线数目，应由试验分析确定。在未经试验分析前，可采用单宽输沙率转折点布线法。断面内测沙垂线的布置，应根据含沙量横向分布的规律布设，一般情况下，其分布应大致均匀，中泓密两边疏，以能控制含沙量横向变化转折，测沙垂线数目一类站不少于10条，二类站不少于7条，三类站不少于3条。断面与水流稳定的测站，测沙垂线应该随测速垂线一起固定下来。

对于河床水流比较稳定的情况，一般根据实际条件和符合流量加权原理的要求，可采用等水面宽布线法、等部分流量布线法、等部分面积布线法等。一般采用等水面宽布线法。

(1)部分输沙率法。输沙率测验垂线布设条数和位置应采用较多垂线进行试验，由试验资料分析确定。在未经试验分析前，输沙率测验布设垂线数目，可采用单宽输沙率转折点法布线、等部分输沙率法布线或等部分流量法布线确定垂线位置。

(2)全断面混合法输沙率测验应满足下列规定:

河段为单式河槽且水深较大的站,可采用等部分水面宽全断面混合法进行悬移质输沙率测验。各垂线采用积深法采样的仪器提放速度和仪器进水管管径均应相同,并应按部分水面宽中心布线。

矩形断面用固定垂线采样的站,可采用等部分面积全断面混合法进行悬移质输沙率测验。每条垂线应采用相同的进水管管径、采样方法和采样历时,每条垂线所代表的部分面积应相等。当部分面积不相等时,应按部分面积的权重系数分配各垂线的采样历时。

断面比较稳定的站,可采用等部分流量全断面混合法进行悬移质输沙率测验。各垂线水样容积及所代表的部分流量均应相等。

2.2.3.4　悬移质输沙率垂线上有取样方法

单样含沙量测验方法应能使一类站单断沙关系线的比例系数为0.95~1.05,二、三类站的为0.93~1.07。在目前使用的悬移质输沙率测验方法中,分为选点法、积深法、垂线混合法和全断面混合法四类。

(1)采用选点法时,应同时施测各点流速,各种选点法的测点位置,应符合表2-1的规定。

表2-1　不同水流情况选点法测点位置

水流情况	方法名称	测点的相对水深位置
畅流期	五点法	水面、0.2、0.6、0.8、河底
	三点法	0.2、0.6、0.8
	二点法	0.2、0.8
	一点法	0.6
封冻期	六点法	冰底或冰花底、0.2、0.4、0.6、0.8、河底
	二点法	0.15、0.85
	一点法	0.5

注:相对水深为仪器入水深与垂线水深之比。在冰期,相对水深应为有效相对水深。

(2)采用积深法时,应同时施测垂线平均流速。

(3)采用垂线混合法时,应同时施测垂线平均流速。按采样历时比例采样混合时,各种采样方法的采样位置与历时,应符合表2-2的规定。

表2-2　不同采样方法采样位置与历时

采样方法	采样的相对水深位置	各点采样历时(s)
五点法	水面、0.2、0.6、0.8、河底	$0.1t$、$0.3t$、$0.3t$、$0.2t$、$0.1t$
三点法	0.2、0.6、0.8	$t/3$、$t/3$、$t/3$
二点法	0.2、0.8	$0.5t$、$0.5t$

注:t为垂线总采样历时。

(4)按容积比例采样混合时,采样方法应经试验分析确定。

2.2.4 悬移质输沙率测验

2.2.4.1 设定断面

断面一般与水流总体方向正交，是水流的横断剖面（测站基本测流断面）。起点距与测流断面一致。

2.2.4.2 布置测验垂线

根据先验知识沿断面方向线在断面布置测验垂线，测量起点距，确定垂线在断面的位置。

测验垂线数目：一类站不应少于10条，二类站不应少于7条，三类站不应少于3条。

通常情况下，在输沙率测验的同时施测流量，根据流速和含沙量断面分布特性，两者的垂线数目可以相等，也可以不等，一般流量测验的垂线数目多一些，在全部或部分流量测验的垂线，安排输沙率测验垂线；垂线选点法测验流速、含沙量的点位也应重合。

2.2.4.3 观测水位

观测基本断面水位和比降断面水位。基本断面水位控制变化过程，要求基本同流量测验；输沙率开始和终了均需观测上下比降断面水位，上下比降断面水位宜由两名观测员同时观测。水位变化缓慢时，也可由一人观测，观测步骤应为：先观读上（或下）比降水尺读数，后观读下（或上）比降水尺读数，再返回观读一次上（或下）比降水尺读数，取上（或下）比降水尺的均值作为与下（或上）比降水尺的同时水位计算比降。往返两次的时间应基本相等。

2.2.4.4 定位、测深

选点法输沙率测验需定位、测深、测速和取样。全断面混合法仅需取样。

1. 定位、测深、测速

记载分析取样垂线起点距，施测各垂线起点距和水深，在水深范围抽样布置测点（一点法、二点法、三点法、五点法），在测速垂线上测量各点的流速。当测至测沙垂线时，除完成测深、测速步骤外，还应根据本次输沙率测验方法取样、现场量取水样量积。

输沙率测验历时较长，应尽量缩短时间，一般用开始时间和终止时间的平均时间代表测验时间，可准确到分钟。测验时机宜选择在各有关测验要素变化不大的合适时段。

2. 将渡河工具（船或吊箱）开至断面预定测沙垂线取样位置测量水深

河底比较平整的断面，每条垂线的水深应连测两次。当两次水深读数差值不超过最小读数的2%时，取两次水深读数的平均值；当两次水深读数差值超过2%时，应增加测次，取符合限差2%的两次水深读数的平均值；当多次测量达不到限差2%的要求时，可取多次水深读数的平均值。

河底为由乱石或较大卵石、砾石组成的断面，应在测深垂线处和垂线上、下游及左、右两侧共测五点。四周测点距中心点，小河宜为0.2 m，大河宜为0.5 m，并取五点水深读数的平均值为垂线水深。

每条垂线的水深应连测两次。两次水深读数差值，当河底比较平整的断面不超过最小水深读数的3%，河底不平整的断面不超过5%时，取两次水深读数的平均值；当两次水深读数差值超过上述限差范围时，应增加测次，取符合限差的两次测深结果的平均值；当多次测量达不到限差要求时，可取多次测深结果的平均值。

1)测深杆测深

(1)将测深杆顺水流方向斜向上游插入河水,使刻有标度面面向自己;

(2)当测深杆触及河底并处于垂直状态时,快速读取水深读数;

(3)重复上述两个步骤进行第二次测深,按要求将测深结果记入记载簿。

2)测深独锤测深

(1)预估水深,盘绕超过预估水深一定长度的测绳,拿起测深锤,顺水流方向向上游抛入河水,感觉测深锤触及河底时顺势收绳,直到测绳由倾斜到垂直。

(2)在测绳垂直时迅速读取水深刻度读数。

(3)重复上述两个步骤进行第二次测深,按要求将测深结果记入记载簿。

如果测绳上的标度精度不满足规范要求,应采用钢尺或测深杆作为游标提高水深读数精度。

3)计算测点深

按测点深取样,含沙量很小时,为防止处理时沙重不够,可加大取样容积。

2.2.4.5 取样

根据各个测站任务书规定,选择取样垂线位置和垂线含沙量的测验方法。

取样位置:根据取样方法和测得的垂线水深计算取样测点位置。

取样:打开横式采样器筒盖,将采样器斜向上游顺水流方向入水,器口轴线平行于水流方向,到达取样位置,保证筒体顺流,筒口迎流,使水流最大限度不受干扰地充满筒体,采样器悬杆垂直时稍停片刻,拉动采样器开关,关闭筒盖,将水样封存于筒体中。取样后迅速将采样器提出水面。在倒入量杯前稍停片刻,防止将采样器外部水带入采样桶。移动仪器到量筒和装筒漏斗处,扶持好仪器,使一端对着装筒漏斗打开筒盖,将筒体中封存的水样倒进漏斗输入量筒。

2.2.4.6 现场量读水样容积

用量筒测量水样容积时,量筒应垂直,视线与弯月下面平齐,读取弯月下面与量筒的对应刻度数值,精确到 mL。量容积读数误差不得大于水样容积的 1%。量积过程应注意不得使水样体积和泥沙有所减少或增加。量积后的水样,倒入准备好的有编号的沙桶。读取量杯读数计入记载簿,量筒量积后,用清水将采样器、漏斗、量杯冲洗干净并倒入水样桶。所取得的水样体积,与采样器本身容积一般相差不得超过 10%;否则,必须重新取样。

2.2.4.7 取样人员测读水温

测水温时,取样人员用一根细杆长绳悬吊水温表,将水温表应放入水面以下 0.5 m 处,水温表在河水里的时间不少于 5 min;读取水温时,视线应与水温达到的刻度线齐平。

2.2.4.8 记载计算

按照输沙率记载计算表内容在输沙率测验过程中随测随记,如记载表表头信息、起点距、水深、测点位置、测点流速、河水温、桶号、容积等项目应随测随记。所取水样处理需要沉淀,现场含沙量数据出不来时,可以在数据出来后再记录计算。

2.2.4.9 样品交接、处理

所取全部泥沙样品应在输沙率测验结束后交测站泥沙室,泥沙室人员负责接收清点沙样数量,查看水样状态,检查沙样采样记录表是否填写完整,并在样品接收、流转、处置记录表上按顺序填写样品编码,记录沙样状态、接收日期和时间等内容,由送样人和样品管理员

确认签字。

按照水样处理要求，及时处理水样，并记载计算测量结果。

悬移质水样需要颗分的应留取悬移质沙样，床沙沙样全部参加颗分。留样要求：悬移质沙样一般不少于 5 ~ 10 g，泥沙组成较粗时，留样沙重不少于 10 ~ 20 g；河床质留样沙重不少于 50 ~ 70 g。

2.2.4.10 资料校核

所有测验项目的原始记录表应及时由校核人员及复核人员进行审核，要求不少于三遍手续（记载计算、初校、复校等手续）。

2.2.4.11 有床沙观测任务的应加取床沙

在输沙率测验开始和终了时各测取 1 次相应单样，当含沙量变化剧烈时，应增加测验次数，并控制转折变化。所取悬移质水样应记录盛样容器编号；所取床沙沙样、单样均应记录取样日期和时间、取样位置（起点距）、水深和取样相对位置（床沙不填此项）、取样容积、盛样容器编号等信息；以上信息填写到递送单上，交接水样、沙样时一并提交。

2.2.5 悬移质泥沙水样处理

根据测站条件，合理选用烘干法、置换法和过滤法来处理泥沙。称量使用的天平，应定期进行检查校正。

2.2.5.1 水样处理的最小泥沙质量的基本要求

（1）烘干法和过滤法所需最小泥沙质量，应符合表 2-3 的规定。

表 2-3 烘干法和过滤法所需最小泥沙质量

方法	天平感量或分度值(mg)	最小泥沙质量(g)
烘干法	0.1	0.01
	1	0.1
	10	1.0
过滤法	0.1	0.1
	1	0.5
	10	2.0

（2）置换法所需最小泥沙质量，应符合表 2-4 的规定。

表 2-4 置换法所需最小泥沙质量 （单位：g）

天平感量或分度值(mg)	比重瓶容积(mL)					
	50	100	200	250	500	1 000
1	0.5	1.0	2.0	2.5	5.0	10.0
10	2.0	2.0	3.0	4.0	7.0	12.0

2.2.5.2 量水样容积

所用量具，应经检验合格，观读容积时，视线应与水面齐平，读数以弯液面下缘为准，且应符合下列规定：

(1)量水样容积，宜在采样现场进行，量容积读数误差不得大于水样容积的0.5%。

(2)所取水样，应全部参加量容积。

(3)在量容积过程中，不得使水样容积和泥沙减少或增加。

2.2.5.3　沉淀浓缩水样

沉淀浓缩水样，应严格按确定的沉淀时间进行。在抽吸清水时，不得吸出清水底部泥沙，吸具宜采用底端封闭、四周开有小孔的吸管，且应符合下列规定：

(1)水样的沉淀时间应根据试验确定，并不得少于24 h。因沉淀时间不足而产生泥沙质量损失的相对误差，一、二、三类站，分别不得大于1.0%、1.5%和2.0%。当洪水期与平水期的细颗粒相对含量相差悬殊时，应分别试验确定沉淀时间。

(2)当细颗粒泥沙含量较多，沉淀损失超过本条第1款规定时，应做细沙损失改正。

(3)不做颗粒分析的水样，需要时可加氯化钙或明矾液凝聚剂加速沉淀，凝聚剂的浓度及用量，应经试验确定。

(4)水样经沉淀后，可用虹吸管将上部清水吸出，吸水时不得吸出底部的泥沙。

2.2.5.4　烘干法水样处理

(1)采用烘干法处理水样应按下列步骤进行：

①量水样容积。

②沉淀浓缩水样。

③烘干烘杯并称量。

④将浓缩水样倒入烘杯，烘干、冷却。

⑤称泥沙质量。

(2)烘干烘杯时，应先将烘杯洗净，放入烘箱，温度调节为100～110 ℃持续2 h，稍后移入干燥器内冷却至室温，再称烘杯重。

(3)沙样烘干称量应符合下列规定：

①用少量清水将浓缩水样全部冲入烘杯，加热至无流动水时，移入烘箱，在温度为100～110 ℃时烘干；烘干所需时间应由试验确定。

试验要求相邻两次时差2 h的烘干泥沙质量之差，不大于天平感量(分度值)时，可采用前次时间为烘干时间。

②烘干后的沙样应及时移入干燥器中冷却至室温称量。

(4)用烘干法处理水样时，应采取下列技术措施对误差进行控制：

①河水溶解质影响误差可采用减少烘杯中的清水容积或增加采样数量进行控制。

②控制沙样烘干后的吸湿影响误差，应使干燥器中的干燥剂经常保持良好的吸湿作用，天平箱内外环境应保持干燥。

(5)采用烘干法，当河水中溶解质质量与泥沙质量之比，一、二、三类站分别大于1.0%、1.5%和3.0%时，应按下列规定对溶解质的影响进行改正：

①取已知容积的澄清河水，注入烘杯烘干后，称其沉淀物即溶解质质量，河水溶解质含量应按下式计算：

$$c_j = \frac{W_j}{V_w}$$

式中，c_j 为河水溶解质含量，g/cm^3；W_j 为溶解质质量，g；V_w 为河水体积，cm^3。

②做溶解质改正时，泥沙质量可按下式计算：

$$W_s = W_{bsj} - W_b - c_j \cdot V_{nw}$$

式中，W_s 为泥沙质量，g；W_{bsj} 为烘杯、泥沙、溶解质总质量，g；W_b 为烘杯质量，g；V_{nw} 为浓缩水样容积，cm^3。

2.2.5.5 置换法水样处理

1. 采用置换法处理水样的步骤

(1)沉淀浓缩水样。

(2)测定比重瓶盛满浑水后的质量。

(3)测定浑水的温度。

(4)计算泥沙质量和含沙量。

2. 置换法水样处理的准备工作

1)用具准备

置换法泥沙处理所需要的操作器具有比重瓶及其查算表、温度计、电子天平、毛巾 2 条、虹吸管、漏斗、吸耳球、本站澄清的河水等。

2)电子天平的检查

电子天平在使用前需要进行四方面的检查：整平、预热、自检、校准。

3. 水样处理的操作流程

水样处理主要的操作流程：浓缩水样—装瓶—称重—测水温—计算—分沙留样。

1)浓缩水样

水样沉淀时间不得少于 24 h。

操作人员在水样处理前应该核对桶号。选用粗细适当的虹吸管。在浓缩水样过程中，用吸耳球通过虹吸管沉淀后的水样桶上部清水抽到独立容器中。要保持水样桶的稳定。当水样桶内清水少于 1/3 时，要将水样桶缓缓倾斜，虹吸管下移至距浑水界面高度不小于 1 cm。根据沙重和选用的比重瓶大小保留合适的浓缩水样即为抽水完成。

2)装瓶

日常使用的比重瓶按照容积分主要有 50 mL、100 mL、200 mL、250 mL、500 mL、1 000 mL；所选比重瓶允许最小沙重按表 2-4 中规定执行。

根据沙重和浓缩水样多少选用合适的比重瓶，以浑水沙洋装入瓶后高度不超过比重瓶高度的 2/3 为选用合适。

选用比重瓶时，检查比重瓶瓶身与瓶塞编号是否一致。装比重瓶时，使水样徐徐流入漏斗。用压力水枪冲洗水样桶、漏斗，将桶内和漏斗内的全部泥沙装入比重瓶。浓缩水样装入比重瓶后，比重瓶内的水面高度不得高于瓶身高度的 2/3。沿瓶壁缓缓加入澄清河水，直至清水充满比重瓶。水样装入比重瓶后，瓶内不得有气泡。当瓶内存有气泡时用手指轻轻弹动瓶壁，使气泡溢出；瓶内不得有水草、杂物，否则应重装。当盖瓶塞时，应将瓶塞缓慢盖入比重瓶，防止瓶内水从毛细管中溅出。用手轻轻抹去塞顶水分，不得用毛巾擦塞顶。擦比重瓶时要轻、快，切勿用力挤压比重瓶。

3)称重

用右手捏住瓶颈，左手轻托瓶底，将比重瓶轻轻放到天平上，关闭天平罩，不得用手触碰比重瓶瓶身。待天平显示的数据稳定后,读数并记入处理表浑水重栏内。

4)测水温

称重后应立即测定瓶内水温并记入处理表水温栏内,要求测水温时,温度计应插到比重瓶中心处,读水温时,视线应当与水温达到的刻度线齐平,温度计在瓶内的时间为5 min左右。

5)计算

(1)置换法是通过测定浓缩后的浑水水样质量,由下式计算:

$$W_s = \frac{\gamma_s}{\gamma_s - \gamma_o}(W_s - W_o) = K(W_s - W_o)$$

计算出泥沙质量,由下式计算出悬移质泥沙含沙量:

$$c_s = \frac{W_s}{V}$$

置换法:利用已知的比重瓶置换出泥沙的体积。

将浓缩后的水样装入比重瓶内称重,量比重瓶内水温。

(2)比重瓶加浑水重等于比重瓶重加瓶内沙重和清水重,即

$$W_{ws} = W_b + V_s\gamma_s + (V - V_s)\gamma_w$$

(3)沙重等于干沙所占体积与干沙密度的乘积,即

$$W_s = V_s\gamma_s$$

(4)比重瓶加清水重等于瓶重加清水所占容积与水的密度的乘积,即

$$W_w = W_b + V\gamma_w$$

$$W_{ws} - W_w = V_s(\gamma_s - \gamma_w)$$

$$V_s = \frac{1}{\gamma_s - \gamma_w}(W_{ws} - W_w)$$

泥沙沙重

$$W_s = \frac{\gamma_s}{\gamma_s - \gamma_w}(W_{ws} - W_w) = K(W_{ws} - W_w)$$

由下式计算出悬移质泥沙含沙量:

$$c_s = \frac{W_s}{V}$$

根据泥沙质量和颗分送样要求,计算分沙次数。

6)分沙留样

分沙采用两分式分沙器,分沙时,将水样摇匀,以小股、均匀往返地倒入分沙槽内,用清水将原盛水样容器及分沙器内冲洗干净。记录沙样瓶号。

水样处理完毕后,应将比重瓶等所用器具整理放回原处。

2.2.5.6 分沙器的分样质量应符合的规定

(1)分样容积误差应小于10%。

(2)选粒径小于0.062 mm的两种不同级配的沙样,分别用分沙器分取20个以上分样,用吸管法做颗粒分析,以各分样级配的平均值作为该种沙样的标准级配,分样小于某粒径泥沙质量百分数的不确定度应小于6%。

2.2.5.7 水样处理的注意事项

(1)量水样容积的量具应经检验合格,观读容积时,视线应与水面齐平,读数以弯液面下缘为准。

(2)沉淀浓缩水样应严格按确定的沉淀时间进行。在抽吸清水时,不得吸出清水底部泥沙。吸具宜采用底端封闭、四周开有小孔的吸管。

(3)称量使用的天平应定期进行检查校正。

(4)采用置换法处理水样时,应采取下列技术措施对误差进行控制:

①不同时期泥沙密度变化较大的站,应根据不同时期的试验资料分别选用泥沙密度值。

②用河水检定比重瓶,在河水溶解质含量变化较大时期,应增加比重瓶检定次数。

③水样在装入比重瓶过程中,当出现气泡时,应将气泡排出后再称量。

④比重瓶在使用过程中逐渐磨损,在使用约 100 次后,应对比重瓶进行校测或重新检定。

2.2.5.8 颗粒分析水样的递送应符合的规定

(1)悬移质颗粒分析,宜采用天然水样。

(2)在水样处理时,做沉淀损失或漏沙改正的沙样,在递送单中应注明该沙样处理所得的泥沙质量和改正泥沙质量。

(3)沙样递送的质量应满足《河流悬移质泥沙测验规范》(GB/T 50159—2015)第 6.1.3 条的要求。

(4)当泥沙数量过多时,可用《河流悬移质泥沙测验规范》(GB/T 50159—2015)附录 A 规定的分沙器分沙。分沙前应先将水样过 0.062 mm 筛,再对筛下部分进行分沙,并将筛上泥沙及筛下分取的泥沙,分别装入两个水样瓶内,注明沙样总泥沙质量、筛上泥沙质量及筛下分沙次数。

(5)送做颗粒分析水样的容器,应采用容积适当、便于冲洗和密封的专用水样瓶。

(6)装运水样时,应防止碰撞、冰冻、漏样及有机物腐蚀,可加防腐剂。

(7)水样递送单应填写清楚站名、断面、采样日期、沙样种类、测次、垂线起点距、相对水深位置、含沙量、测时温度、采样方法、分沙情况、泥沙质量损失改正百分数及装入瓶号等,水样和递送单应一并寄送。

2.2.5.9 对资料进行校核和复核

重点检查数值保留位数是否符合规范要求、瓶加清水质量查算表是否查值正确等环节,档案管理员将完成签字后的数据表格归档并保存记录。

2.2.5.10 水样处理记载表填写方法

(1)表头:填写本站站名、年份,例如“花园口站、2014 年”。

(2)取样断面位置:填写本站悬移质水样取样的具体断面位置,以与基本水尺断面关系表示。

(3)采样器形式及容积:填写本站所使用的采样器形式和容积,例如:横式 1。

(4)取样垂线位置与取样方法:简要说明取样垂线位置、数目与垂线上的取样方法,例如:等流量五线 0.6 一点混合。

(5)施测号数:施测号数自年初按照取样时间顺序编起。

(6)取样垂线号:按照取样垂线的顺序编号,单样取样垂线号目前一般只在第一条垂线上编写取样垂线的总数目,例如:“1 - 5”表示该站单样取样垂线是五条垂线。

(7)起点距:按照取样顺序填写。

(8)施测时间:填写本次取样时的实际时间。

(9)水深、水浸冰厚、冰花厚:填写每条垂线取样时的实测数据。

(10)有效水深:计算方法与冰期流量计算方法相同。

(11)仪器位置:填写取样时的相对位置和计算的测点深。

(12)水样桶编号:填写盛水样的桶号。

(13)水样容积:填写现场所量水样的容积。

(14)采样时的温度:填写采样时测量的水温。

(15)比重瓶编号:填写处理水样时的比重瓶编号。

(16)瓶加浑水重:填写比重瓶装入浑水后所称的质量。

(17)浑水温度:填写称重后迅速测定的比重瓶内的浑水温度。

(18)瓶加清水重:根据测定的瓶内浑水温度,由比重瓶鉴定表查读的同水温下比重瓶的瓶加清水重。

(19)差值:填写瓶加浑水重与瓶加清水重的差值。

(20)系数:浑水温度小于或等于 27 ℃,填写 1.59;浑水温度大于 27 ℃,填写 1.58。

(21)泥沙质量:填写差值乘以系数的值。

(22)含沙量:填写泥沙质量除以取样容积的值。

2.2.5.11 烘干法悬移质水样处理记载表的填写要求

(1)溶解质含量:由试验确定,填写实测值,并注明采样日期。

(2)沉淀容器编号:填写沉淀水样时,所用器皿的编号,如系直接在水样桶中沉淀,本栏不填。

(3)烘杯编号:填写所用烘杯的编号。

(4)浓缩水样的容积:用烘干法且要做溶解质改正时,填烘干前烘杯里浓缩水样容积。

(5)烘杯重:填写所用烘杯的质量。

(6)烘杯加泥沙质量:填写烘干后“烘杯加泥沙”的总质量。

(7)泥沙质量:填写“烘杯加泥沙质量”减去“烘杯重”以后的质量。

(8)泥沙质量校正数:填写泥沙损失改正与溶解质改正的代数和。

(9)校正后泥沙质量:填写“泥沙质量”与“泥沙校正数”的代数和。

2.2.6 输沙率测验误差控制

输沙率测验由现场取样、泥沙处理和输沙率计算等工作环节组成,其误差控制亦贯穿于整个测验过程。

2.2.6.1 外业取样环节的误差控制

(1)取样时机控制,根据相关规范和测站任务书要求确定取样时机。一年内悬移质输沙率的测次,应主要分布在洪水期,并应符合下列规定:

①采用断面平均含沙量过程线法进行资料整编时,每年测次应能控制含沙量变化的全过程,每次较大洪峰的测次不应少于 5 次;平、枯水期,一类站每月测 5 ~ 10 次,二、三类站每月测 3 ~ 5 次。

②历年单断沙关系与历年单断沙综合关系线比较,一类站其变化在 ±3% 以内时,年测次不应少于 15 次。二类站做同样比较,其变化在 ±5% 以内时,年测次不应少于 10 次;年变化在 ±2% 以内时,年测次不应少于 6 次。三类站做同样比较,其变化在 ±5% 以内时,年测次不应少于 6 次;年变化在 ±2% 以内时,输沙率可实行间测。测次应均匀分布在含沙量变幅范围内。

③单断沙关系线随水位级或时段不同而分为两条以上关系线时,每年悬移质输沙率测次:一类站不应少于 25 次,二、三类站不应少于 15 次。在关系曲线发生转折变化处,应分布测次。

④采用单断沙关系比例系数过程线法整编资料时,测次应均匀分布并控制比例系数的转折点。在流量和含沙量主要转折变化处,应分布测次。

⑤采用流量输沙率关系曲线法整编资料时,年测次分布应能控制各主要洪峰变化过程,平、枯水期,应分布少量测次。流量与输沙率关系较稳定的站,可通过流量推算输沙率;根据流量变化布置输沙率测次,输沙率测次分布应满足资料整编要求。

(2)取样方法控制,应根据测站特性、精度要求和设施设备条件等情况分析确定,可采用部分输沙率法或全断面混合法。

①部分输沙率法。输沙率测验垂线布设条数和位置应采用较多垂线进行试验,由试验资料分析确定。在未经试验分析前,输沙率测验布设垂线数目,一类站不少于 10 条,二类站不少于 7 条,三类站不少于 3 条。可采用单宽输沙率转折点法布线、等部分输沙率法布线或等部分流量法布线确定垂线位置。

②全断面混合法输沙率测验应满足下列规定:

河段为单式河槽且水深较大的站,可采用等部分水面宽全断面混合法进行悬移质输沙率测验。各垂线采用积深法采样的仪器提放速度和仪器进水管管径均应相同,并应按部分水面宽中心布线。

矩形断面用固定垂线采样的站,可采用等部分面积全断面混合法进行悬移质输沙率测验。每条垂线应采用相同的进水管管径、采样方法和采样历时,每条垂线所代表的部分面积应相等。当部分面积不相等时,应按部分面积的权重系数分配各垂线的采样历时。

断面比较稳定的站,可采用等部分流量全断面混合法进行悬移质输沙率测验。各垂线水样容积及所代表的部分流量均应相等。

(3)相应单沙(样)的测验的误差控制,单沙测验除严格执行有关规定外,对测验垂线位置,应经常注意含沙量横向分布和单断沙关系的变化,发现有明显变化时,应调整垂线位置;断面上游附近有较大支流加入、有可能产生河道异重流等情况时,应增加垂线数目或增加垂线上测点数。

2.2.6.2 内业泥沙处理和输沙率计算工作环节的误差控制

对烘干法、置换法和过滤法等水样处理方法和输沙率计算的各项误差来源,分别提出了控制误差的技术措施,严格执行有关规定,可将各项误差控制在允许范围内。

(1)误差构成:水样处理时,采样器冲洗不净沙样损失误差,采样器外壁沾水造成水样容积增大误差,沉淀抽水沙样损失误差,水样装瓶沙样损失误差,温度量读误差和计算时保留位数、单位使用等。

(2)针对性误差控制:可通过严格操作加以消除或控制在可忽略不计的程度,即采样器冲洗干净减少沙样损失,采样时稍停片刻减小采样器外壁沾水对水样容积的影响,沉淀时间满足要求、抽水时用一端开有小孔的细管来减少沙样损失，水样装瓶时冲净沙桶来减少沙样损失，温度量读确保 5 min 后数值稳定后读数等。

（3）烘干法：对烘干所需时间试验，规定了试验要求，对溶解质影响允许相对误差，各类测站分别规定，并按测站分类控制系统误差。

（4）置换法：测定瓶加清（浑）水质量时应注意的事项，拿比重瓶时应用手指捏住瓶颈；装比重瓶时，应使水经漏斗沿瓶壁缓慢流入瓶内；擦比重瓶时要轻、快，切勿用力挤压比重瓶；不要用毛巾擦塞顶；瓶内存有气泡时可轻弹瓶壁排出气泡。计算泥沙质量时，用纯水密度代替河水密度会使算出的泥沙质量偏小，但因误差很小，可忽略不计。

（5）过滤法：工序多而系统误差和综合误差大。为控制过滤法处理水样的误差，根据试验资料分析结果和测站分类要求，对滤纸可溶质、滤纸漏沙和沙包吸湿等三项系统误差，要求一、二、三类站分别不超过泥沙质量的 1.0%、1.5% 和 2.0%，

（6）悬移质输沙率及含沙量测验计量单位及有效数字应按表 2-5 的规定执行。

表 2-5　悬移质输沙率及含沙量测验计量单位及有效数字规定

名称	符号	单位符号	取用位数	示例	备注
水样容积	V	cm	取三位有效数字	1010	
溶解质含量	c	g/cm	取两位有效数字，小数不超过五位	0.000 2 0.000 15	
泥沙密度	P_s	g/cm	取两位小数	2.65	
温度		℃	水温记至 0.1，烘箱温度记至 1	15.6 106	
泥沙质量及其他质量	W_s W	g	天平感量（分度值）10 mg，记至 0.01 g；天平感量（分度值）1 mg，记至 0.001 g；天平感量（分度值）0.1 mg，记至 0.000 1 g	1.56 0.125 0.012 4	泥沙质量超过 1 g，天平感量（分度值）1 mg，也可记至 0.01 g
含沙量	c_s	kg/m	取三位有效数字，小数不超过三位	1.37 0.012	
		g/m^3	取三位有效数字，小数不超过一位	44.6 8.3	
单位输沙率		kg/(s·m)、g/(s·m)	取三位有效数字，小数位数视计算含沙量的需要而定		
垂线输沙率	q	kg/(s·m)、g/(s·m)	取三位有效数字，小数位数视计算含沙量的需要而定		
输沙率	Q_s	kg/s、t/s	均取三位有效数字，但小数不过三位	1 380 0.072	

2.2.7　悬移质输沙率记载与计算

用垂线混合法采集的水样，其含沙量为垂线平均含沙量；用全断面混合法采集的水样，其含沙量为全断面平均含沙量；采用选点法采集的水样，其含沙量为测点含沙量。

2.2.7.1　实测含沙量计算

悬移质泥沙水样经处理、校核后，其实测含沙量由水样处理表进行计算，应按下式计算：

$$c_s = \frac{W_s}{V}$$

式中，c_s 为实测含沙量，kg/m^3 或 g/m^3；W_s 为水样中的干泥沙质量，kg 或 g；V 为水样容积，m^3。

用选点法采集的水样，其实测含沙量为测点含沙量；用积深法、垂线混合法采集的水样，其实测含沙量为垂线平均含沙量；用全断面混合法采集的水样，其实测含沙量为断面平均含沙量。

采用选点法测验时，垂线平均含沙量应按下列公式计算。

(1)畅流期。

五点法：

$$c_{sm} = \frac{1}{10v_m}(v_{0.0}c_{s0.0} + 3v_{0.2}c_{s0.2} + 3v_{0.6}c_{s0.6} + 2v_{0.8}c_{s0.8} + v_{1.0}c_{s1.0})$$

式中，c_{sm}为垂线平均含沙量，kg/m^3或 g/m^3；v_m 为垂线平均流速，m/s；$v_{0.0}$为水面流速，m/s；$v_{0.2}$为相对水深 0.2 测点流速，m/s；$v_{0.6}$为相对水深 0.6 测点流速，m/s；$v_{0.8}$为相对水深 0.8 测点流速，m/s；$v_{1.0}$为河底测点流速，m/s；$c_{s0.0}$为水面含沙量，kg/m^3 或 g/m^3；$c_{s0.2}$为相对水深 0.2 测点含沙量，kg/m^3 或 g/m^3；$c_{s0.6}$为相对水深 0.6 测点含沙量，kg/m^3 或 g/m^3；$c_{s0.8}$为相对水深 0.8 测点含沙量，kg/m^3 或 g/m^3；$c_{s1.0}$为河底测点含沙量，kg/m^3或 g/m^3。

三点法：

$$c_{sm} = \frac{v_{0.2}c_{0.2} + v_{0.6}c_{0.6} + v_{1.0}c_{1.0}}{v_{0.2} + v_{0.6} + v_{0.8}}$$

二点法：

$$c_{sm} = \frac{v_{0.2}c_{0.2} + v_{0.8}c_{0.8}}{v_{0.2} + v_{0.8}}$$

一点法：

$$c_{sm} = \eta_1 c_{s0.6}$$

式中，η_1 为一点法系数，应根据多点法试验资料分析确定，根据五点法计算的垂线平均含沙量与一点法测得的垂线平均含沙量的比值统计决定，无试验资料时可采用 1。

(2)封冻期。

六点法：

$$c_{sm} = \frac{1}{10v_m}(v_{0.0}c_{s0.0} + 3v_{0.2}c_{s0.2} + 3v_{0.6}c_{s0.6} + 2v_{0.8}c_{s0.8} + v_{1.0}c_{s1.0})$$

二点法：

$$c_{sm} = \frac{v_{0.15}c_{0.15} + v_{0.85}c_{0.85}}{v_{0.15} + v_{0.85}}$$

一点法：

$$c_{sm} = \eta_2 c_{s0.5}$$

式中，η_2 为一点法系数，应根据多点法试验资料分析确定，根据五点法计算的垂线平均含沙量与一点法测得的垂线平均含沙量的比值统计确定，无试验资料时可采用1。

求得断面输沙率后断面平均含沙量应按下式计算：

$$\overline{c_s} = \frac{Q_s}{Q}$$

式中，Q_s 为断面输沙率，t/s 或 kg/s；$\overline{c_s}$为断面平均含沙量，kg/m^3 或 g/m^3；Q 为断面流量，m^3/s。

一次输沙率测验过程，测验多次相应单沙时，可将各次单沙含沙量的算术平均值作为本次输沙率测验断面平均含沙量的相应单沙，也可将各次单样水样混合处理作为相应单沙。

2.2.7.2 **断面输沙率计算**

采用选点法、垂线混合法与积深法测定垂线平均含沙量，并用流速面积法测流时，断面输沙率应按下式计算：

$$Q_s = c_{sm1}q_0 + \frac{c_{sm1} + c_{sm2}}{2}q_1 + \frac{c_{sm2} + c_{sm3}}{2}q_2 + \cdots + \frac{c_{sm(n-1)} + c_{smn}}{2}q_{n-1} + c_{smn}q_n$$

式中，Q_s 为断面输沙率，t/s 或 kg/s；c_{sm1} 为第一条采样垂线的垂线平均含沙量，kg/m^3 或 g/m^3；c_{sm2}为第二条采样垂线的垂线平均含沙量，kg/m^{3}或 g/m^3；c_{sm3} 为第三条采样垂线的垂线平均含沙量，kg/m^3 或 g/m^3；$c_{sm(n-1)}$ 为第 $n-1$ 条采样垂线的垂线平均含沙量，kg/m^3 或 g/m^3；c_{smn}为第 n 条采样垂线的垂线平均含沙量，kg/m^{3}或 g/m^3；q_0为以左水边到第一条采样垂线分界的部分流量，m^3/s；q_1为以第一条和第二条采样垂线分界的部分流量，m^3/s；q_2为以第二条和第三条采样垂线分界的部分流量，m^3/s；q_{n-1}为以第 $n-1$ 条和第 n 条采样垂线分界的部分流量，m^3/s；q_n为以第 n 条采样垂线分界到右水边的部分流量，m^3/s。

当断面上有顺逆流时，可用顺逆流输沙率的代数和计算断面输沙率。

采用选点法、垂线混合法与积深法测定垂线平均含沙量，并用浮标法测流时，断面输沙率计算可按下列步骤进行：

(1)绘制虚流速横向分布曲线图。

(2)将采样垂线的起点距、水深及垂线平均含沙量，填入流量、输沙率测验记载计算表。

(3)在虚流速横向分布曲线上，查出各采样垂线处的虚流速，并填入流量、输沙率记载计算表。

(4)按填表说明计算部分平均含沙量和部分输沙率。

(5)用计算得到的断面虚输沙率乘以断面浮标系数，得断面输沙率。

采用全断面混合法施测断面平均含沙量时，断面悬移质输沙率应按下式计算：

$$Q_s = Q\overline{c_s}$$

当采样与测流同时进行时，Q 为实测流量；不同时进行时，则 Q 为推算的流量。

当有分流漫滩将断面分成几部分施测时，应分别计算每一部分输沙率，求其总和作为断面输沙率。

3　Visual Basic 编程基础

3.1　Visual Basic 简介

Visual Basic(简称 VB)是由美国微软公司推出的 Windows 环境下的软件开发工具。它源于 Basic 语言,既继承了 Basic 语言简单易学、使用方便的特点,又采用了面向对象、事件驱动的编程机制,提供了一种所见即所得的可视化程序设计方法。使用 VB 可以快捷、简单地设计应用程序的 GUI (图形用户界面)系统,可以开发相当复杂的应用程序。

VB 经历了从 1991 年的 1.0 版至 1998 年的 6.0 版多次版本升级,功能得以不断扩充增强。2002 年,微软又重新打造了 Visual Basic. NET, 新增了许多特性及语法,将 VB 推向了又一个新的高度。

3.2　Visual Basic 的特点

3.2.1　面向对象的设计方法

VB 采用面向对象的程序设计方法,将 GUI 的界面元素(如窗体、菜单、各类按钮、列表框等)视作由不同的属性数据和操作代码封装而成的对象,在设计界面时,只要将这些对象直接"画"在窗体上即可。这使得软件开发人员可以将精力主要集中在程序的功能实现上,不必再为编写大量的界面设计代码而烦恼。

3.2.2　可视化的设计平台

传统的程序设计语言都是通过编程来设计程序的界面的,在设计过程中看不到程序的实际显示效果 ,只有在运行程序时才能观察到。如果对界面不满意,必须回到程序中去修改,这一过程常常需要反复多次才能完成,大大影响了软件开发的效率。VB 将界面设计的复杂性封装起来,提供了可视化的界面设计工具,软件开发人员只要按界面设计要求,把界面元素直接"画"在 VB 窗体上,并做必要的属性设置和编写响应事件的程序代码就可以了。可视化程序设计方法简化了界面设计流程,大大提高了软件开发的效率。

3.2.3　事件驱动的程序运行机制

在 VB 中进行程序设计时,软件开发人员只需编写若干个微小的子程序—过程,这些过程分别面向不同的对象。在运行应用程序时,当用户或系统触发了某一对象的某个事件时,与该事件相关的过程就会被执行,或由该事件过程去调用执行某个通用过程,从而实现某种特定功能或执行某种操作。例如,当用户单击一个命令按钮时,就会触发该按钮的 Click 事件,对应的 Click 事件过程中的代码就会被执行。若用户未进行任何操作(未触发事件),则程序就处于等待状态。

3.2.4 软件的集成式开发环境

VB 提供的是一个集成式开发环境。在这个环境中,软件开发人员可以进行界面设计、代码编写和程序调试,以及把应用程序编译成脱离 VB 环境而直接在 Windows 系统下运行的可执行文件,并为其生成安装程序。VB 的集成开发环境为编程者提供了很大的方便。

3.2.5 结构化的程序设计语言

VB 是在结构化的 Basic 语言基础上发展起来的,具有丰富的数据类型和众多的函数,具有高级程序设计语言的语句结构,是一种简单易学的程序设计语言。

3.2.6 强大的数据库访问功能

VB 具有很强的数据库管理功能,提供了多种访问数据库的方法,不仅可以访问 dBase、FoxPro、Access 等类型的数据库,还可以使用和操作如 SQL Server、Oracle 等后台大型网络数据库。

3.2.7 Active X 技术

Active X 技术使得软件开发人员可以使用其他应用程序的功能,并直接应用于 VB 创建的应用程序中。VB 支持对象的链接与嵌入(OLE)技术,将每个应用程序都看作一个对象,将不同的对象链接和嵌入到某个应用程序中,从而得到具有声音、图像、动画、文字及 Web 等各种信息的集合式文件。VB 提供的动态数据交换 (ODE)编程技术使得开发的应用程序能与其他 Windows 应用程序建立数据通信。通过动态链接库(DDL)技术,在 VB 应用程序中可以方便地调用 C/ C + +或汇编语言编写的函数,也可以调用 Windows 应用程序接口(API)函数。

3.2.8 完备的联机帮助功能

在 VB 中,利用帮助菜单或按 F1 键 ,用户可以随时方便地得到所需要的帮助信息。VB 的帮助窗口中显示了有关的示例代码,为用户的学习和使用提供方便。

3.3 Visual Basic 的项目类型

通过 VB 开发的软件是以项目为单位建立的,主要包括以下几类:

(1)标准 EXE 项目。用来创建 Windows 环境下的标准可执行程序(.exe)。

(2)Active X EXE 项目。用来创建在应用程序进程外工作的服务器程序,被用作基于部件的软件开发。

(3)Active X DLL 项目。用来创建能够与应用程序运行在同一进程内的动态对象函数库,被用作基于部件的软件开发。

(4)Active X 控件项目。用来创建可视化开发环境下的前端界面元素。

(5)Active X 文档项目。用来创建可通过 IE 浏览器工作,但不依赖于 HTML 脚本的

Internet 客户端应用程序。

(6)DHTML 应用程序项目。用来创建通过 IE 浏览器工作的基于 HTML 脚本,并已被编译的 Internet 客户端应用程序。

(7)IIS 应用程序项目。用来创建基于 ASP 和 HTML 脚本,并已被编译的 Internet 服务器应用程序。

3.4 Visual Basic 编程初步

与传统的编程方法不同,VB 采用可视化的面向对象的程序设计方法和事件驱动的程序运行机制,能够快速、高效地开发具有良好界面的应用程序。启动 VB 后,可按如下步骤创建一个简单的应用程序:

(1)建立工程。

(2)设计界面。

(3)编写程序代码。

(4)调试和运行工程。

(5)保存工程。

(6)生成可执行文件。

3.5 Visual Basic 编程基础

3.5.1 Visual Basic 的书写规则

(1)Visual Basic 程序中的语句不区分字母的大小写。系统自动转换每个单词的首字母为大写。

(2)Visual Basic 程序中的一行代码为一条语句,是执行具体操作的指令。一行语句最多只允许输入 255 个字符,每个语句以回车结束。

(3)一条语句可以写在一行中,也可以写在多行上,续行符号使用下划线“ _”,且下划线之前有一个空格。语句的续行一般在语句的运算符处断开,不要在对象名、属性名、方法名、常量名及关键字的中间断开。同一条语句被续行后,各行之间不能有空行。

```
Private Sub Form Click( )
    Dim a As Integer,b As Integer , c As Single ,    _
    d As Single
    a =3
    b =2
    c = 6
    d = (a + b + c)/3
    Form1. Print "3 个数的平均值为" & d
End Sub
```

(4)一行中可写多条语句,语句之间用冒号分隔。

(5)以半角的单引号或者 Rem 开头的语句是注释语句。程序运行过程中,注释语句不被执行。注释内容可以单独占一行,也可以写在语句的前面,但续行符后面不能跟注释内容。

3.5.2 Visual Basic 的数据类型

数据是计算机程序的处理对象,几乎所有程序都具有输入数据、处理数据和输出数据的处理过程。根据实际需要,VB 语言提供了各种数据类型。在程序中,要用不同的方法来处理不同的数据类型。不同类型的数据所占的存储空间不同 ,选择使用合适的数据类型,可以优化程序的速度和大小。

3.5.2.1 基本数据类型

在 VB 中,数据可分为标准数据类型和自定义数据类型。标准数据类型是 VB 系统已经定义好的,主要有数值型、逻辑型、日期型、字符型、变体型和对象型等几种基本数据类型。

1. 数值型数据(Numeric)

数值型数据用来表示数值,有大小、正负之分,可以是整数,也可以是实数。为了表示各种不同的数,VB 提供了 6 种数值型的数据类型:整型、长整型、单精度型、双精度型、货币型、字节型。

2. 逻辑型数据(Boolean)

逻辑型数据没有大小之分,只有真和假两个值,真用 True 表示,假用 False 表示。逻辑型数据占 2 个字节的存储空间。当逻辑型数据转换为整型数据时,True 转换为 -1,False 转换为 0。当数值型数据转换成逻辑型数据时,非 0 的数据转换为 True,0 转换为 False。

3. 日期型数据(Date)

日期型数据以 8 个字节的浮点数进行存储,表示日期的范围从公元 100 年 1 月 1 日到 9999 年 12 月 31 日。

4. 字符型数据(String)

字符型数据用来存放字符串。Visual Basic 中的字符串是在双引号内的若干字符,字符串中的字符包括所有的西文字符和汉字。

字符串中字符的个数称为字符串的长度。长度为 0 的字符串称为空字符串。字符串可分为定长和变长两种,变长字符串的长度为 $2^{31}-1$ 个字符,定长字符串的长度为 65 535 个字符。

字符串的类型符用$号表示。

5. 变体型数据(Variant)

变体型是一种特殊的数据类型,是所有未定义的变盘的默认数据类型。它对数据的处理完全取决于程序上下文的需要,可以包括数值型、日期型、字符型和对象型的数据。如果赋予 Variant 变量,VB 会自动完成必要的数据类型转换。

6. 对象型(Object)

对象型数据存储为 4 个字节的地址形式,该地址可引用应用程序中的对象。用 Set 语句声明为对象型数据的变量可以引用应用程序所识别的任何对象。

3.5.2.2 用户定义的数据类型

在 Visual Basic 中,除上述的基本数据类型外,还为用户提供了一种自定义的数据类型。自定义数据类型虽然不能产生新的数据类型,但是可以用它来产生现有数据类型的复合类型。它可以将若干个基本数据类型组合起来成为一个整体,以利于引用。自定义数据类型使用 Type 语句来定义。它的典型格式为：

Type 数据类型名

数据类型元素名 As 类型名

数据类型元素名 As 类型名

……

End Type

其中，“数据类型名”是要定义的数据类型的名字，其命名规则与变量的命名规则相同；“数据类型元素名”也遵守同样的规则；“类型名”可以是任何基本数据类型，也可以是用户定义的类型。

3.5.2.3 常量与变量

1. 常量

常量是指在程序运行过程中其值不可以改变的量，它的值在程序中事先设置。常量的类型由它们的字面书写格式决定。

Visual Basic 中常量有两种：直接常量和符号常量。直接常量即通常所使用的常数。符号常量是用符号表示的，分为两类：一类是系统提供的，可以直接使用；另一类是用户自己定义的。

2. 变量

变量是在程序运行过程中其存储的值可以改变的量。常量的类型由书写格式决定，而变量的类型由类型说明符决定。

(1)变量的名字必须使用字母、数字、汉字、下划线，且用字母和汉字开头。长度小于 255。

(2)变量的名字不能使用 VB 中的保留字(关键字)，即 VB 系统中已经定义的有特殊意义的名字，这些名字包括运算符、语句、库函数名、过程名、方法、属性名等。

(3)变量名不区分大小写。

3.5.3 运算符和表达式

3.5.3.1 运算符

1. 算术运算符

算术运算符是常用的运算符，用于执行简单的算术运算。

1)算术运算符的运算规则

算术运算符的运算规则与数学的运算规则大体相同。整除和求余(取模)运算只能对整型数据(包括整型、长整型、字节型)进行，如果运算符的两侧的操作数有实型数据，则 VB 自动对其先进行四舍五入，四舍五入后的结果再进行整除或求余运算。

2)算术运算符的优先级

Visual Basic 规定了运算符的优先级和结合性。在表达式求值时，先按运算符的优先级高低次序进行。乘和浮点除是同级运算符，加和减是同级运算符。当一个表达式中含有上述多种运算符时，必须严格按照上述顺序求值，如先乘除后加减等。

2. 字符串运算符

字符串运算符有两个：“&”，“+”。

作用:将两个字符串连接起来。

两个字符串的区别如下:

+连接符号的两边必须是字符串。

& 连接符号的两边不一定是字符串,它自动将非字符串转换成字符串,再进行连接,且 & 和两侧的变量间应有一个空格。

3. 关系运算符

1)常见的关系运算符(比较运算符)

常见的关系运算符共6个:>,> =,<,< =,=,< >。它们的优先级别相同。还有2个:"Like"和"Is",初学者不经常使用。

将两个类型相同的操作数进行大小比较,结果为逻辑量。如果关系成立,则结果为真(True);若关系不成立,则结果为假(False)。关系运算符既可以进行数值比较,又可以进行字符串的比较。

2)关系表达式比较原则

数值比较:两个数值按照字面值的大小进行比较。

字符比较:按字符的 ASCII 码值从左到右一一比较,直到出现不同的字符为止。其中,当遇到第一对不同的字符时,ASCII 值大的字符串大。

空格 < "0"… < "9" < "A"… < "Z" < "a" < 任何汉字。

日期型比较:可以看作"yyyymmdd"的整数比较。

汉字比较:按汉字的拼音字母比较。

不能对实型数据做等于比较。

不能比较布尔型数据。

关系运算符的优先级低于算术运算符。

关系运算符的优先级高于赋值运算符。

4. 逻辑运算符

逻辑运算又称作布尔运算,是将操作数或表达式进行逻辑运算,其运算结果为逻辑型数据 True 或 False。

3.5.3.2 表达式

由变量、常量、函数、运算符和圆括号按一定规则组成的式子叫表达式。表达式通过运算,产生一个唯一的结果。运算结果的类型由数据和运算符共同决定。

1. 表达式的书写规则

(1)运算符不能相邻。

(2)乘号不能省略。

(3)括号必须成对出现,均使用圆括号。

(4)表达式从左到右在同一基准上书写,无高低、大小。

2. 表达式的执行顺序

一个表达式可能含有多种运算,计算机按照一定的顺序对表达式进行求值。一般运算顺序为:函数运算→算术运算→关系运算→逻辑运算。

在进行运算时,需要注意以下几点:

(1)当乘法和除法同时出现在表达式中时,按照它们从左到右出现的顺序进行计算。

用括号可以改变表达式的优先顺序,强制某些低级的运算优先执行。括号内的运算总是优先于括号外的运算。

(2)字符串连接运算符(&)的优先顺序在所有算术运算符之后,在所有关系运算符之前。

(3)Like 的优先顺序与所有运算符都相同,它是模式匹配运算符。Is 运算符是对象引用的关系运算符。它并不将对象的值进行比较,而只是确定两个对象引用是否参照了相同的对象。

(4)上述操作顺序中当幂和负号相邻时负号优先。

(5)乘号(*)不能省略。

(6)在一般情况下,不允许两个运算符相连,书写时用括弧隔开。

(7)括号可以改变运算顺序。在表达式中只能使用括弧。

(8)幂运算符表示自乘,当幂运算不是单个变量时,用括弧括起来。

3. 不同数据类型的转换

在运算过程中,如果操作数具有不同的数据精度,则 VB 规定运算结果的数据类型采用精度高的数据类型,也就是:

Integer < Long < Single < Double < Currency

3.5.4 常用的内部函数

Visual Basic 提供了大量的函数与语句。这些函数有些是通用的,有些则与某种操作有关。函数在使用时可以直接调用。

3.5.4.1 数学函数

数学函数可以进行一些简单的数学运算,如求绝对值、平方根等。

3.5.4.2 随机函数 Rnd (x)

主要用于产生一个随机数,其中参数 x 是一个实型数,可以省略。Rnd(x)函数产生一个 0 ~ 1 之间(包括 0 但不包括 1)的单精度随机数。每一次要产生的随机数受参数 x 的影响。

3.5.4.3 字符串函数

字符串函数主要用于对字符串进行操作和处理。例如,求字符串的长度、删除字符串中的空格及截取字符串等。

3.5.4.4 日期和时间函数

日期和时间函数主要对 VB 中的日期和时间进行处理。

3.5.4.5 数据类型转换函数

转换函数主要用于类型或形式的转换,例如将数值型转换成字符型,将字符型转换成数值型等。

3.5.5 常用的语句

3.5.5.1 赋值语句

赋值语句是程序设计中最基本、最常用的语句。用赋值语句可以把指定的值赋给某个变量或者带有属性的对象。赋值语句使用格式一般有以下三种。

1. 给变量赋值

该过程是将右边表达式的值赋给左边的变量。

格式:变量 = 表达式。

2. 为对象的属性赋值

在 Visual Basic 应用程序设计中,可以在程序设计中用赋值语句为对象的属性设置属性值。

格式:对象名.属性 = 属性值。

3. 用户为自定义类型声明的变量的各个元素进行赋值

格式:变量名.元素名 = 表达式。

3.5.5.2 注释语句

为了便于程序的理解和阅读,通常程序开发人员会在程序的适当位置加上必要的注释,构成注释语句。Visual Basic 中的注释语句以 Rem 或英文的单引号(')开头,其后跟注释内容。

3.5.5.3 暂停语句

Stop 暂停语句用于暂停程序的执行,它的作用与执行"运行"菜单中的"中断"命令类似。当执行暂停语句时,将自动打开立即窗口。

格式:Stop

暂停语句的作用是在调试程序时使用 Stop 设置断点,以便对程序进行检查和调试。但是,如果可执行文件中含有 Stop 语句,所有文件都将被关闭。所以,当一个程序文件通过编译并且能够正常运行、不需要再进入中断模式时,要删去程序源代码中所有的 Stop 语句,然后再编译,生成新的可执行文件。

3.5.5.4 结束语句

结束语句用于结束一个程序的执行。

格式:End

4 需求分析

4.1 需求分析的概念

4.1.1 什么是需求分析

需求分析也称为软件需求分析、系统需求分析或需求分析工程等，是开发人员经过深入细致地调研和分析，准确理解用户和项目的功能、性能、可靠性等具体要求，将用户非形式的需求表述转化为完整的需求定义，从而确定系统必须做什么的过程。

4.1.2 需求分析的目标和原则

4.1.2.1 需求分析的目标

需求分析是软件计划阶段的重要活动，也是软件生存周期中的一个重要环节，该阶段是分析系统在功能上需要"实现什么"，而不是考虑如何去"实现"。需求分析的目标是把用户对待开发软件提出的"要求"或"需要"进行分析与整理，确认后形成描述完整、清晰与规范的文档，确定软件需要实现哪些功能，完成哪些工作，此外，软件的一些非功能需求（如软件性能、可靠性、响应时间、可扩展性等）、软件设计的约束条件、运行时与其他软件的关系等也是软件需求分析的目标。

4.1.2.2 需求分析的原则

为了促进软件研发工作的规范化、科学化，软件领域提出了许多软件开发与说明的方法，如结构化方法、原型化法、面向对象方法等。这些方法有的很相似。在实际需求分析工作中，每一种需求分析方法都有独特的思路和表示法，基本都适用下面的需求分析的基本原则：

(1)侧重表达理解问题的数据域和功能域。对新系统程序处理的数据，其数据域包括数据流、数据内容和数据结构。而功能域则反映它们关系的控制处理信息。

(2)需求问题应分解细化，建立问题层次结构。可将复杂问题按具体功能、性能等分解并逐层细化、逐一分析。

(3)建立分析模型。模型包括各种图表，是对研究对象特征的一种重要表达形式。通过逻辑视图可给出目标功能和信息处理间关系，而非实现细节。由系统运行及处理环境确定物理视图，通过它确定处理功能和数据结构的实际表现形式。

4.1.2.3 需求分析的主要内容

需求分析的内容是对待开发软件提供完整、清晰、具体的要求，确定软件必须实现哪些任务。具体分为功能需求、性能需求与设计约束三个方面。

1. 功能需求

功能需求即软件必须完成哪些事，必须实现哪些功能，以及为了向其用户提供有用的功能所需执行的动作。功能需求是软件需求的主体。开发人员需要亲自与用户进行交流，核实用户需求，从软件帮助用户完成事务的角度上充分描述外部行为，形成软件需求规格说明书。

2. 性能需求

性能需求也叫作非功能需求，是对功能需求的补充。性能需求主要包括软件使用时对性能方面的要求、运行环境要求，软件设计必须遵循的相关标准、规范，用户界面设计的具体细节、未来可能的扩充方案等。

3. 设计约束

设计约束一般也称作设计限制条件，通常是对一些设计或实现方案的约束说明。例如，要求待开发软件必须使用 Oracle 数据库系统完成数据管理功能，运行时必须基于 Linux 环境等。

4.1.3 需求分析方法

4.1.3.1 需求获取

通过与用户的交流，对现有系统的观察及任务进行分析，从而开发、捕获和修订用户的需求。软件需求常见的获取方法如下。

1. 面谈

个人觉得面谈是获取软件需求最有用的方法，也是需求分析时常用的方法。通过多方面谈，得到的信息最多，进行我们现在所做的系统，与移动集团客户部、业务支撑部、网管中心、系统运营人员等都进行过面谈。面谈需准备的内容：面谈对象和面谈问题。

面谈对象：需要尽量让面谈对象包括可与系统相关的涉众，并具有代表性，保证涵盖到每个角色。一般包括谁为系统付费，购买系统？谁使用系统？谁会受到系统结果的影响？谁来监管该系统？谁来维护系统？

2. 问卷调查

问卷调查无法取代面谈在需求获取阶段的作用，问卷调查的问题和答案具有一定的引导性，在某种程度上会影响结果。

问卷调查结果的好坏与问卷的设计有直接的关系，在做这个项目时，运营人员在进行前期推广会议上，也给企业客户发过问卷调查，但由于诸多原因，效果不甚理想，基本没为我们项目需求分析出多少力。

3. 小组讨论

小组讨论是指将与项目某个问题相关的人员聚集在一起开会讨论。优点：容易在内部取得对方案的认同，有利于项目的开展；在讨论会上每个相关人员都可以发表自己的意见，保证了获取信息的全面性。缺点：不容易把握。

对于涉及系统边界的需求，或一些相互冲突的需求，采取该种方式是非常可取的。

4. 情景串联

由于软件产品的抽象性，大部分涉众在脑海中未有一个清晰的产品轮廓，影响涉众对产品的理解。基于此可考虑编写清晰、完整的情景描述文档。①采用 PPT 加图片的方式描述情景。一个好的 PPT 能更直观地描述各种情景。②采用原型法（比较推荐这种方法）。

5. 参与、观察业务流程

涉众描述的业务流程可能由于某些原因会遗漏掉重要的信息，需求分析人员可申请参与到他们具体的工作,观察、体验业务操作过程。需求分析员在观察业务操作过程时,可根据实际的情况提问并详细记录,记录业务操作员操作过程,操作过程中碰到的难题,可获取真实的材料和理解整个业务。

6.现有产品和竞争对手的描述文档

阅读现有产品文档有利于了解当前系统情况,从中也可以了解业务流程,对操作员反映的系统问题有着更深层次的理解。

4.1.3.2 需求建模

要有效地收集需求,您要做的第一步是建模,它包括创建体系结构的表示形式以捕获需求、就解决方案方法进行交流,以及分析所提出的系统设计。其目的是使用模型来表现系统中的关键方面。然后,您可以在形式化的分析、模拟和原型设计中使用这些模型,以研究预期的系统行为,并且可以在编写文档或总结时使用这些模型,以便就系统的性能和外观进行交流。

1.域建模

域建模指的是,您对问题域创建相应的模型并且把它划分为若干个内聚组的过程。然后,您可以在抽象模型中捕获业务流程、规则和数据。

域模型是一种用于理解问题域的工具。您需要从信息系统之外的角度来理解这个域,这一点是很重要的。

2.用例建模

用例模型描述了各种参与者(人和其他系统)和要分析的系统之间的主要交互。用例应该说明系统如何支持域和业务流程模型中的业务流程。

用例模型应该将系统放到上下文环境中,显示系统和外部参与者之间的边界,并描述系统和参与者之间的关键交互。用例建模可以描述利益相关者(如用户和维护人员)所看到的系统行为。

3.组件和服务建模

组件模型为子系统、模块和组件的层次结构分配需求和职责。每个元素作为一个自包含的单元,以用于开发、部署和执行的目的。组件模型的元素由它们所提供和使用的接口来进行规定。在这里,没有考虑其中的内部细节。

服务模型将应用程序定义为一组位于外部边界(用例)、架构层之间的抽象服务接口,并且提供了通用的应用程序和基础结构(安全、日志记录、配置等)。支持应用程序需求的这组服务可以与现有的内部和外部提供的接口规范相匹配。所得到的分析结果可以确定预置策略,并将项目活动划分为特定类型的部分,这取决于给定的服务是否已经存在(内部或者外部的,并且其中每个服务都具有适当的活动)、存在但需要进行修改(定义一个新的接口,并规划其实现)、或者必须构建新的服务。

4.性能建模

可以通过各种各样的方式来度量性能,最显而易见的方式是,应用程序执行其关键操作任务的速度。然而,作为一名架构师,必须考虑性能建模过程中其他的几个方面:①构建和部署应用程序的速度如何?②构建、维护和运行需要多少花费?③该应用程序能在多大程度上满足其需求?④对于必须使用该应用程序的人来说,需要为其付出多大的开销?⑤该应用程序会对其他应用程序和基础结构产生怎样的影响?

需求建模是一门深奥的学问,在做这个项目时,需求建模基本只是用到了“用例建模”,

对一些典型流程进行用例建模。域建模、组件和服务建模和性能建模基本是空白状态,应该在下一个项目中有所改进。

4.1.3.3 形成需求规格说明书

生成需求模型构件的精确的形式化的描述,作为用户和开发者之间的一个协约。

4.1.3.4 需求验证

以需求规格说明为输入,通过符号执行、模拟或快速原型等途径,分析需求规格的正确性和可行性。

4.1.3.5 需求管理

支持系统的需求演进,如需求变化和可跟踪性问题。要在需求变更时,同步更新需求规格说明书及相关文档,要知道,一个正确的文档是指导软件系统不同阶段的参考,但一个没有同步更新的文档是对软件系统有破坏性作用的,相关人员会受到错误引导。

4.2 设计目标

本书的设计目标,就是采用流行的 Visual Basic 6.0 等软件开发平台,针对不同型号前置仪器的工作特性、黄河干支流站流量输沙率测验的特点、流量输沙率测验的习惯等而研发一套流量输沙率数据处理软件,具有流量自动测验系统控制功能,集流量、输沙率测验、水文资料计算、校对和数据管理于一身,可以直接输出整编数据和整编成果。满足流量、输沙率测验、校核、相关数据处理和分析的需要,并且适用于不同测验方法和不同测站特性。

(1)系统的硬件部分是基于起点距、水深和流速的半自动测验基础而制作的,实现了流量测验数据在自动采集或人工采集情况下流量输沙率计算、校核、整编工作,全程实现计算机自动计算、处理,达到了测流结束马上就能输出流量记载表的目标。

(2)测验成果自动转换为实测流量、输沙率成果表或整编软件要求的水流沙资料整编综合制表电算数据加工表 *. Q1G 和 *. C1G 等数据格式,直接参加整编,减少资料整编的工作量。

(3)实现了实测流量成果直接转换为水情电报。

(4)用控制参数实现流速仪随时切换功能。适用于同一垂线采用多流速仪测速和垂线流速系数随流速大小和测点位置变化的条件。

(5)立足基层、面向全河,系统稳定,功能齐全,适应范围广,界面友好,操作简单、方便,实用性强。

针对不同型号前置仪器的工作特性,咨询有关专家和基层工作人员,调查研究黄河干支流站流量输沙率测验的特点,以及各个测区流量输沙率测验的习惯操作方法,据此研究确定相关系统的工作方式、数据传输途径;投入大量精力进行适应性测试,测试反馈大量意见进行改进;在推广使用过程中,由于各测站水文测验资料的复杂性,根据具体情况,分析采用适当的处理方法,解决工作中的问题。

项目实施后,将实现流量输沙率计算的计算机化,提高流量输沙率计算速度、准确性,有利于适时进行数据分析和整编,计算、校核速度由原来的 10 ~ 30 min 缩短到 1 ~ 2 min,计算结果差错率由原来的 1/1 000 降低到 1/20 000,提高水文资料质量,有利于方便、安全、高效地进行水文业务管理。同时,为流量输沙率数据的远程传输、实施服务奠定基础。

系统应能满足流量输沙率测验、校核、相关数据处理和分析的需要。流量、输沙率测验和数据处理结果应符合相关规范的要求，特别应符合《水位观测标准》（GB/T 50138—2010）、《河流流量测验规范》GB 50179—2015）、《河流悬移质泥沙测验规范》GB/T 50159—2015）和《水文资料整编规范》（SL 247—2012）的规定。系统应做到操作简单、使用方便、实用性强、功能齐全。

4.3 用户特点

本软件的最终用户主要是从事水文测验、资料管理审查、资料整编等业务的工作人员，操作人员一般具有中等以上专业学历和一定的工作经验，并具有一定的计算机应用能力。

预期本软件的使用频度较高，本单位的相关业务处理，每年应用近 1 000 人次。

4.4 功能需求

本软件为单机版软件，同一执行过程只对应一个用户。

本软件可运行于 Windows 98/2000/XP 等操作系统，界面友好，操作方便。

流量输沙率数据整理 GSSY 流程图如图 4-1 所示。

```
|流量输沙率数据整理
||+--流量数据整理
|||+--辅助项目整理
||||+--流速仪参数设置(窗体)
|||||(Name = frmInstrumentSet,Caption = 流速仪参数设置)
|||||(网格控件:Name = grdInstrumentSet,上固定 1 行、左固定 1 列,表头——序号、流速仪型号、编号、K、C、转信比——分别为 Integer、String、String、Double、Double、String)。
|||||(按钮 1:Name = butnOK,Caption = 确定;按钮 2:Name = butnCencel,Caption = 取消,
                                          按钮 3:Name = butnHelp,Caption = 帮助)
||||+--停表参数设置(窗体)
|||||(Name = frmStopWatchSet,Caption = 停表参数设置)
|||||(网格控件:Name = grdStopWatchSet,上固定 1 行、左固定 1 列,表头——序号、停表型号、编号——分别为 Integer、String、String)。
|||||(按钮 1:Name = butnOK,Caption = 确定;按钮 2:Name = butnCencel,Caption = 取消,
                                          按钮 3:Name = butnHelp,Caption = 帮助)
||||+--流速仪选择
|||||+--键盘方式
|||||+--鼠标方式
||||+--停表选择
|||||+--键盘方式
|||||+--鼠标方式
||||+--时间整理
|||||+--键盘方式
|||||+--鼠标方式
||||+--风向选择
```

```
|||||+ – –键盘方式
|||||+ – –鼠标方式
||||+ – –风力选择
|||||+ – –键盘方式
|||||+ – –鼠标方式
||||+ – –流向选择
|||||+ – –键盘方式
|||||+ – –鼠标方式
|||+ – –正文数据整理
||||+ – –垂线种类标志
||||+EE 垂线种类标志
|||||– + –Y,Z,S – + – –
||||||+ – –
|||||– + –Y,Z,S – + – –
||+ – –输沙率数据整理
||
||+ – –成果计算
|||+ – –流量计算
|||  + – –生成流量记载计算表
|||  + – –输沙率计算
|||  + – –生成流量输沙率记载计算表
```

图 4-1　流量、输沙率测算系统 GSSY 流程图

4.4.1　基本功能

4.4.1.1　流量测算数据采集功能

流量数据采集部分分为自动采集数据和人工采集数据两种情况。

4.4.1.2　含沙量数据采集功能

含沙量数据采集部分包括自动采集数据和人工采集数据两种情况。

含沙量数据采集需有泥沙处理计算程序配合使用。

4.4.1.3　计算制表功能

计算制表包括计算输出流量记载计算表、流量输沙率记载计算表。

4.4.2　软件的 IPO 图

流量输沙率测算系统 IPO 图见图 4-2。

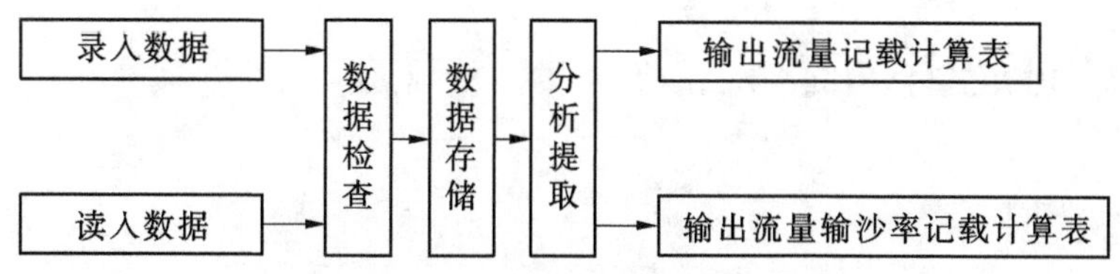

图 4-2　流量输沙率测算系统 IPO 图

5 概要设计

5.1 概要设计方法

5.1.1 什么是概要设计

软件设计是把一个软件需求转换为软件表示的过程,而概要设计(也叫结构设计)就是软件设计最初形成的一个表示(这里的表示是一个名词),它描述了软件的总的体系结构。简单地说,软件概要设计就是设计出软件的总体结构框架。而后对结构的进一步细化的设计就是软件的详细设计或过程设计。

5.1.2 概要设计的基本任务

基本任务包括设计软件系统结构(软件结构)、数据结构及数据库设计、编写概要设计文档和评审。

(1)在需求分析阶段,已经把系统分解成层次结构,而在概要设计阶段,需要进一步分解,划分为模块以及模块的层次结构。划分的具体过程是:①采用某种设计方法,将一个复杂的系统按功能划分成模块。②确定每个模块的功能。③确定模块之间的调用关系。④确定模块之间的接口,即模块之间传递的信息。⑤评价模块结构的质量。

(2)对于大型数据处理的软件系统,还要对数据结构及数据库进行设计。

(3)在概要设计阶段,还要编写概要设计文档,初学者有一个不是很好的做法,就是在编程序时,往往不注意文档的编写,导致以后软件修改和升级很不方便,用户使用时也得不到帮助。所以,应该在软件设计的每个阶段编写相应文档。在概要设计阶段,主要有以下文档需要编写:①概要设计说明书。②数据库设计说明书。③用户手册。④修订测试计划。

(4)最后一个任务就是评审,在概要设计中,对设计部分是否完整地实现了需求中规定的功能、性能等要求,设计方案的可行性、关键的处理及内外部接口定义正确性、有效性,各部分之间的一致性等都要进行评审,以免在以后的设计中发现大的问题而返工。

以上就是软件概要设计的四个基本任务,总结一下用八个字表示:两类结构文档评审。(两类结构就是指软件结构和数据结构)

5.2 数据的逻辑描述

5.2.1 静态数据

系统的静态数据包括流速仪参数、停表牌号参数、起点距校正参数、水深校正参数、绘图参数、起始位置参数等。这些参数一经设定,在其生命周期内很少改变,直到新的生命周期开始。

5.2.2　动态输入数据

表头数据包括开始时间、终了时间、天气状况、水面情况、流向等数据，当次流量的流速仪参数、停表参数和起点距计算参数等。

流量测验计算基本数据包括垂线编号、垂线类型、起点距数据、测深数据、测速数据等。

水位数据包括各断面水位观测数据。

输沙率测验数据包括各垂线（或测点）含沙量数据、相应单样含沙量数据。

其他辅助数据包括比降断面间距、铅鱼重、附注数据等。

5.2.3　动态输出数据

流量输沙率测算系统总流程图见图 5-1。

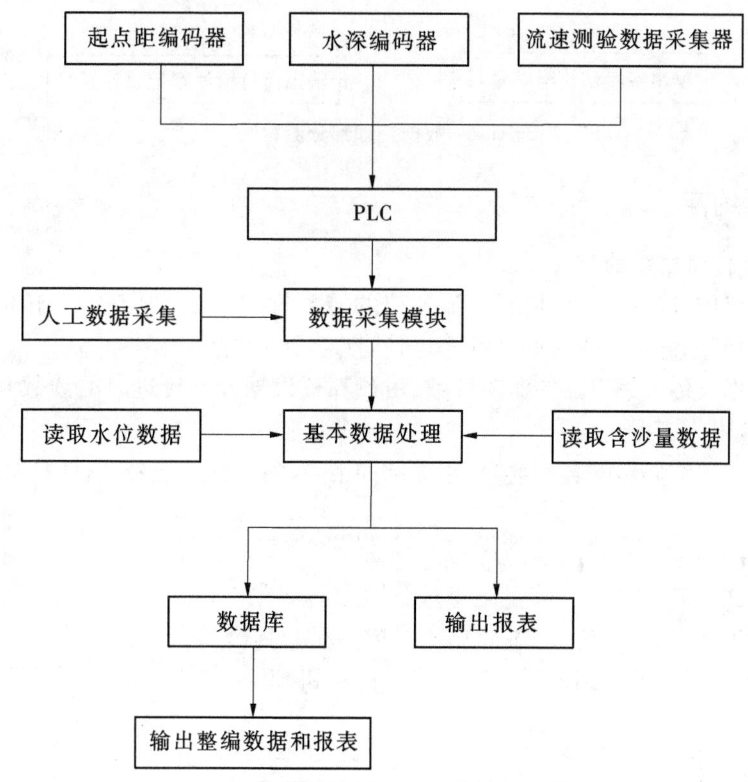

图 5-1　**流量输沙率测算系统总流程图**

系统生成流量输沙率测算数据文件 *.XML。

系统生成的流量输沙率记载计算表成果文件 *.XLS。

5.2.4　内部生成数据

数据处理部分流程图见图 5-2。

系统交换数据为内部生成数据，自动采集数据时生成。

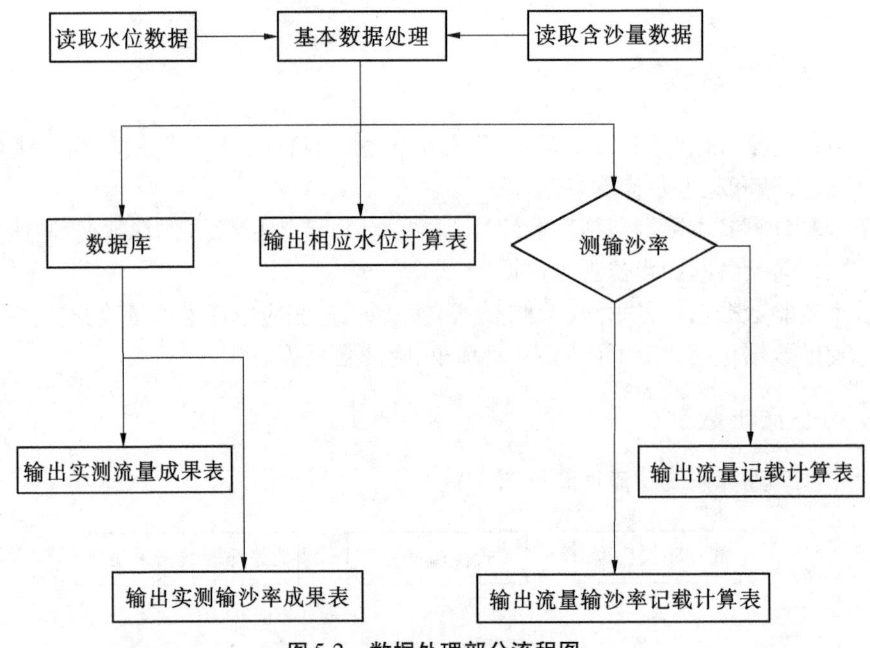

图 5-2　数据处理部分流程图

5.2.5　数据约定

5.2.5.1　数据传输协议约定

流速数据仅传入流速仪脉冲信号，流速仪的转数与信号数的比值——转信比由人工输入；开始测速时间和停止测速时间由计算机计时或人工计时。

起点距数据仅传入编码器的实时读数，由计算机根据开始行进时的读数和停止行进时的读数计算，或由人工置入。

水深数据传入编码器的实时读数、水面脉冲信号、河底脉冲信号，由计算机计算，或由人工置入。

5.2.5.2　文件名

基本数据文件名：年份 + 流量施测号数 + ".xml"

记载计算表文件名：年份 + 流量施测号数 + ".xls"

默认路径：本系统安装路径下的"Data"文件夹和 Effort 文件夹。

5.3　总体设计

流量输沙率测算系统总流程图见图 5-1。

5.3.1　对功能的规定

5.3.1.1　流量数据采集

流量数据采集部分分为自动采集数据和人工采集数据两种情况。

其中，最重要的是数据信息采集和检验模块，该模块根据用户选定的指标对采集的数据进行分析监控，屏蔽错误数据。其操作符合多数人的操作习惯，适用于不同类型的河道特性。其结果符合《河流流量测验规范》(GB 50179—2015)的规定。同时,考虑适用于非规范性的操作。

5.3.1.2 含沙量数据采集

含沙量数据采集部分包括自动采集数据和人工采集数据两种情况。

含沙量数据采集适用于规范规定的各种输沙率测验方法,其操作符合多数人的操作习惯,适用于不同类型的河道特性。其结果符合《河流悬移质泥沙测验规范》(GB 50159—2015)的规定。同时,考虑适用于非规范性的操作。自动采集是为含沙量计算软件预留的接口。

5.3.1.3 数据处理部分

数据处理部分包括计算制表模块、流速仪参数设置模块、流速系数设置模块、习惯操作设置模块、含沙量和输沙率单位设置模块和流速系数导入导出模块等。

计算制表模块包括计算输出流量记载计算表、流量输沙率记载计算表等。报表均为Excel格式的电子表格,用户可以利用Microsoft Excel或者WPS Office来打开这些表格。

数据处理的结果符合《河流流量测验规范》(GB 50179—2015)、《河流悬移质泥沙测验规范》(GB 50159—2015)和《水文资料整编规范》(SL 247—2012)的规定。

5.3.2 对性能的规定

5.3.2.1 精度要求

本系统所涉及的数据精度,均按照《河流流量测验规范》(GB 50179—2015)、《河流悬移质泥沙测验规范》(GB 50159—2015)和《水文资料整编规范》(SL 247—1999)的规定。

5.3.2.2 时间要求

本软件采用即时响应方式,没有明确的时间要求。但在软件设计中,由于采用了Microsoft Office自动化技术,制表需要一定的时间,所以在计算和存储记载计算报表过程中有视觉滞后之感,在保证实现各项目标功能的前提下,加强优化,尽可能缩短运行时间。

5.3.3 故障处理要求

可能的软件故障是非法数据。本软件可以设置错误陷阱进行故障处理。

5.3.4 其他专门要求

软件应采用结构化的设计方式,便于维护和补充。

软件代码应当添加充分的注释说明,增强可读性。

软件应当设置充分的保护措施和错误陷阱,提高软件的安全性。

5.4 运行环境规定

5.4.1 设备

运行本软件需要的微机最低配置:P4-1G处理器(或相当主频的处理器),256 MB内存,1 GB硬盘空间,鼠标和键盘。

建议使用的微机最低配置:P4 - 2G 处理器,512 MB 内存,2 GB 硬盘空间,鼠标和键盘。

5.4.2 支持软件

适用的操作系统:Microsoft Windows 98/2000/XP 及以上版本。

应安装支持软件:Microsoft Office 2000/2003/XP,主要使用 Excel。

记载计算报表可以使用 WPS Office 2007 及以上版本打开和编辑。

5.4.3 接口

本软件产品的接口由应用软件的数据词典和数据结构组成。

本软件与 PLC 的通信接口由协议确定。

本软件为含沙量计算软件预留接口。

本软件产品为单机版,没有网络通信接口。但是,本软件为实现流量、输沙率测验数据的远程传输预留数据接口,可以调用数据远程传输模块进行数据传输。

本软件出现故障时自动报错。

5.5 软件结构设计

5.5.1 软件总体结构

5.5.1.1 流量数据采集部分

流量数据采集部分分为自动采集数据和人工采集数据两种情况,包括流速仪参数设置、流速仪参数选择模块、控制数据选择模块和辅助项目选择模块。

这一部分是本系统的主要部分,起着关键作用。流量测验数据(包括各项辅助数据)都由这里采集并记入数据文件。

5.5.1.2 含沙量数据采集部分

含沙量数据采集部分包括自动采集数据和人工采集数据两种情况。

这一部分是输沙率测验的主要操作对象。

5.5.1.3 主控窗口

主控窗口主要由主窗体模块实现,提供系统基本界面和控制操作界面。

主窗体模块　　frmMDIForm

加载视觉延时模块　　frmSplash

5.5.1.4 基本测验

基本测验部分包括以下模块:

流量测验控制和数据提取模块frmAutoControl

流量数据编辑模块　　frmDataQ

流量输沙率数据编辑模块　　frmDataQs

5.5.1.5 辅助数据管理

辅助数据管理部分包括以下模块:

边坡系数管理模块　　frmBorderModulus

常规参数管理模块 frmCanShuSheZhi
流速仪选择模块 frmLSYSelect
流速仪参数编辑模块 frmLsysz
测点系数管理模块 frmPointModulus
起点距校准模块 frmRegulateDistanceStartingPoint

5.5.1.6 基本计算管理

基本计算管理部分包括以下模块：
基本函数模块 mdlCommonFunction
基本计算制表模块 mdlCountTable
Excel 制表模块 mdlExcel
基础数据管理模块 mdlMain
PLC 操作与读数模块 mdlPLCControl
测验数据读写模块 mdlTestedData

5.5.2 软件基本流程

本系统主要包括数据接收、数据录入和计算制表等三部分，它们既相互独立，又有所联系。独立的一面，是它们的独立阶段，相互之间不需要同时运行；联系的一面，数据接收和数据录入都是计算制表的前提，为计算制表提供基础数据。软件基本流程如图 5-3 所示。

本软件内部处理流程如下：

B1.软件主窗口

主窗体模块 frmMDIForm，是系统的主要操作来源，主要包括系统（打开文件、保存文件、计算制表、退出系统）、测验（流量自动测验、手动流量测算、手动输沙率测算选择流速仪、校准起点距等）、设置（通用参数、流速仪参数、停表参数设置、测深垂线设置、铅鱼起点距校正、水深校正等）、工具、帮助（帮助主题、关于本软件）等入口。

通过 B1 可转到 C1/C2/C3，S1/S2/S3/S4/S5/S6。

5.5.2.1 流量测验控制和数据提取模块

流量测验控制和数据提取模块 frmAutoControl，主要执行硬件控制和数据接收。包括：

Q1、测距读数，读取起点距编码器的数据。

Q2、测深数据，读取测深编码器的数据及水面信号、河底信号等。

Q3、测速数据，读取流速仪信号脉冲。

Q4、含沙量数据，读取各垂线含沙量数据和单样含沙量数据。

5.5.2.2 流量数据编辑模块

流量数据编辑模块 frmDataQ 主要进行流量测验数据的编辑，并可以进行参数设置或转到其他窗口。

E1、表头数据，包括流速仪法流量记载计算表表头的各项内容。

E2、流量数据，包括垂线测验数据：垂线号、起点距、测深时间、水深等数据项。

E5、辅助数据，包括各项辅助数据。

可以转到 C1/C2/C3。

<table>
<tr><td colspan="4">B1、系统主窗口</td></tr>
<tr><td colspan="4">C1、流量测验控制和数据提取模块</td></tr>
<tr><td colspan="4">C2、流量数据编辑模块</td></tr>
<tr><td colspan="4">C3、流量输沙率数据编辑模块</td></tr>
<tr><td rowspan="6">参数设置</td><td colspan="3">S1、流速仪参数设置</td></tr>
<tr><td colspan="3">S2、边坡系数设置</td></tr>
<tr><td colspan="3">S3、测点系数设置</td></tr>
<tr><td colspan="3">S4、起点距校正参数设置</td></tr>
<tr><td colspan="3">S5、停表参数设置</td></tr>
<tr><td colspan="3">S6、通用参数设置</td></tr>
<tr><td rowspan="4">数据接收</td><td>Q1、测距读数</td><td></td><td></td></tr>
<tr><td>Q2、测深数据</td><td></td><td></td></tr>
<tr><td>Q3、测速数据</td><td></td><td></td></tr>
<tr><td>Q4、含沙量数据</td><td></td><td></td></tr>
<tr><td rowspan="5">数据录入</td><td></td><td>E1、表头数据</td><td></td></tr>
<tr><td></td><td>E2、流量数据</td><td></td></tr>
<tr><td></td><td>E3、垂线(测点)含沙量数据</td><td></td></tr>
<tr><td></td><td>E4、相应单沙数据</td><td></td></tr>
<tr><td></td><td>E5、辅助数据</td><td></td></tr>
<tr><td rowspan="2">计算制表</td><td></td><td></td><td>C1、实时计算</td></tr>
<tr><td></td><td></td><td>C2、存储数据</td></tr>
<tr><td></td><td></td><td>X1、退出系统</td><td>C3、计算制表</td></tr>
</table>

图 5-3　流量输沙率计算软件基本流程

5.5.2.3　流量输沙率数据编辑模块

流量数据编辑模块 frmDataQs 主要进行流量和输沙率测验数据的编辑，并可以进行参数设置或转到其他窗口。

E1、表头数据，包括流速仪法流量记载计算表表头的各项内容。

E2、流量数据，包括垂线测验数据：垂线号、起点距、测深时间、水深等数据项。

E3、垂线(测点)含沙量数据，选点法垂线的各测点含沙量数据和其他各垂线的穿线含沙量数据。

E4、相应单沙数据

E5、辅助数据，包括各项辅助数据。

可以转到 C1/C2/C3。

5.5.3 退出系统

X1、退出系统。

5.6 接口设计

5.6.1 用户接口

用户接口主要是本软件的用户界面。根据需求分析的结果,用户需要一个友好的界面。在界面设计上,应做到简单明了,易于操作,并且要注意到界面的布局,应突出地显示重要内容及出错信息。外观上要做到合理化。

考虑到用户多对 Windows 风格较熟悉,应尽量向这一方向靠拢。在设计语言上,采用 Microsoft Visual Basic 6.0 开发,使用 VB6 所提供的可视化组件,向 Windows 风格靠拢。要做到操作简单,各种数据格式与日常所见相同或相似,可视、直观,易于管理。在设计上采用下拉式菜单与工具栏相结合的方式。在出错显示上使用 Windows 标准对话框提示函数。

总之,系统的用户界面应做到可靠性、简单性、易学习、易使用,便于读取其他软件生成的相关数据。

5.6.2 外部接口

5.6.2.1 **软件接口**

要完成本软件的全部功能,需要 Microsoft Office 2000/2003/XP 的支持。

软件采用 Visual Basic 6.0 和 Microsoft Office 的 Excel 作为成果报表的编制者。通过 Excel 或 WPS Office 可直接打印。

5.6.2.2 **硬件接口**

在自动采集流量测验数据的时候,起点距信号、水深信号、流速信号等都是通过 PLC 传入的,本系统与 PLC 采用通信,采用西门子的 S700 相适应的专用通信协议。报表生成后,打印机接口是必不可少的,可以直接连接打印机,也可以使用网络打印机。

5.6.3 内部接口

内部接口方面,各模块之间采用函数调用、参数传递、返回值的方式进行信息传递。接口传递的信息将是以数据结构封装了的数据,以参数传递或返回值的形式在各模块间传输。

5.7 运行设计

5.7.1 运行模块组合

5.7.1.1 **参数管理**

参数管理包括边坡系数管理模块 frmBorderModulus、常规参数管理模块 frmCanShuSheZhi、流速仪选择模块 frmLSYSelect、流速仪参数编辑模块 frmLsysz、测点系数管理模块

frmPointModulus、起点距校准模块 frmRegulateDistanceStartingPoint 等。

5.7.1.2 流量输沙率数据编辑

流量数据编辑以 frmDataQ 为主编辑窗口，与流速仪选择模块 frmLSYSelect、基本函数模块 mdlCommonFunction、基础数据管理模块 mdlMain、测验数据读写模块 mdlTestedData 等相结合，共同完成。

5.7.1.3 流量输沙率计算制表

流量输沙率计算制表以基本计算制表模块 mdlCountTable 为主，与基本函数模块 mdlCommonFunction、基础数据管理模块 mdlMain、测验数据读写模块 mdlTestedData 和 Excel 制表模块 mdlExcel 等相结合，共同完成。

5.7.2 运行时间

硬件条件将影响对数据访问时间（即操作时间）的长短，影响用户操作的等待时间，所以应使用高性能的计算机，建议使用 Pentium 4 及其以上处理器。硬件对本系统的速度影响将会大于软件的影响。

5.8 数据结构设计

5.8.1 数据基本结构设计

本系统的数据、参数数据、流量基本数据、输沙率基本数据均采用 XML 结构存储。各种数据的基本结构如下。

5.8.1.1 流量基本数据的存储结构


```
<?xml version="1.0" encoding="gb2312"?>
<DVL>
    <CP1>0</CP1>
    <CP2>1</CP2>
    <CP3>1</CP3>
    <CP4>0</CP4>
    <SN>黄河,龙门(马王庙二),40104150,40104200</SN>
    <ST>
    <ST1>2008</ST1>
    <ST2>3</ST2>
    <ST3>27</ST3>
    <ST4>10</ST4>
    <ST5>00</ST5>
</ST>
<ET>
    <ET1>2008</ET1>
    <ET2>3</ET2>
    <ET3>27</ET3>
    <ET4>10</ET4>
```

```
    <ET5>00</ET5>
</ET>
<WTH>晴</WTH>
<WDP>↑2</WDP>
<FD>∧</FD>
<VL>
    <Total>2</Total>
    <VLP1>Ls25-1,861768, ,0.2532,0.0064,20/1,1</VLP1>
    <VLP2>Ls25-1,861780, ,0.2512,0.0064,20/1,1</VLP2>
</VL>
<SCT>钻石 32180,钻石 32155</SCT>
<SDF>
    <SDF1>0</SDF1>
    <SDF2> + </SDF2>
    <SDF3>10</SDF3>
</SDF>
<SS>
    <SS1>P1,382.38,0</SS1>
    <SS2>C1,382.08,0</SS2>
    <SS3>Su1,382.38,0</SS3>
    <SS4>Sl1,382.08,0</SS4>
</SS>
<MD>
    <Total>12</Total>
    <VD>
        <VDH>右岸,100,13:15,,,,1.5</VDH>
    </VD>
    <VD>
        <VDH>122,160,13:15,,,,1.5,9</VDH>
        <PD>0.6,1,10,31.8</PD>
    </VD>
    <VD>
        <VDH>122,180,13:18,,,,1.8,9</VDH>
        <PD>0.2,1,10,100</PD>
        <PD>0.8,2,10,102</PD>
    </VD>
    <VD>
        <VDH>1,190,13:18,,,,0.8</VDH>
    </VD>
    <VD>
        <VDH>122,200,13:18,,,,1.8,9</VDH>
        <PD>0.2,1,10,100</PD>
        <PD>0.8,2,10,102</PD>
```

```
    </VD>
    <VD>
        <VDH>122,220,13:18,,,,1.8,9</VDH>
        <PD>0.2,1,10,100</PD>
        <PD>0.8,2,10,102</PD>
    </VD>
    <VD>
        <VDH>S,228,13:18,,,,1.8</VDH>
    </VD>
    <VD>
        <VDH>S,236,13:18,,,,1.8</VDH>
    </VD>
    <VD>
        <VDH>122,240,13:18,,,,1.8,9</VDH>
        <PD>0.2,1,10,100</PD>
        <PD>0.8,2,10,102</PD>
    </VD>
    <VD>
        <VDH>s,260,13:18,,,,0</VDH>
    </VD>
    <VD>
        <VDH>202,280,13:18,,,,1.8,9</VDH>
        <PD>0.2,1,10,100</PD>
        <PD>0.8,2,10,102</PD>
    </VD>
    <VD>
        <VDH>左岸,300,13:19,,,,0</VDH>
    </VD>
</MD>
<ES>
      <ES1>P1,382.38,0</ES1>
      <ES2>C1,382.08,0</ES2>
      <ES3>Su1,382.38,0</ES3>
      <ES4>Sl1,382.08,0</ES4>
    </ES>
    <SD>238</SD>
    <MC>基上155 m,铅鱼重,流冰花</MC>
    <ANN>其他说明</ANN>
    <QNUM>120</QNUM>
    <QSNUM>12</QSNUM>
    <SNUM>6-7</SNUM>
    <UNIT>kg/m3|t/s</UNIT>
    <ISC>
```

```
        <ISC1 >6,12.8 </ISC1 >
        <ISC2 >7,13.8 </ISC2 >
    </ISC >
    <LSC >
        <LSCI >100,垂线混合,11.3 </LSCI >
        <LSCI >120,垂线混合,32.1 </LSCI >
        <LSCI >160,0.2,33.2 </LSCI >
        <LSCI >160,0.6,33.8 </LSCI >
        <LSCI >160,0.8,47.6 </LSCI >
    </LSC >
    <SSDP >横式,选点,垂线混合,9/6 </SSDP >
    <CN >测验组,测验组,测验组,测验组 </CN >
    <PM >
        <PMI >0.0,21,0.83 </PMI >
        <PMI >0.2,20,0.88 </PMI >
        <PMI >0.5,20,0.95 </PMI >
        <PMI >0.6,20,1.00 </PMI >
    </PM >
    <BM >
        <BM1 >光滑陡坡,0.9,0 </BM1 >
        <BM2 >光滑缓坡,0.8,0 </BM2 >
        <BM3 >陡    坡,0.8,3 </BM3 >
        <BM4 >缓    坡,0.7,3 </BM4 >
        <BM5 >死    水,0.6,0 </BM5 >
    </BM >
    <IS >
        <ISI >2008 -03 -08 15:42, 383.40 </ISI >
        <ISI >2008 -03 -08 15:48, 383.40 </ISI >
        <ISI >2008 -03 -08 15:54, 383.39 </ISI >
        <ISI >2008 -03 -08 16:06, 383.39 </ISI >
        <ISI >2008 -03 -08 16:12, 383.39 </ISI >
        <ISI >2008 -03 -08 16:18, 383.39 </ISI >
        <ISI >2008 -03 -08 16:24, 383.39 </ISI >
        <ISI >2008 -03 -08 16:30, 383.39 </ISI >
        <ISI >2008 -03 -08 16:36, 383.39 </ISI >
        <ISI >2008 -03 -08 16:42, 383.39 </ISI >
    </IS >
</DVL >
```


5.8.1.2 流量输沙率基本数据结构


```
<? xml version = "1.0" encoding = "gb2312"? >
<DVL > <CP1 >1 </CP1 > <CP2 >1 </CP2 > <CP3 >1 </CP3 > <CP4 >0 </CP4 > <CP5 >B </CP5 > <SN >
```

龙门(马王庙二) </SN> <ST> <ST1>2010 </ST1> <ST2>8 </ST2> <ST3>7 </ST3>

<ST4>17 </ST4> <ST5>14 </ST5> </ST> <ET> <ET1>2010 </ET1> <ET2>8 </ET2> <ET3>7 </ET3> <ET4>17 </ET4> <ET5>19 </ET5> </ET> <WTH>晴 </WTH> <WDM>↑ </WDM> <WDP>1 </WDP> <FD>∧ </FD> <VL> <Total>1 </Total> <VLP1>1 Ls25 - 1 862031 V1 = 0.4774n + 0.0036 20/1 2 </VLP1> </VL> <SCT>钻石 6728 </SCT> <SDF> <SDF1>0 </SDF1>

<SDF2> + </SDF2> <SDF3>10 </SDF3> <SDF4>280 </SDF4> </SDF> <SS> <SS1>p, 382.35,0 </SS1> <SS2>,, </SS2> <SS3>Su,382.55,0 </SS3> <SS4>,, </SS4> </SS> <MD> <Total> </Total> <VD> <VDH>右,岸,,,1.0,17:14,,,,1.00 </VDH> </VD> <VD>

<VDH>1,1,1,1,2.0,17:14,,,,2.00, </VDH> <VPD> <PD>0.2,1,12,122, </PD> </VPD> <VDS>444 </VDS> </VD> <VD> <VDH>2,,,,3.0,17:15,,,,1.00 </VDH> </VD> <VD> <VDH>水,边,,,4.0,17:15,,,,0 </VDH> </VD> <VD> <VDH>3,2,2,2,5.0,17:15,,,,2.00, </VDH> <VPD> <PD>0.2,1,25,111,333 </PD> <PD>0.8,1,21,100,202 </PD> </VPD> </VD> <VD> <VDH>4,3,3,,6.0,17:17,,,,0.80, </VDH> <VPD> <PD>0.6,1,22,111,222 </PD> </VPD> </VD> <VD> <VDH>左,岸,,,8.0,17:18,,,,0.00 </VDH> </VD> </MD> <ES> <ES1>,382.65,0 </ES1> <ES2>,, </ES2> <ES3>,382.75,0 </ES3> <ES4>,, </ES4> </ES> <SD>238 </SD> <MC>基上,155 </MC>

<QYZ>500 </QYZ> <PSC>325 </PSC> <QSLP>3/6 </QSLP> <ANN>黄河 </ANN> <QNUM>4 </QNUM>

<CN>测验组,测验组,测验组,测验组 </CN> <QSNUM>7 </QSNUM>

<SNUM>10 - 11 </SNUM> <UNIT> </UNIT> <ISC> <ISC1> </ISC1> <ISC2> </ISC2> </ISC> <LSC> <ISCI> </ISCI> <ISCI> </ISCI> <ISCI> </ISCI> <ISCI> </ISCI> <ISCI> </ISCI> <SSDP> </SSDP> <CN> </CN> </LSC> <PM> <PMI00> <PMI>20,0.88 </PMI> </PMI00> <PMI02> <PMI>20,0.88 </PMI> </PMI02> <PMI05> <PMI>20,0.96 </PMI> </PMI05> <PMI06> <PMI>20,1.00 </PMI> </PMI06> </PM> <BM> <BM1>光滑陡坡,0.9,0 - 不用 </BM1> <BM2>光滑缓坡,0.8,0 - 不用 </BM2> <BM3>陡坡,0.8,3 - 两岸 </BM3> <BM4>缓坡,0.7,3 - 两岸 </BM4> <BM5>死水,0.6,3 - 两岸 </BM5> </BM> <IS> <ISI> </ISI> </IS> </DVL>

5.8.2 物理数据结构设计

物理数据结构设计主要是设计数据在模块中的表示形式。数据在模块中都是以结构的方式表示的。

本系统的参数和测验基本数据存储于 XML 结构的数据文件中。记载计算报表是以 Excel 的 XSL 文件存储的。

物理数据结构主要用于各模块之间函数的信息传递。接口传递的信息是以数据结构封装了的数据,以参数传递或返回值的形式在各模块间传输。

6　详细设计

在概要设计中,已解决了实现该系统需求的程序模块设计问题。包括如何把该系统划分成若干个模块、确定各个模块之间的接口、数据通信及数据结构、模块结构的设计等。本章将对本阶段中详细设计进行说明。

6.1　什么是详细设计

详细设计,是软件工程中软件开发的一个步骤,就是对概要设计的一个细化,就是详细设计每个模块实现算法所需的局部结构。在详细设计阶段,主要是通过需求分析的结果,设计出满足用户需求的软件系统产品。

本阶段,确定如何具体地实现所要求的系统,从而在编码阶段可以把这个描述直接翻译成用具体的程序语言书写的程序。主要的工作有:根据在需求分析中所描述的数据、功能、运行、性能需求,并依照概要设计所确定的处理流程、总体结构和模块外部设计,进行软件系统的结构设计、逐个模块的程序描述(包括各模块的功能、性能、输入、输出、算法、程序逻辑、接口等)。

6.1.1　详细设计的要求

6.1.1.1　一致性

详细设计的要求应该与需求分析报告所描述的需求及概要设计一致。同时,详细设计的各项要求之间也应该是一致的。

6.1.1.2　合理性

详细设计所提出的设计方法和标准应该是合理的、恰当的。

6.1.1.3　可追踪性

对详细设计所提出的各项要求应该可以得到它的清晰的源流,即可在需求分析报告、概要设计报告中有明确的需求描述。

6.1.1.4　可行性

根据详细设计进行编码、测试、操作和维护应该是可行的。

6.1.2　详细设计

(1)为每个模块进行详细的算法设计。用某种图形、表格、语言等工具将每个模块处理过程的详细算法描述出来。

(2)为模块内的数据结构进行设计。对需求分析、概要设计确定的概念性的数据类型进行确切的定义。

(3)为数据结构进行物理设计,即确定数据库的物理结构。物理结构主要指数据库的存储记录格式、存储记录安排和存储方法,这些都依赖于具体所使用的数据库系统。

(4)其他设计。根据软件系统的类型,还可能要进行以下设计:

①代码设计。为了提高数据的输入、分类、存储、检索等操作,节约内存空间,对数据库中的某些数据项的值要进行代码设计。

②输入/输出格式设计。

③人机对话设计。对于一个实时系统,用户与计算机频繁对话,因此要进行对话方式、内容、格式的具体设计。

(5)编写详细设计说明书。

(6)评审。对处理过程的算法和数据库的物理结构都要评审。

6.2 总体结构

6.2.1 流量输沙率计算软件结构

流量输沙率测算系统结构图见图6-1。

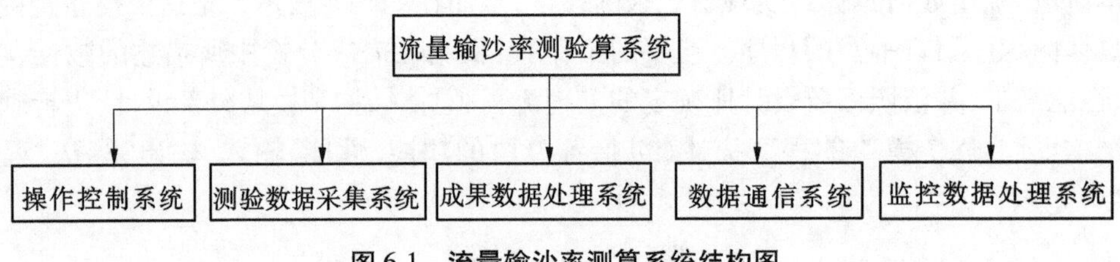

图6-1 流量输沙率测算系统结构图

6.2.2 主要模块简要说明

流量输沙率计算软件模块简要说明表见表6-1。

表6-1 流量输沙率计算软件模块简要说明表

模块名称	类型	描述	功能
frmMDIForm	frm	主窗体模块	系统主界面系统入口
frmSplash	frm	加载视觉延时模块	修饰主界面,消除视觉疲劳
frmAutoControl	frm	流量测验控制和数据提取模块	硬件控制和流量测验数据提取界面
frmDataQ	frm	流量数据编辑模块	编辑流量测验数据,默认界面
frmDataQs	frm	流量输沙率数据编辑模块	编辑流量、输沙率测验数据
frmBorderModulus	frm	边坡系数管理模块	编辑边坡系数参数
frmCanShuSheZhi	frm	常规参数管理模块	编辑通用参数
frmLSYSelect	frm	流速仪选择模块	在流量测验时选择流速仪参数
frmLsysz	frm	流速仪参数编辑模块	编辑流速仪参数
frmPointModulus	frm	测点系数管理模块	编辑测点系数
frmRegulate DistanceStartingPoint	frm	起点距校准模块	进行起点距数据校准

6.3 主窗体模块设计

主窗体模块 frmMDIForm 是流量输沙率计算软件的主要操作入口。该模块以 MDIForm 出现，常驻内存。

6.3.1 frmMDIForm 组成

frmMDIForm 主要由标题栏、菜单、公用对话框控件、工具栏、状态栏组成，见表 6-2，frmMDIForm 标题为"输沙率计算软件"，也是系统标题。表 6-3 列出了主要控件事件驱动过程及公共过程(函数)。

表 6-2 主窗体模块 frmMDIForm 组成表单

对象描述	标识	控件类型	作用
标题栏	Caption		
系统(&A)	mnu_sys	菜单	
打开(&O)	mnu_Open	菜单	打开数据文件
保存(&S)	mnu_save	菜单	保存数据文件
计算(&C)	mnuCount	菜单	计算流量(输沙率)
计算并制表(&R)	mnuCR	菜单	计算流量(输沙率)并制表
退出(&X)	mnu_exit	菜单	退出系统
测验(&M)	mnu_Measure	菜单	
测验(自动)(&A)	mnu_Auto	菜单	打开自动测验窗口
测验(手动)(&S)	mnu_SD	菜单	
流量测算(&Q)	menuNewQ	菜单	打开手动流量测算窗口
输沙率测算(&S)	menuNewQs	菜单	打开输沙率测算窗口
状态栏	StatusBar1	StatusBar	显示系统运行状态和状态数据

表 6-3 frmMDIForm 主要控件事件驱动过程及公共过程表

过程标识	对象标识或说明	过程主要内容
MDIForm_Load	加载窗体	定义主窗口，读取通用参数
mnu_Open_Click	菜单事件	打开数据文件
mnu_save_Click	菜单事件	保存数据文件
menuExit_Click	菜单事件	退出系统

6.3.2 控件事件驱动过程及公共过程设计

frmMDIForm 的事件驱动过程及公共过程相对比较简单，这里不再赘述。

6.4 流量数据编辑各模块设计

流量测验数据编辑主要包括数据编辑窗口模块 frmDataQ、测验数据读写模块 mdlTestedData、基本函数模块 mdlCommonFunction、基本计算制表模块 mdlCountTable、Excel 制表模块 mdlExcel、基础数据管理模块 mdlMain 等六个主要模块。流量测验数据编辑窗口模块 frmDataQ 是流速仪法流量测算的主要操作载体,窗体模块。

6.4.1 frmDataQ 组成

frmDataQ 主要由文本框、下拉列表框、标签、按钮、表格等控件组成(见表 6-4),frmDataQ 标题为"流量数据编辑"。表 6-5 列出了主要控件的事件驱动过程及公共过程(函数)。

表 6-4 流量测验数据编辑窗口模块 frmDataQ 组成表单

对象描述	标识	控件类型	作用
测站编码输入框	cmbSTCD	ComboBox	输入测站编码
站名输入框	Combo1	ComboBox	输入站名
【开始时间】标签	Label2	Label	
开始时间组输入框	Text1	TextBox	输入开始时间(可以由系统自动生成)
【结束时间】标签	Label10	Label	
结束时间组输入框	txtET	TextBox	输入结束时间(可以由系统自动生成)
【平均时间】标签	Label16	Label	
平均时间显示框	txtAve	TextBox	显示平均时间(由系统自动计算)
【流速仪参数】标签	Label4	Label	
流速仪参数列表	List	ListBox	显示所有可用的流速仪参数
【添加】流速仪按钮	cmdLSYSelect	CommandButton	打开流速仪选择对话框,添加流速仪
流量测验数据编辑表	Grid1	Grid	编辑流量测验的基本数据
打开【控制窗口】	Command2	CommandButton	打开控制窗口,控制硬件并接收测验数据
【水位记录】标签	Label22	Label	
【水位记录】编辑表	Grid2	Grid	编辑各断面水位数据
流速、断面套绘图	PicZ	PictureBox	显示流速、断面套绘分析图
【退出】菜单	mnuExit	Menu	取消所有操作,返回上级界面

表 6-5 frmDataQ 主要控件事件驱动过程及公共过程表

过程标识	对象标识或说明	过程主要内容
Grid1_KeyPress	Grid1	在 Grid1 范围内击打一个 ANSI 键的事件过程
Grid1_LeaveRow	Grid1	焦点在 Grid1 中即将移到另一行时的事件过程
Grid1LR	公共过程	Grid1_LeaveRow 的执行过程
Grid2_LeaveRow	Grid2	焦点在 Grid2 中即将移到另一行时的事件过程
mnuSave_Click	mnuSave	【保存】菜单项的单击事件过程
mnuCount_Click	mnuCount	执行【计算】制表过程
CountQToExcel	公共过程	读取流量数据,计算流量并制表输出

6.4.2 加载编辑窗口

在加载过程中选择相应窗口类型和参数。

```
Sub Main( )
    frmSplash. Show
    'dblMinDis = 1000000#
    'dblMaxDis = - 1000000#
    strZDF = "B"
    DoEvents
    ReadPublicParameter App. Path & " \ControlData\PublicParameter. XML"
    intFileCSU = intCSU
    Load frmMDIForm
End Sub
```

根据阈值参数确定加载流量数据编辑窗口或输沙率数据编辑窗口。其中,输沙率测验数据编辑窗口包括流量测验数据编辑。

```
Private Sub Form_Load( )
    Dim msg As String
    'frmMDIForm. Toolbar1. Visible = False
    Grid1. Left = 0
    intMorenLSY = 0
    Grid1. OpenFile ( App. Path & " \ControlData\qqq. cel" )
    dsIN = 0
    Combo7. ListIndex = 0
    Grid2. OpenFile ( App. Path & " \ControlData\level. cel" )
    ReadStationData App. Path & " \ControlData\StationData. XML"
    ReadCtrlData App. Path & " \ControlData\PublicParameter. XML"
    intLsys = 0                                      '初始化流速仪总数
    Grid1. Cell(6, 1). SetFocus
    menuTuXingFenXi. Checked = False
    'Grid1. Rows = 150
```

```
    If Combo1. ListCount  > =  intSN Then
        Combo1. ListIndex  =  intSN
    End If
    blnfrmQBeEdit  =  False
    menuLineMethod. Checked  =  False
    '加载流量施测号数
    strHICD  =  ""
    iStart        '初始化参数
    Set frmCurrent  =  Me
End Sub
Private Sub Form_Load( )
Dim msg As String
'frmMDIForm. Toolbar1. Visible  =  False
Grid1. Left  =  0
intMorenLSY  =  0
'加载输沙率记载计算表
Grid1. OpenFile ( App. Path & " \ControlData\QS. cel" )
dsIN  =  0
Combo7. ListIndex  =  0
Grid2. OpenFile ( App. Path & " \ControlData\level. cel" )
ReadStationData App. Path & " \ControlData\StationData. XML"
ReadCtrlData App. Path & " \ControlData\PublicParameter. XML"
intLsys  =  0                                    '初始化流速仪总数
Grid1. Cell(6, 1). SetFocus
menuTuXingFenXi. Checked  =  False
'Grid1. Rows  =  150
If Combo1. ListCount  > =  intSN Then
    Combo1. ListIndex  =  intSN
End If
blnfrmQsBeEdit  =  False
menuLineMethod. Checked  =  False
strHICD  =  ""
iStart  '初始化参数
Set frmCurrent  =  Me
intFileCSU  =  intCSU
If intFileCSU  =  0 Then
    frmCurrent. Grid1. Cell(1, 26). Text  =  "含沙量(kg/m3)"
    frmCurrent. Grid1. Cell(1, 30). Text  =  "部分 输沙率(t/s)"
ElseIf intFileCSU  =  1 Then
    frmCurrent. Grid1. Cell(1, 26). Text  =  "含沙量(g/m3)"
    frmCurrent. Grid1. Cell(1, 30). Text  =  "部分 输沙率(kg/s)"
Else
    frmCurrent. Grid1. Cell(1, 26). Text  =  "含沙量(kg/m3)"
```

```
    frmCurrent. Grid1. Cell(1, 30). Text = "部分 输沙率(kg/s)"
End If
End Sub
```

6.4.3　主要编辑区操作过程设计

6.4.3.1　编辑表头数据

表头数据与《河流流量测验规范》(GB 50179—2015)规定的畅流期流速仪法流量记载计算表的表头基本一致。

开始测流,最重要的、必须首先进行的是:站名(站号)选择、录入开始时间(或单击【开始】按钮)、【添加】流速仪。主要设计可参考如下代码:

```
'加载河名站名站号数据
Private Function ReadStationData(ByVal strFileName As String) As Boolean
Dim xmlDoc As DOMDocument                    '定义 XML 文档
Dim blnLoadXML As Boolean                    '加载 XML 成功
Dim msg As String
Dim varVar As Variant
Dim il   As Integer
Dim j As Integer
If Len(Dir(strFileName, vbDirectory)) > 0 Then
    Set xmlDoc = New DOMDocument
    blnLoadXML = xmlDoc. Load(strFileName)
    Dim root As IXMLDOMElement               '定义 XML 根节点
    Set root = xmlDoc. documentElement       '给 XML 根节点赋值
    Dim sssNode As IXMLDOMNode                      '第二级单个节点
    Dim tssNode As IXMLDOMNode                      '第三级单个节点
    Dim sssNodeList As IXMLDOMNodeList                   '定义节点列表
    If root. childNodes. length > 0 Then            '数据
        cmbSTCD. Clear
        Combo1. Clear
        Set sssNodeList = root. selectNodes("Name")    '获得垂线数据列表
        il = 0
        For Each sssNode In sssNodeList             '逐个垂线节点处理
            msg = sssNode. Text
            varVar = Split(msg, ",")
            Combo1. AddItem varVar(1)
            cmbSTCD. AddItem varVar(2)
            If il = intSN Then ZhanHao = varVar(3)
            il = il + 1
        Next
    End If
```

```
End If
End Function
'编辑测流结束时间
Private Sub txtET_KeyPress(Index As Integer, KeyAscii As Integer)
Dim dtNow As Date
On Error Resume Next
If KeyAscii = 13 Then
    KeyAscii = 0
    Select Case Index
    Case 0
        If Len(txtET(Index)) > 0 Then
            i = Val(txtET(Index))
            If Len(txtET(Index)) = 4 Then
                If i > 2100 Or i < 1930 Then
                    MsgBox "无效年份,请改正"
                    txtET(Index).SetFocus
                Else
                    txtET(Index + 1).SetFocus
                End If
            ElseIf Len(txtET(Index)) = 2 Then
                If i > 50 Then
                    txtET(Index).Text = "19" & txtET(Index).Text
                Else
                    txtET(Index).Text = "20" & txtET(Index).Text
                End If
                txtET(Index + 1).SetFocus
            Else
                MsgBox "无效年份,请改正"
            End If
        Else
            MsgBox "无效年份,请改正"
        End If
    Case 1
        If Len(txtET(Index)) > 0 Then
            i = Val(txtET(Index))
            If i > 12 Or i < 1 Then
                MsgBox "无效月份,请改正"
            Else
                txtET(Index + 1).SetFocus
            End If
        Else
            MsgBox "无效月份,请改正"
        End If
```

```
        Case 2
            If Len(txtET(Index)) > 0 Then
                i = Val(txtET(Index))
                If i > 31 Or i < 1 Then
                    MsgBox "无效日期,请改正"
                Else
                    txtET(Index + 1).SetFocus
                End If
            Else
                MsgBox "无效日期,请改正"
            End If
        Case 3
            If Len(txtET(Index)) > 0 Then
                i = Val(txtET(Index))
                If i > 23 Or i < 0 Then
                    MsgBox "无效小时数,请改正"
                Else
                    txtET(Index + 1).SetFocus
                End If
            Else
                MsgBox "无效时间,请改正"
            End If
        Case 4
            If Len(txtET(Index)) > 0 Then
                i = Val(txtET(Index))
                If i > 59 Or i < 0 Then
                    MsgBox "无效分钟数,请改正"
                Else
                    Dim dtST As Date
                    Dim dtET As Date
                    Dim lngT As Long
                    dtST = Format(Text1(0) & "-" & Text1(1) & "-" & Text1(2) & " " & Text1
(3) & ":" & Format(Text1(4), "00"), "YYYY-MM-DD HH:MM")
                    dtET = Format(txtET(0) & "-" & txtET(1) & "-" & txtET(2) & " " & txtET
(3) & ":" & Format(txtET(4), "00"), "YYYY-MM-DD HH:MM")
                    lngT = DateDiff("n", dtST, dtET)
                    lngT = CLng(Round(lngT / 2))
                    dtNow = DateAdd("n", lngT, dtST)
                    txtAve(0) = Year(dtNow)
                    txtAve(1) = Month(dtNow)
                    txtAve(2) = Day(dtNow)
                    txtAve(3) = Hour(dtNow)
                    txtAve(4) = Minute(dtNow)
```

```
            End If
        Else
            MsgBox "无效分钟,请改正"
        End If
    End Select
Else
    If KeyAscii < 48 Or KeyAscii > 57 Then
        If KeyAscii <> 8 Then KeyAscii = 0
    End If
End If
End Sub
```

6.4.3.2 垂线数据和测速数据处理方法设计

1. 测深数据采集

垂线上的数据包括测深数据(垂线号、起点距、测深时间、水位、河底高程、水深等)和测速数据(相对位置、仪器序号、信号数和测速历时、流向偏角等),其采集顺序按以上排列进行。测深时间、水位、河底高程、流向偏角等为可选项。

每个数据项采集完毕后,按 Enter 键确认并跳转到下一项测验。

1) 垂线号

垂线号只是用作测验过程的控制数据,它并不直接参加计算。其规则如下:

(1) 岸边的垂线号分别填写"左岸"和"右岸"。

(2) 水边的垂线号填写"水边"。

系统提供快捷输入方式:Z—左岸,Y—右岸,S—水边。

除"岸边"和"水边"外,其余垂线的垂线号为可选项,可以由系统自动填写。如果填写,测深垂线和测速垂线的垂线号均应小于 100。系统提供快捷输入方式:0—单独测深垂线,1 ~9—测速垂线。

2) 起点距

起点距的采集方式有人工采集方式和自动采集方式。

人工采集起点距的顺序可以根据情况自由变更。

自动采集起点距由"数据采集"窗口中的"自动测起点距"复选框的选中状态决定(详见控制系统操作手册)。

3) 测深(测速)时间

测深(测速)时间是计算相应水位的必要依据,默认由系统自动填写。

是否填记测深(测速)时间,可以用【工具】菜单中的"记录测深时间"乒乓命令切换。

采用系统填记测深时间还是采用人工填记测深时间,可以用【工具】菜单中的"自动记录测深时间"乒乓命令切换。

人工填记方法:"8:18"可以填"8.18"。

4) 水深

水深的采集方式有自动采集方式和人工采集方式。

自动采集水深由"数据采集"窗口中的"自动测深"复选框的选中状态决定。其操作是:

起点距采集或录入完毕后按 Enter 键(详见控制系统操作手册)。

人工采集水深的顺序可以变更。

当测深结束后,系统会根据本垂线号和水深确定本垂线的默认测点数,并在第一个测点相对位置栏中显示默认的值。

2.测速数据

垂线上的测点数由垂线水深、流速仪回转半径和垂线测法控制。

1)相对位置

相对位置栏中可以输入小数,同时还可以输入相对位置的 10 倍数,系统会自动做出转换。

相对位置不得为空值。

相对位置输入完毕后按 Enter 键确认,系统将会计算该测点的相对水深并显示于状态栏中,供人工测点定位用。

2)流速仪序号

流速仪序号是为同一次流量测验过程甚至同一垂线上使用不同流速仪而设置的参数。当用户选定流速仪后,该项由系统自动填入。要改变当前流速仪,只要在“流速仪参数”栏中单击目标流速仪即可完成。

3)信号数与测速历时

当“缆道测量控制”窗口(或“测船测量控制”窗口)“自动测速”复选框被选中时,在“相对位置”栏中按 Enter 键,则启动自动测速系统,信号数和测速历时均由系统填写。

人工测速时则逐项填写。完毕后以 Enter 键确认。主要设计参考如下代码:

```
'根据数据表中录入的内容,智能判断数据准确性;智能确定下一个数据编辑的位置和范围。
Private Sub Grid1_KeyPress(KeyAscii As Integer)
Dim grdCO As Integer
Dim grdRO As Integer
Dim csZHI As Integer
Dim iPr As Integer, j As Integer, k As Integer
Dim ss As String
'On Error Resume Next
grdRO = Grid1.ActiveCell.Row
grdCO = Grid1.ActiveCell.Col
'If Cancel = False Then Cancel = True
If KeyAscii = 13 Then
    Open App.Path & "\error_Grid.txt" For Append As #87
    Print #87, grdRO, grdCO, Grid1.Cell(grdRO, grdCO).Text
    Close #87
    KeyAscii = 0
    Select Case grdCO
    Case 2
        KeyAscii = 0                    '测深垂线号完毕
        If Grid1.Cell(grdRO, 1).Text = "" Then
```

```
            MsgBox "测深垂线号不能为空!"
            Grid1.SetFocus
            Grid1.Cell(grdRO, 1).SetFocus
        Else
            Grid1.Cell(grdRO, 3).SetFocus
        End If
    Case 3                                  '测速垂线号完毕
        KeyAscii = 0
        If Grid1.Cell(grdRO, 1).Text = "" Then
            MsgBox "测深垂线号不能为空!"
            Grid1.SetFocus
            Grid1.Cell(grdRO, 1).SetFocus
        Else
            Grid1.Cell(grdRO, 3).SetFocus
        End If
    Case 4                                  '起点距完毕
        KeyAscii = 0
        If Grid1.Cell(grdRO, 3).Text = "" Then
            MsgBox "起点距不能为空!"
            Grid1.SetFocus
            Grid1.Cell(grdRO, 3).SetFocus
        Else
            ss = Val(Grid1.Cell(grdRO, 3).Text)
            '起点距数字标准化
            If menuZDFA.Checked = True Then
                Grid1.Cell(grdRO, 3).Text = Round(ss, 1)
            ElseIf menuZDFByB.Checked = True Then
                Grid1.Cell(grdRO, 3).Text = fmatQDJ(ss)
            End If
            If Grid1.Cell(grdRO, 3).Text <> "" Then
                If menuCHT.Checked = True Then
                    If menuTcsj.Checked Then
                        '测深时间数字标准化
                        Grid1.Cell(grdRO, 4).Text = Format(Now(), "hh:mm")
                        Grid1.Cell(grdRO, 8).SetFocus
                    Else
                        Grid1.Cell(grdRO, 4).SetFocus
                    End If
                Else
                    Grid1.Cell(grdRO, 8).SetFocus
                End If
            End If
        End If
```

```
Case 5                                  '测深时间完毕
    KeyAscii = 0
    If Grid1.Cell(grdRO, 4).Text = "" Then
        MsgBox "请填记测深时间!"
        Grid1.SetFocus
        Grid1.Cell(grdRO, 4).SetFocus
    Else
        Grid1.Cell(grdRO, 8).SetFocus
    End If
Case 9                                  '水深完毕
    KeyAscii = 0
    If Grid1.Cell(grdRO, 8).Text = "" Then
        MsgBox "请填记水深!"
        Grid1.SetFocus
        Grid1.Cell(grdRO, 8).SetFocus
    Else
        Dim csBiaoZhi As Integer
        '水深数据标准化
        ss = Val(Grid1.Cell(grdRO, 8).Text)
        Grid1.Cell(grdRO, 8).Text = fmatSHSH(ss)
        csBiaoZhi = Val(Grid1.Cell(grdRO, 2).Text)
        subCheckLine csBiaoZhi
    End If
Case 10                                 '相对位置完毕
    KeyAscii = 0
    If Grid1.Cell(grdRO, 9).Text = "" Then
        MsgBox "请填记相对位置!"
        Grid1.SetFocus
        Grid1.Cell(grdRO, 9).SetFocus
    Else
            Select Case Val(Grid1.Cell(grdRO, 9).Text)
            Case 0
                Grid1.Cell(grdRO, 9).Text = "0.0"
            Case 2, 0.2
                Grid1.Cell(grdRO, 9).Text = "0.2"
            Case 5, 0.5
                Grid1.Cell(grdRO, 9).Text = "0.5"
            Case 6, 0.6
                Grid1.Cell(grdRO, 9).Text = "0.6"
            Case 8, 0.8
                Grid1.Cell(grdRO, 9).Text = "0.8"
            Case 10, 1
                Grid1.Cell(grdRO, 9).Text = "1.0"
```

```
                Case Is > 1
                    Grid1.Cell(grdRO, 9).Text = Format(Val(Grid1.Cell(grdRO, 9).Text) / 10,
"#0.0")
                Case Else
                    Grid1.Cell(grdRO, 9).Text = Format(Grid1.Cell(grdRO, 9).Text, "#0.0")
                End Select
                frmMDIForm.StatusBar1.Panels(1).Text = "正在测速"
                frmMDIForm.StatusBar1.Panels(2).Text = "相对水深" & Format(Grid1.Cell
(grdRO, 8).DoubleValue * Grid1.Cell(grdRO, 9).DoubleValue, "#0.00")
            If intMorenLSY > 0 Then
                Grid1.Cell(grdRO, 10).Text = CStr(intMorenLSY)
            Else
                MsgBox "请选择流速仪!"
            End If
        End If
    Case 13                                 '测速历时完毕
        If Val(Grid1.Cell(grdRO, 2).Text) > 0 And menuLXPJ.Checked = True Then
            Grid1.Cell(grdRO, 13).SetFocus              '测记流向偏角
        Else
            If Grid1.ActiveCell.Row + 1 = Grid1.Rows Then
               Call insertLN
            End If
            dsIN = dsIN + 1
            If dsIN > = cdsIN Then
               Grid1.Cell(grdRO + 1, 1).SetFocus
            Else
               Grid1.Cell(grdRO + 1, 9).SetFocus
            End If
        End If
    Case 14                                 '流向偏角完毕
            If Grid1.ActiveCell.Row + 1 = Grid1.Rows Then
               Call insertLN
            End If
            dsIN = dsIN + 1
            If dsIN > = cdsIN Then
               Grid1.Cell(grdRO + 1, 1).SetFocus
            Else
               Grid1.Cell(grdRO + 1, 9).SetFocus
            End If
    End Select
ElseIf KeyAscii = 6 Then
    Frame2.Visible = True
Else
```

```
    If grdCO = 1 Then
        Select Case KeyAscii
        Case 8
        Case 83, 115, -13394
            KeyAscii = 0
            Grid1.Cell(grdRO, 1).Text = "水"
            Grid1.Cell(grdRO, 2).Text = "边"
        Case 89, 121, -11310
            KeyAscii = 0
            Grid1.Cell(grdRO, 1).Text = "右"
            Grid1.Cell(grdRO, 2).Text = "岸"
        Case 90, 122, -10253
            KeyAscii = 0
            Grid1.Cell(grdRO, 1).Text = "左"
            Grid1.Cell(grdRO, 2).Text = "岸"
        Case 48                                          '0
            KeyAscii = 0
            j = 1
            For iPr = 6 To grdRO - 1
                If Val(Grid1.Cell(iPr, 1).Text) > 0 Then
                    j = j + 1
                End If
            Next
            Grid1.Cell(grdRO, 1).Text = j
            Grid1.Cell(grdRO, 2).Text = ""
        Case 49 To 57
            KeyAscii = 0
            j = 1: k = 1
            For iPr = 6 To grdRO - 1
                If Val(Grid1.Cell(iPr, 1).Text) > 0 Then
                    j = j + 1
                    If Val(Grid1.Cell(iPr, 2).Text) > 0 Then
                        k = k + 1
                    End If
                End If
            Next
            Grid1.Cell(grdRO, 1).Text = j
            Grid1.Cell(grdRO, 2).Text = k
        Case Else
            KeyAscii = 0
        End Select
ElseIf grdCO = 2 Then
        Select Case KeyAscii
```

```
        Case -20298, -20001               '岸和边
        Case Else
            KeyAscii = 0
        End Select
    ElseIf grdCO = 3 Then
        Select Case KeyAscii
        Case 8                            '退格
        Case 45                           '负号
        Case 48 To 57, 46                 '数字和小数点和负号
        Case Else
            KeyAscii = 0
        End Select
    ElseIf grdCO = 4 Then
        Select Case KeyAscii
        Case 8
        Case 46
            KeyAscii = 58
        Case 48 To 58                     '0~9 和:
        Case Else
            KeyAscii = 0
        End Select
    ElseIf grdCO = 8 Then
        Select Case KeyAscii
        Case 8, 48 To 57, 46              '数字和小数点
        Case Else
            KeyAscii = 0
        End Select
    ElseIf grdCO = 9 Then
        Select Case KeyAscii
        Case 8, 48 To 57, 46              '数字和小数点
        Case Else
            KeyAscii = 0
        End Select
    ElseIf grdCO = 10 Then
        Select Case KeyAscii
        Case 8, 48 To 57                  '数字和小数点
        Case Else
            KeyAscii = 0
        End Select
    ElseIf grdCO = 11 Then
        Select Case KeyAscii
        Case 8, 48 To 57                  '数字和小数点
```

```
            Case Else
                KeyAscii = 0
            End Select
      ElseIf grdCO = 12 Then
            Select Case KeyAscii
            Case 48 To 57, 46                       '数字和小数点
            Case Else
                KeyAscii = 0
            End Select
      ElseIf Grid1.ActiveCell.Row > = 6 And grdCO = 13 Then
            Select Case KeyAscii
            Case 8, 48 To 57                        '数字和小数点
            Case Else
                KeyAscii = 0
            End Select
      End If
    End If
    blnfrmQBeEdit = True
    End Sub
```

'行编辑结束后,根据编辑所在的行及其后一行的数据情况,进行各行、各项数据计算和分析,并进行分析校对。

```
    Sub Grid1LR()                               '换行计算流量
    '第一个单元格:(0,0)
    Dim dblD(420) As Double
    Dim h(420) As Double
    Dim dblV(420) As Double
    Dim dblR(420) As Double
    Dim dblLiShi(420) As Double, X(420) As Double
    Dim w(420) As Double, dblH(420) As Double, dz(420) As Double
    Dim f(420) As Double, fb(420) As Double, q(420) As Double
    Dim vp As Double, Vmax As Double, qz As Double, fz As Double
    Dim hp1 As Double, Hmax As Double, sk As Double
    Dim bj As Double, jb As Double
    Dim s1 As Double, s2 As Double, s3 As Double '计算比降糙率采用,clgs
    Dim i As Integer, j As Integer, s As Integer, intM As Integer
    Dim n As Integer, z As String
    Dim x1(420) As Double
    Dim intMN(420) As Integer
    Dim Combo_pj As String
    Dim hdPJ As Double              '以弧度表示的偏角
    Dim dblDBL As Double            '双精度临时变量
    Dim iOL As Integer              '临时整形变量
```

```
Dim m As Double
On Error GoTo zjkh
intZS = 0
iOL = Grid1.ActiveCell.Row
If Grid1.Rows - iOL < 4 Then Grid1.Rows = Grid1.Rows + 4          '增加空行
'读数据
On Error GoTo ReadData
dblSMK = 0
k = 6
For i = 7 To Grid1.Rows - 1
    If Grid1.Cell(i, 1).Text <> "" Then
        If IsNumeric(Grid1.Cell(i, 1).Text) = True Then             '是测深垂线
            m = Abs(Grid1.Cell(i, 3).Text - Grid1.Cell(k, 3).Text)
            dblSMK = dblSMK + m
        Else
            If Grid1.Cell(k, 1).Text <> "" And IsNumeric(Grid1.Cell(k, 1).Text) = True Then
                m = Abs(Grid1.Cell(i, 3).Text - Grid1.Cell(k, 3).Text)
                dblSMK = dblSMK + m
            End If
        End If
        k = i
    Else
    End If
Next
For i = 6 To (Grid1.Rows - 1)
    If Grid1.Cell(i, 3).Text <> "" Or Grid1.Cell(i, 8).Text <> "" Or Grid1.Cell(i, 11).Text <
> "" Or Grid1.Cell(i, 12).Text <> "" Then
        s = i  's 为表格中有数据的行数
        If Grid1.Cell(i, 3).Text <> "" Then
            '起点距数字标准化
            ss = Val(Grid1.Cell(i, 3).Text)
            If menuZDFA.Checked = True Then
                Grid1.Cell(i, 3).Text = Round(ss, 1)
            ElseIf menuZDFByB.Checked = True Then
                Grid1.Cell(i, 3).Text = fmatQDJ(ss)
            End If
        End If
        dblD(i) = Grid1.Cell(i, 3).DoubleValue                  '起点距
        h(i) = Grid1.Cell(i, 8).DoubleValue                     '水深
        intMN(i) = Grid1.Cell(i, 10).IntegerValue               '仪器号
        dblR(i) = Grid1.Cell(i, 11).DoubleValue                 '信号数
        dblLiShi(i) = Grid1.Cell(i, 12).DoubleValue             '测速历时
        If Grid1.Cell(i, 3).Text <> "" Then
```

```
                If Hmax < h(i) Then Hmax = h(i)
                dblMaxH = Hmax                                          '最大水深
                If dblMinD > dblD(i) Then dblMinD = dblD(i)             最小起点距
                If dblMaxD < dblD(i) Then dblMaxD = dblD(i)             '最大起点距
                dblDp(intZS) = dblD(i)
                hP(intZS) = h(i)
                intZS = intZS + 1
            End If
        End If
    Next
    '检查数据,计算测点流速
    On Error GoTo JSCDLS
    intZS = intZS - 1
    For i = 6 To s
        If Grid1.Cell(i, 14).Text < > "" And Grid1.Cell(i, 11).Text = "" And Grid1.Cell(i, 14).Text
< > "0" Or Grid1.Cell(i, 14).Text Like " * a" Then        '小浮标或电波流速仪水面流速,人工置数,后面
加 A
            X(i) = Grid1.Cell(i, 14).DoubleValue
        Else
            If dblR(i) < > 0 And dblLiShi(i) < > 0 Then
                If List1.ListCount = 0 Then
                    MsgBox "请输入流速仪参数!", vbExclamation, "提示"
                    Exit Sub
                End If
                Grid1.Cell(i, 14).Text = CountPointVelocity(dblR(i), dblLiShi(i), aryLsy(intMN(i),
4), _
                    aryLsy(intMN(i), 5), aryLsy(intMN(i), 6))
                x1(i) = Grid1.Cell(i, 14).DoubleValue
                    If Vmax < Grid1. Cell (i, 14). DoubleValue Then Vmax = Grid1. Cell (i,
14).DoubleValue
              'X(i) = x1(i)
                '将测点流速加入表格,偏角
                Combo_pj = "cos * "
                If Combo_pj Like "cos * " Then
                    If Grid1.Cell(i, 13).Text < > "" Then                   '观测偏角
                        If Grid1.Cell(i, 13).DoubleValue > 10 Then       '偏角大于10°
                            hdPJ = Grid1.Cell(i, 13).DoubleValue * 3.1415926 / 180   '弧度
                            dblDBL = x1(i) * Cos(hdPJ)
                            iOL = VPrecision(dblDBL)
                            Grid1.Cell(i, 15).Text = funDAE(dblDBL, iOL \ 10, iOL Mod 10, 1,
intCW)
                            X(i) = Grid1.Cell(i, 15).DoubleValue
                        Else
```

```
                hdPJ = 0
                X(i) = Grid1.Cell(i, 14).DoubleValue
            End If
        Else
            If Grid1.Cell(i, 2).Text <> "" Then hdPJ = 0
            If Grid1.Cell(i, 11).Text <> "" And hdPJ > 0 Then
                dblDBL = x1(i) * Cos(hdPJ)
                iOL = VPrecision(dblDBL)
                Grid1.Cell(i, 15).Text = funDAE(dblDBL, iOL \ 10, iOL Mod 10, 1,
intCW)
                X(i) = Grid1.Cell(i, 15).DoubleValue
            Else
                X(i) = Grid1.Cell(i, 14).DoubleValue
            End If
        End If
    ElseIf Combo_pj Like "sin*" Then
        If Grid1.Cell(i, 13).Text <> "" Then
            If Grid1.Cell(i, 13).DoubleValue < 90 Then
                hdPJ = Grid1.Cell(i, 13).DoubleValue * 3.1415926 / 180  '弧度
                dblDBL = x1(i) * Sin(hdPJ)
                iOL = VPrecision(dblDBL)
                Grid1.Cell(i, 15).Text = funDAE(dblDBL, iOL \ 10, iOL Mod 10, 1,
intCW)
                X(i) = Grid1.Cell(i, 15).DoubleValue
            Else
                hdPJ = 90
            End If
        Else
            If Grid1.Cell(i, 2).Text <> "" Then hdPJ = 90
            If Grid1.Cell(i, 11).Text <> "" And hdPJ < 90 Then
                dblDBL = x1(i) * Sin(hdPJ)
                iOL = VPrecision(dblDBL)
                Grid1.Cell(i, 15).Text = funDAE(dblDBL, iOL \ 10, iOL Mod 10, 1,
intCW)
            End If
            X(i) = Grid1.Cell(i, 15).DoubleValue
        End If
    End If
ElseIf dblR(i) = 0 And dblLiShi(i) <> 0 Then
    X(i) = 0
    Grid1.Cell(i, 14).Text = "0"
End If
End If
```

```
    Next

    '计算垂线平均流速
    On Error GoTo errJSCHXPJLS
    j = 0
    For i = 6 To s
        If Grid1.Cell(i, 12).Text <> "" And Grid1.Cell(i, 3).Text <> "" Then        '测速垂线
            If Grid1.Cell(i + 1, 1).Text <> "" Then                       '一点法(下一行为测深垂线)
                If Grid1.Cell(i, 2).Text <> "" Then                        '确认测速垂线
                    dblV(i) = X(i) * GetPointModulus(Grid1.Cell(i, 9).Text, X(i))
                    iOL = VPrecision(dblV(i))
                    Grid1.Cell(i, 16).Text = funDAE(dblV(i), iOL \ 10, iOL Mod 10, 1, intCW)
                End If
            Else
                If Grid1.Cell(i + 2, 1).Text <> "" Then                    '2点法
                    dblV(i) = (X(i) + X(i + 1)) / 2
                    iOL = VPrecision(dblV(i))
                    Grid1.Cell(i, 16).Text = funDAE(dblV(i), iOL \ 10, iOL Mod 10, 1, intCW)
                Else
                  If Grid1.Cell(i + 3, 1).Text <> "" Then  '3点法
                        dblV(i) = (X(i) + X(i + 1) + X(i + 2)) / 3
                        iOL = VPrecision(dblV(i))
                        Grid1.Cell(i, 16).Text = funDAE(dblV(i), iOL \ 10, iOL Mod 10, 1, intCW)
                   Else
                      If dblR(i + 3) <> 0 Then     '5点法
                        dblV(i) = (X(i) + 3 * X(i + 1) + 3 * X(i + 2) + 2 * X(i + 3) +
X(i + 4)) / 10
                        iOL = VPrecision(dblV(i))
                        Grid1.Cell(i, 16).Text = funDAE(dblV(i), iOL \ 10, iOL Mod 10, 1, intCW)
                      Else
                      End If
                  End If
                End If
            End If
            If dblMaxV < dblV(i) Then dblMaxV = dblV(i)                      '最大垂线平均流速
            dblVp(j, 0) = Grid1.Cell(i, 3).DoubleValue
            dblVp(j, 1) = dblV(i)
            j = j + 1
        ElseIf Grid1.Cell(i, 1).Text <> "" And IsNumeric(Grid1.Cell(i, 1).Text) = False Then
'水边垂线
            dblV(i) = 0
            dblVp(j, 0) = Grid1.Cell(i, 3).DoubleValue
            dblVp(j, 1) = dblV(i)
```

```
            j = j + 1
        End If
    Next
    intZSV = j - 1
    On Error GoTo errJSBFPJSHj
    Dim intFV As Integer              '找到第一条测速垂线
    Dim RSiShui As Integer            '死水行号
    Dim dblBM As Double               '边坡系数
    Dim dblLV As Double               '上一垂线流速
    Dim dblLH As Double               '上一垂线水深
    Dim strEB As String               '结束岸边标志
    Dim blnEnd As Boolean             '一股水已经结束
    Dim intVLr As Integer             '上一测速垂线行号
    Dim intHLr As Integer             '上一测深垂线行号
    Dim dblPA As Double               '部分面积
    Dim dblSSMJ As Double             '死水面积
    Dim dblQSum As Double             '断面流量
    Dim dblASum As Double             '断面面积
    Dim dblBSum As Double             '断面宽度
    Dim dblADW As Double              '死水面积
    i = 6: intHLr = 6: intVLr = 6
    k = 0: j = 0
    Do
        '寻找第一条流速不为0的垂线
        DoEvents
        intFV = 0
        blnEnd = True
        dblLV = 0
        Do
            DoEvents
'             Debug.Print i, Grid1.Cell(i, 1).Text, Grid1.Cell(i, 2).Text, Grid1.Cell(i, 16).Text, Grid1.Cell(i, 12).Text
            If Grid1.Cell(i, 2).Text <> "" And IsNumeric(Grid1.Cell(i, 2).Text) = True Then
                '是测速垂线
                '计算部分平均流速
                On Error GoTo errJSBFPJLS
                If Grid1.Cell(i, 16).DoubleValue <> 0 Then
                    If IsNumeric(Grid1.Cell(intVLr, 2).Text) = False Then
                        '上一测速垂线是水边
                        Dim msg As String
                        msg = Grid1.Cell(i, 16).DoubleValue
                        m = dblBM * Grid1.Cell(i, 16).DoubleValue
                    Else
```

```
            '上一测速垂线测速
            If Grid1. Cell(intVLr, 16). DoubleValue = 0 Then
                '上一测速垂线流速为 0
                m = strBorderModulus(4, 1) * Grid1. Cell(i, 16). DoubleValue
            Else
                m = (Grid1. Cell(intVLr, 16). DoubleValue + Grid1. Cell(i, 16).
DoubleValue) / 2
            End If
        End If
        iOL = VPrecision(m)
        Grid1. Cell(i, 17). Text = funDAE(m, iOL \ 10, iOL Mod 10, 1, intCW)
        dblLV = Grid1. Cell(i, 16). DoubleValue
        '计算平均水深、部分面积、部分流量
        On Error GoTo errJSPJSHSH_BFMJ_BFLL_1
        m = (h(intHLr) + h(i)) / 2
        iOL = HPrecision(m)
        Grid1. Cell(i, 18). Text = funDAE(m, iOL \ 10, iOL Mod 10, 1, intCW)
        m = Abs(dblD(i) - dblD(intHLr))
        Grid1. Cell(i, 19). Text = fmatQDJ(m)
        dblBSum = dblBSum + Grid1. Cell(i, 19). DoubleValue
        m = Grid1. Cell(i, 18). DoubleValue * Grid1. Cell(i, 19). DoubleValue
'测深垂线间面积
        iOL = APrecision(m)
        Grid1. Cell(i, 20). Text = funDAE(m, iOL \ 10, iOL Mod 10, 1, intCW)
        dblPA = dblPA + Grid1. Cell(i, 20). DoubleValue    '部分面积
        iOL = APrecision(dblPA)
        Grid1. Cell(i, 21). Text = funDAE(dblPA, iOL \ 10, iOL Mod 10, 1, intCW)
        dblASum = dblASum + Grid1. Cell(i, 21). DoubleValue
        m = Grid1. Cell(i, 17). DoubleValue * Grid1. Cell(i, 21). DoubleValue            '部
分流量
        iOL = QPrecision(m)
        Grid1. Cell(i, 22). Text = funDAE(m, iOL \ 10, iOL Mod 10, 1, intCW)
        dblQSum = dblQSum + Grid1. Cell(i, 22). DoubleValue
        dblPA = 0
        iOL = QPrecision(dblQSum)
        Text_qz. Text = funDAE(dblQSum, iOL \ 10, iOL Mod 10, 1, intCW)
        iOL = APrecision(dblASum)
        Text_fz. Text = funDAE(dblASum, iOL \ 10, iOL Mod 10, 1, intCW)
    Else
        RSiShui = i
        If Grid1. Cell(intVLr, 16). DoubleValue = 0 Then
            '死水
            '计算平均水深、部分面积
```

```
                On Error GoTo errJSPJSHSH_BFMJ_BFLL_2
                m = (h(intHLr) + h(i)) / 2
                iOL = HPrecision(m)
                Grid1.Cell(i, 18).Text = funDAE(m, iOL \ 10, iOL Mod 10, 1, intCW)
                Grid1.Cell(i, 19).Text = fmatQDJ(Abs(dblD(i) - dblD(intHLr)))
                dblBSum = dblBSum + Grid1.Cell(i, 19).DoubleValue
                m = Grid1.Cell(i, 18).DoubleValue * Grid1.Cell(i, 19).DoubleValue
'测深垂线间面积
                iOL = APrecision(m)
                Grid1.Cell(i, 20).Text = funDAE(m, iOL \ 10, iOL Mod 10, 1, intCW)
                dblPA = dblPA + Grid1.Cell(i, 20).DoubleValue  '部分面积
                iOL = APrecision(dblPA)
                Grid1.Cell(i, 21).Text = funDAE(dblPA, iOL \ 10, iOL Mod 10, 1, intCW)
                dblSSMJ = dblSSMJ + Grid1.Cell(i, 21).DoubleValue
                dblASum = dblASum + Grid1.Cell(i, 21).DoubleValue
                dblPA = 0
            Else
                '本垂线为死水边
                On Error GoTo errJSPJSHSH_BFMJ_BFLL_3
                m = strBorderModulus(4, 1) * Grid1.Cell(intVLr, 16).DoubleValue
                iOL = VPrecision(m)
                Grid1.Cell(i, 17).Text = funDAE(m, iOL \ 10, iOL Mod 10, 1, intCW)
                '计算平均水深、部分面积、部分流量
                m = (h(intHLr) + h(i)) / 2
                iOL = HPrecision(m)
                Grid1.Cell(i, 18).Text = funDAE(m, iOL \ 10, iOL Mod 10, 1, intCW)
                Grid1.Cell(i, 19).Text = fmatQDJ(Abs(dblD(i) - dblD(intHLr)))
                dblBSum = dblBSum + Grid1.Cell(i, 19).DoubleValue
                m = Grid1.Cell(i, 18).DoubleValue * Grid1.Cell(i, 19).DoubleValue
                '测深垂线间面积
                iOL = APrecision(m)
                Grid1.Cell(i, 20).Text = funDAE(m, iOL \ 10, iOL Mod 10, 1, intCW)
                dblPA = dblPA + Grid1.Cell(i, 20).DoubleValue  '部分面积
                iOL = APrecision(dblPA)
                Grid1.Cell(i, 21).Text = funDAE(dblPA, iOL \ 10, iOL Mod 10, 1, intCW)
                dblASum = dblASum + Grid1.Cell(i, 21).DoubleValue
                m = Grid1.Cell(i, 17).DoubleValue * Grid1.Cell(i, 21).DoubleValue
      '部分流量
                iOL = QPrecision(m)
                Grid1.Cell(i, 22).Text = funDAE(m, iOL \ 10, iOL Mod 10, 1, intCW)
                dblQSum = dblQSum + Grid1.Cell(i, 22).DoubleValue
                iOL = QPrecision(dblQSum)
               Text_qz.Text = funDAE(dblQSum, iOL \ 10, iOL Mod 10, 1, intCW)
```

```
                iOL = APrecision(dblASum)
                Text_fz.Text = funDAE(dblASum, iOL \ 10, iOL Mod 10, 1, intCW)
                iOL = DPrecision(dblBSum)
               Text_sk.Text = funDAE(dblBSum, iOL \ 10, iOL Mod 10, 1, intCW)
                dblPA = 0
            End If
            dblLV = 0
        End If
        intHLr = i
        intVLr = i
        i = i + 1
        j = j + 1
    Else
        '非测速垂线
        On Error GoTo errFCSCHXJS
'        Debug.Print Grid1.Cell(i, 1).Text
        If Grid1.Cell(i, 1).Text < > "" Then                          '垂线
                If IsNumeric ( Grid1. Cell ( i, 1 ). Text ) = False Or h ( i ) = 0 Then
'非测深垂线,水边
                '水边
                If blnEnd Then                                  '一股水的开始
                    blnEnd = False
                    dblPA = 0
                    If Grid1.Cell(i, 1).Text Like "左" Then
                        strEB = "右"
                    ElseIf Grid1.Cell(i, 1).Text Like "右" Then
                        strEB = "左"
                    Else
                        '水边
                    End If
                    '确定边坡系数
                    dblBM = SelectBorderModulus(h(i), Grid1.Cell(i, 1).Text, 0)
                    dblLH = h(i)
                    intHLr = i
                    intVLr = i
                    i = i + 1
               Else                                             '一股水的结束
                    blnEnd = True
                    '计算部分流速、部分水深、部分面积、部分流量
                    m = (h(intHLr) + h(i)) / 2
                    iOL = HPrecision(m)
                   Grid1.Cell(i, 18).Text = funDAE(m, iOL \ 10, iOL Mod 10, 1, intCW)
                    Grid1.Cell(i, 19).Text = fmatQDJ(Abs(dblD(i) - dblD(intHLr)))
```

```
                dblBSum = dblBSum + Grid1.Cell(i, 19).DoubleValue
                m = Grid1.Cell(i, 18).DoubleValue * Grid1.Cell(i, 19).DoubleValue
    '测深垂线间面积
                iOL = APrecision(m)
                Grid1.Cell(i, 20).Text = funDAE(m, iOL \ 10, iOL Mod 10, 1, intCW)
                dblPA = dblPA + Grid1.Cell(i, 20).DoubleValue   '部分面积
                iOL = APrecision(dblPA)
                 Grid1.Cell(i, 21).Text = funDAE(dblPA, iOL \ 10, iOL Mod 10, 1,
intCW)
                dblASum = dblASum + Grid1.Cell(i, 21).DoubleValue
                '计算部分流速
                If dblLV = 0 Then                                '死水
                    dblSSMJ = dblSSMJ + Grid1.Cell(i, 21).DoubleValue
                Else
                    '确定边坡系数
                    dblBM = SelectBorderModulus(h(i), Grid1.Cell(i, 1).Text, 0)
                    m = dblLV * dblBM
                    iOL = VPrecision(m)
                     Grid1.Cell(i, 17).Text = funDAE(m, iOL \ 10, iOL Mod 10, 1,
intCW)
                End If
                '计算部分流量
                m = Grid1.Cell(i, 17).DoubleValue * Grid1.Cell(i, 21).DoubleValue
                '部分流量
                iOL = QPrecision(m)
                Grid1.Cell(i, 22).Text = funDAE(m, iOL \ 10, iOL Mod 10, 1, intCW)
                dblQSum = dblQSum + Grid1.Cell(i, 22).DoubleValue
                iOL = QPrecision(dblQSum)
                Text_qz.Text = funDAE(dblQSum, iOL \ 10, iOL Mod 10, 1, intCW)
                iOL = APrecision(dblASum)
                Text_fz.Text = funDAE(dblASum, iOL \ 10, iOL Mod 10, 1, intCW)
                dblPA = 0
                If Grid1.Cell(i, 1).Text Like strEB Then
                    '岸边,测验结束,退出循环
                    intFV = 5
                Else
                    If Grid1.Cell(i + 1, 1).Text < > "" And IsNumeric(Grid1.Cell(i +
1, 1).Text) = True Then
                        '另一股水开始
                        blnEnd = False
                        '确定边坡系数
                        dblBM = SelectBorderModulus(h(i), Grid1.Cell(i, 1).Text, 0)
                        intVLr = i
```

```
                        Else
                            intFV = 3
                        End If
                    End If
                    intHLr = i
                    i = i + 1
                End If
            Else
                '测深垂线
                '计算平均水深、部分面积
                m = (h(intHLr) + h(i)) / 2
                iOL = HPrecision(m)
                Grid1.Cell(i, 18).Text = funDAE(m, iOL \ 10, iOL Mod 10, 1, intCW)
                Grid1.Cell(i, 19).Text = fmatQDJ(Abs(dblD(i) - dblD(intHLr)))
                dblBSum = dblBSum + Grid1.Cell(i, 19).DoubleValue
                m = Grid1.Cell(i, 18).DoubleValue * Grid1.Cell(i, 19).DoubleValue
'测深垂线间面积
                iOL = APrecision(m)
                Grid1.Cell(i, 20).Text = funDAE(m, iOL \ 10, iOL Mod 10, 1, intCW)
                dblPA = dblPA + Grid1.Cell(i, 20).DoubleValue   '部分面积
'               iOL = APrecision(dblPA)
'               Grid1.Cell(i, 21).Text = funDAE(dblPA, iOL \ 10, iOL Mod 10, 1, intcw)
                intHLr = i
                i = i + 1
            End If
        Else
            '测点流速或者空行
            If Grid1.Cell(i, 12).Text <> "" Then
                '测点流速,不做处理
                i = i + 1
            Else
                '空行,退出全部循环,停止计算
                intFV = 5
            End If
        End If
    End If
  Loop Until intFV > 2 Or i >= Grid1.Rows - 1
Loop Until intFV = 5 Or i >= Grid1.Rows - 1

iOL = APrecision(dblSSMJ)
Text15(1).Text = funDAE(dblSSMJ, iOL \ 10, iOL Mod 10, 1, intCW)
iOL = DPrecision(dblBSum)
Text_sk.Text = funDAE(dblBSum, iOL \ 10, iOL Mod 10, 1, intCW)
```

```
If dblASum > 0 Then
'       m = dblQSum / dblASum
        m = CDbl(Text_qz.Text) / CDbl(Text_fz.Text)
        iOL = VPrecision(m)
        Text_vp.Text = funDAE(m, iOL \ 10, iOL Mod 10, 1, intCW)
'       m = dblASum / dblBSum
        m = CDbl(Text_fz.Text) / CDbl(Text_sk.Text)
        iOL = HPrecision(m)
        Text_hp.Text = funDAE(m, iOL \ 10, iOL Mod 10, 1, intCW)

        iOL = VPrecision(Vmax)
        Text_Vmax.Text = funDAE(Vmax, iOL \ 10, iOL Mod 10, 1, intCW)
        iOL = HPrecision(Hmax)
        Text_hmax.Text = funDAE(Hmax, iOL \ 10, iOL Mod 10, 1, intCW)
End If
Exit Sub
zjkh:
    '增加空行过程出错
    Open App.Path & "\error.txt" For Append As #89
    Print #89, Now, "增加空行过程出错"
    Close #89
    Exit Sub
ReadData:
    '读入数据出错  For i = 6 To (Grid1.Rows - 1)
    Open App.Path & "\error.txt" For Append As #89
    Print #89, Now, "读数据过程出错 For i = 6 To (Grid1.Rows - 1)"
    Close #89
    Exit Sub
JSCDLS:
    '计算测点流速  intZS = intZS - 1   :For i = 6 To s:
    Open App.Path & "\error.txt" For Append As #89
    Print #89, Now, "计算测点流速过程出错 For i = 6 To s"
    Close #89
    Exit Sub
errJSCHXPJLS:
    '计算垂线平均流速 j = 0 :For i = 6 To s
    Open App.Path & "\error.txt" For Append As #89
    Print #89, Now, "计算垂线平均流速过程出错 For i = 6 To s"
    Close #89
    Exit Sub
errJSBFPJSHj:
    '计算部分平均数据
    Open App.Path & "\error.txt" For Append As #89
```

```
        Print #89, Now, "计算部分平均数据出错 "
        Close #89
        Exit Sub
    errJSBFPJLS:
        '计算部分平均流速 If Grid1. Cell(i, 16). DoubleValue < > 0 Then
        Open App. Path & " \error. txt" For Append As #89
        Print #89, Now, "是测速垂线 ,计算部分平均流速过程出错  If Grid1. Cell(i, 16). DoubleValue
< > 0 Then"
        Close #89
        Exit Sub
    errJSPJSHSH_BFMJ_BFLL_1:
        '第一种,本垂线 非死水,计算平均水深、面积、流量
        Open App. Path & " \error. txt" For Append As #89
        Print #89, Now, " 第一种,本垂线 非死水,计算平均水深、面积、流量 errJSPJSHSH_BFMJ_BFLL_
1"
        Close #89
        Exit Sub
    errJSPJSHSH_BFMJ_BFLL_2:
        '第二种,本垂线 非死水,计算平均水深、面积
        Open App. Path & " \error. txt" For Append As #89
        Print #89, Now, " 第二种,本垂线 非死水,计算平均水深、面积量 errJSPJSHSH_BFMJ_BFLL_2"
        Close #89
        Exit Sub
    errJSPJSHSH_BFMJ_BFLL_3:
        '第三种,本垂线 非死水,计算平均水深、面积、流量
        Open App. Path & " \error. txt" For Append As #89
        Print #89, Now, " 第一种,本垂线 为死水边,计算平均水深、面积量、流量 errJSPJSHSH_BFMJ_
BFLL_3"
        Close #89
        Exit Sub
    errFCSCHXJS:
        '非测速垂线 If Grid1. Cell(i, 1). Text < > "" Then
        Open App. Path & " \error. txt" For Append As #89
        Print #89, Now, "errFCSCHXJS ,非测速垂线 If Grid1. Cell(i, 1). Text < > "" Then  "
        Close #89
    End Sub
    '各断面水位数据编辑。在表中编辑各断面数据,改变编辑位置时计算水位,换行时计算比降和糙率。
    Private Sub Grid2_LeaveRow(ByVal Row As Long, Cancel As Boolean)
    Dim dbl As Double
    Dim i As Integer, iOL As Integer
    For i = 3 To 6
        If IsNumeric(Grid2. Cell(i, 3). Text) And IsNumeric(Grid2. Cell(i, 4). Text) Then
```

```
            dbl = (Grid2.Cell(i, 3).DoubleValue + Grid2.Cell(i, 4).DoubleValue) / 2
            iOL = ZPrecision(dbl)
            Grid2.Cell(i, 5).Text = funDAE(dbl, iOL \ 10, iOL Mod 10, 1, intCW)
            If IsNumeric(Grid2.Cell(i, 6).Text) Then
                dbl = Grid2.Cell(i, 3).DoubleValue + Grid2.Cell(i, 4).DoubleValue
                dbl = dbl + 2 * Grid2.Cell(i, 6).DoubleValue
                dbl = dbl / 2
                iOL = ZPrecision(dbl)
                Grid2.Cell(i, 7).Text = funDAE(dbl, iOL \ 10, iOL Mod 10, 1, intCW)
            End If
        End If
    Next
    Text15(2).Text = ""
    Text15(3).Text = ""
    If IsNumeric(Grid2.Cell(5, 7).Text) And IsNumeric(Grid2.Cell(6, 7).Text) And IsNumeric
(Text5) Then
        dbl = 10000# * (Grid2.Cell(5, 7).DoubleValue - Grid2.Cell(6, 7).DoubleValue) / CDbl
(Text5)
    ElseIf IsNumeric(Grid2.Cell(5, 7).Text) And IsNumeric(Grid2.Cell(3, 7).Text) And IsNumeric
(Text5) Then
        dbl = 10000# * (Grid2.Cell(5, 7).DoubleValue - Grid2.Cell(3, 7).DoubleValue) / CDbl
(Text5)
'           Debug.Print Grid2.Cell(5, 7).DoubleValue, Grid2.Cell(3, 7).DoubleValue, CDbl(Text5)
    ElseIf IsNumeric(Grid2.Cell(6, 7).Text) And IsNumeric(Grid2.Cell(3, 7).Text) And IsNumeric
(Text5) Then
        dbl = 10000# * (Grid2.Cell(3, 7).DoubleValue - Grid2.Cell(6, 7).DoubleValue) / CDbl
(Text5)
    Else
        Exit Sub
    End If
    '计算比降
    Text15(2).Text = funDAE(dbl, 3, 3, 1, intCW)
    If Text_vp <> "" And Text_hp <> "" Then
        dbl = (CDbl(Text15(2)) / 10000#) ^ 0.5 * CDbl(Text_hp) ^ (2 / 3) / CDbl(Text_vp)
        Text15(3) = funDAE(dbl, 3, 3, 1, intCW)
    End If
    strHICD = ""
    End Sub
```

6.5　流量计算制表部件设计

流量计算制表部件包括主体模块 CountQToExcel 和相关辅助模块，其功能是：从曾经存

储的流量数据文件 *.xml 中读取流量测验的数据;分别计算畅流期流速仪法流量测验记载计算表中的各项内容。

流量计算制表过程 PAD 图见图 6-20。

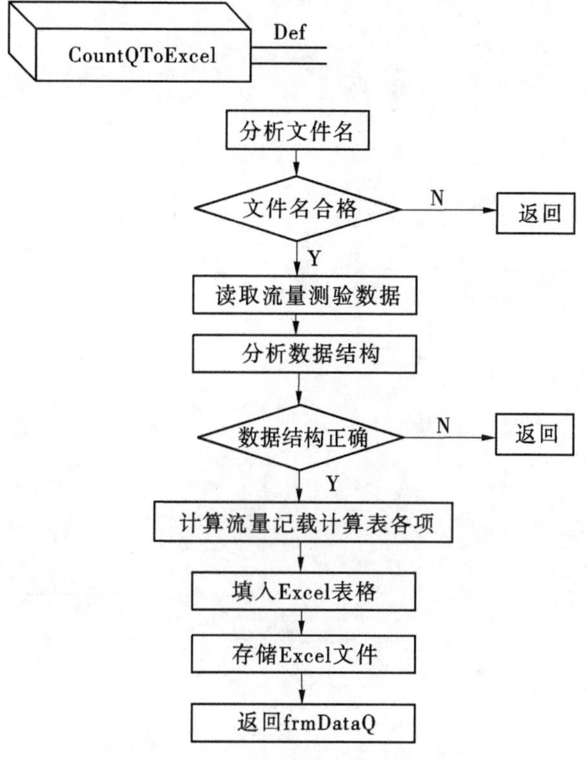

图 6-2　流量计算制表过程 PAD 图

6.5.1　流量计算制表主体模块设计

流量计算制表主体模块 CountQToExcel,主要功能是读取流量测验成果数据,包括表头数据、水位数据、辅助数据、基本数据(垂线数据和测点数据),按照《河流流量测验规范》(GB 50179—2015)的要求计算流量,生成"流速仪法流量测验记载表",同时将计算结果统计存入实测流量成果表数据文件。过程代码如下:

```
Sub CountQToExcel ( )
'定义变量
Dim intThan As Integer
Dim SDint As Integer
Dim msg0 As String
Dim lxl As Integer
Dim intJU   As Integer
  Dim xdl, xhl, lsl, dc
  Dim tq, sdtv As String, scxv As String
  Dim ll2 $, tdt $, qw, dtw, hiw, biw, mx, bi $, w1, sc $, w2
  Dim cei, ceci, yr, wy1, wy2, wy01 $, wy02 $, wy3, sy4, sy5, sy6, sy16
```

```
  Dim wy4, wy5, wy6, wy7, wy8, wy9, wy10, wy11, wy12, wy13$, wy14, wy15
  Dim bws, yrr, swy3, swy, swy4, swy15    ', ys, rsyrf,
Dim vi As Integer
Dim endFlags As Boolean
Dim DBoolean   As String
'Dim FileName As String
Dim pn As Integer
Dim blnLastLine As Boolean
Dim quantityData1(10) As Long
Dim quantityData2(10) As Double
Dim quantityData3(10) As Long
Dim quantityData4(10) As Double
Dim quantityData5(10) As Long
Dim quantityData6(10) As Double
Dim quantityData7(10) As Long
Dim QNumber As Integer
Dim bt As Long
Dim filenumber As Integer
Dim shuishi As Integer
   Dim intmsg As Integer
   Dim strMsg As String
   Dim blnStart As Boolean
   Dim blnEnd As Boolean
Dim intDW As Integer
'On Error Resume Next
If strLocation(5) Then
    blnReportSend = MsgBox("是否拍报本次流量?", vbYesNo)
Else
    blnReportSend = vbNo
End If
frmRunDialog.Label1 = "正在读取数据,请稍侯!"
frmRunDialog.Refresh
'读取流量测验数据
ysh = 0                              'Page number to zero
pageNum = 0
vi = 0: n = 1: sa = 0: ch$ = ""
i = 0: a = 0: qz = 0: b = 0
   filenumber = FreeFile
   Open FileName For Input As #filenumber
   blnStart = True
   Input #filenumber, intmsg               '读取3个标志
   intIsQsFlags = intmsg
   Input #filenumber, intmsg
```

```
    intLevelFriquent = intmsg
    Input #filenumber, intmsg
    intSchlepModulus = intmsg
    Input #filenumber, intmsg
    intEquivalentStage = intmsg
    Input #filenumber, nf, yf, r1             '读取年月日
    Input #filenumber, msg
    t1 = Val(msg) + Val(Right(msg, 2)) / 100  '计算开始时间
    Input #filenumber, tq                     '读取天气 weather
    Input #filenumber, sfx                    '读取风向风力 wind
    Input #filenumber, strFlowAngle           '读取流向
    If LCase(strFlowAngle) = "∧" Or LCase(strFlowAngle) = "s" Then
      strFlowAngle = "∧"
    ElseIf LCase(strFlowAngle) = "∨" Or LCase(strFlowAngle) = "n" Then
      strFlowAngle = "∨"
    Else
      strFlowAngle = "N"
    End If
intStep = 0
Do                                            '读取流速仪
      Line Input #filenumber, msg
      blnEnd = True
      If InStrCount(msg, ",") > 5 And InStrCount(msg, "/") <> 0 Then
          j = 0
          For intmsg = 0 To 5
              i = j + 1
              j = InStr(i, msg, ",")
              strLsy(intStep, intmsg) = Mid(msg, i, j - i)
          Next
          strLsy(intStep, intmsg) = Right(msg, Len(msg) - j)
          intStep = intStep + 1
          blnEnd = False
      End If
Loop Until blnEnd Or LCase(msg) = "lsyend"
intYiqishu = intStep
If LCase(msg) = "lsyend" Then
    Input #filenumber, stbh                   '停表牌号
Else
    stbh = msg                                '停表牌号
End If
Input #filenumber, strPn1, strPg1, strPld1    '开始水位数据
Input #filenumber, strCn1, strCg1, strCld1
Input #filenumber, strUn1, strUg1, strUld1
```

```
Input #filenumber, strLn1, strLg1, strLld1
i = 0: pn = 0: u = 0
blnStart = False
intbzan = 0
Do
    Line Input #filenumber, msg
    If LCase(msg) <> "CXEnd" Then
        If InStrCount(msg, ":") > 0 And InStrCount(msg, ",") > 2 Then          '查到测深时间,为测深数据
            If blnStart Then
                SpeedCompositor pn
            End If
            subCeShen msg, intDW
        ElseIf InStrCount(msg, ":") > 0 And InStrCount(msg, ",") > 0 Then          '查到结束时间
            intDW = 101
        ElseIf InStrCount(msg, ",") > 1 Then  '查到测速数据
            subCeSu msg, pn
            blnStart = True
        Else                              'liuxiangpianjiao
            pn = pn + 1
            lx(pn) = msg
            intSLPointNumber(pn) = 0
        End If
    Else
        intDW = 102
    End If
Loop Until intDW >= 100 Or EOF(filenumber)
cscx = i
ds = u: dc = u                              '测点数
vxs = pn                                    '测速垂线数
r2 = Left(msg, InStr(msg, ",") - 1)
msg = Right(msg, Len(msg) - InStr(msg, ","))   '终了时间
t2 = Val(msg) + Val(Right(msg, 2)) / 100
Input #filenumber, strPn2, strPg2, strPld2  '终了水位
Input #filenumber, strCn2, strCg2, strCld2
Input #filenumber, strUn2, strUg2, strUld2
Input #filenumber, strLn2, strLg2, strLld2
Input #filenumber, strComparatively_Location          '断面位置
Input #filenumber, strLocation(2)                     '比降断面间距
If InStr(strComparatively_Location, "基上") = 0 And InStr(strComparatively_Location, "基下") = 0 Then
    strComparatively_Location = "基本水尺断面"
Else
    strComparatively_Location = strComparatively_Location + "m"
```

```
End If
vi = 100
Do
    Input #filenumber, msg                          '备注
    If InStr(msg, "//") = 0 Then
        strRemark = strRemark & msg
    Else
        strRemark = strRemark & Left(msg, InStrCount(msg, "//") - 1)
        vi = 0
    End If
Loop Until vi = 0 Or EOF(filenumber)
Input #filenumber, cc                           '流量测次
Input #filenumber, QsCC                         '输沙率测次
Input #filenumber, SendCC                       '含沙量测次
Input #filenumber, msg                          '读签名
'读取相关系数
If intSchlepModulus Then
    intmsg = 0
    di = InStrCount(msg, "|") - 1
    For i = 0 To di
        vi = intmsg
        intmsg = InStr(vi + 1, msg, "|")
        strUnderWrite(i) = Mid(msg, vi + 1, intmsg - vi - 1)
    Next
    strUnderWrite(i) = Right(msg, Len(msg) - intmsg)
    i = 0                                       '读测点系数
    Do
        Input #filenumber, msg
        If LCase(msg) <> "pmend" Then
            strPointModulus(i, 0) = msg
            Input #filenumber, strPointModulus(i, 1)
            Input #filenumber, strPointModulus(i, 2)
            i = i + 1
        End If
    Loop Until LCase(msg) = "pmend" Or EOF(filenumber)
    i = 0                                       '读边坡系数
    Do
        Input #filenumber, msg
        If LCase(msg) <> "bmend" Then
            strBorderModulus(i, 0) = msg
            Input #filenumber, strBorderModulus(i, 1)
            Input #filenumber, strBorderModulus(i, 2)
            i = i + 1
```

```
            End If
        Loop Until LCase(msg) = "bmend" Or EOF(filenumber) Or i = 6
    End If
    HVLineCompositor pn                                    '垂线排序

    SaveSpeed pn                                           '存储各测点流速数据
    On Error GoTo 0
        If dblBorderDistance(0) < dblBorderDistance(1) Then     'And strBorderModulus(4, 2)
            intThan = 0
        Else
            intThan = 1
        End If
    If intIsQsFlags Then
        Line Input #filenumber, msg
      If LCase(msg) = "qsstart" Then
        i = 0                                  '测输沙率,读取含沙量数据
        di = 0
        Do
            Line Input #filenumber, msg
            If LCase(msg) <> "qsend" And InStr(msg, "|") = 0 Then
                If InStr(msg, "单沙") = 0 Then
                    subSends msg, di, 1
                    strSpeedDistance(di) = qdDigit(strQsData(di, 0)) & strQsData(di, 1)
                    di = di + 1
                Else
                    subSends msg, i, 2
                    strPscC = Val(strPscC) + strSSData(i, 2)
                    i = i + 1
                End If
            End If
        Loop Until InStr(msg, "|") > 0 Or LCase(msg) = "qsend" Or EOF(filenumber)
        i = i '- 1
        m = strPscC / i
        strPscC = FourOrSix(m, 2, "c")
        di = di - 1
        intSNumber = di
        intCnumber = i
        For intStep = 0 To di - 1
            For vi = intStep To di
                If strQsData(intStep, 0) <> strQsData(vi, 0) Then
                    If (strSpeedDistance(intStep) > strSpeedDistance(vi)) + intThan Then
                        DataSwap strSpeedDistance(intStep), strSpeedDistance(vi)
                        DataSwap strQsData(intStep, 0), strQsData(vi, 0)
```

```
                DataSwap strQsData(intStep, 1), strQsData(vi, 1)
                DataSwap strQsData(intStep, 2), strQsData(vi, 2)
            End If
        Else
            If (strSpeedDistance(intStep) > strSpeedDistance(vi)) Then
                DataSwap strSpeedDistance(intStep), strSpeedDistance(vi)
                DataSwap strQsData(intStep, 0), strQsData(vi, 0)
                DataSwap strQsData(intStep, 1), strQsData(vi, 1)
                DataSwap strQsData(intStep, 2), strQsData(vi, 2)
            End If
        End If
    Next
Next
msg = strQsData(0, 0): ix = 0: vi = 0
For iv = 0 To di + 1
    If strQsData(iv, 0) = msg Then
        ix = ix + 1
    Else
        intCSLPointNumber(vi) = ix
        msg = strQsData(iv, 0)
        vi = vi + 1
        ix = 1
    End If
Next
For intStep = 0 To i - 1
    strSpeedDistance(intStep) = qdDigit(strSSData(intStep, 0)) & strSSData(intStep, 1)
Next
If i > 0 Then
    For intStep = 0 To i - 1
        For vi = intStep To i
            If strSpeedDistance(intStep) > strSpeedDistance(vi) Then
                DataSwap strSpeedDistance(intStep), strSpeedDistance(vi)
                DataSwap strSSData(intStep, 0), strSSData(vi, 0)
                DataSwap strSSData(intStep, 1), strSSData(vi, 1)
                DataSwap strSSData(intStep, 2), strSSData(vi, 2)
            End If
        Next
    Next
End If
Select Case msg
Case "kg/m3|t/s", "0"
    intUnitOfSends = 0
Case "g/m3|kg/s", "1"
```

```
            intUnitOfSends = 1
        Case "kg/m3|kg/s", "2"
            intUnitOfSends = 2
        End Select
        Input #filenumber, msg                    '获取泥沙单位标志
    End If
End If
stq = tq                                          '天气处理
Select Case tq
Case 7
    stq = "雨"
Case 8
    stq = "阴"
Case 9
    stq = "晴"
End Select
t3# = Int(t1) + (t1 - Int(t1)) / 0.6              '时间处理
t4# = Int(t2) + (t2 - Int(t2)) / 0.6
If t4# > t3# Then
    r2 = r1
    rp = r1
    m = t3# / 2 + t4# / 2
ElseIf t4# < t3# And (t3# + t4#) / 2 < 24 Then
    r2 = r1 + 1
    rp = r1
    m = (t3# + t4# + 24) / 2
Else                                              'If t4# < t3# And (t3# + t4#)
>= 24 Then
    r2 = r1 + 1
    rp = r2
    m = (t3# + t4# - 24) / 2
End If
stt1 = Int(m) + Int((m - Int(m)) * 0.6 + 0.405)
stt2 = Round(((m - Int(m)) * 60)) Mod 60
i = DayOfMonth(nf, yf)                            'r2
If r2 > i Then
    r2 = 1
    yf = yf + 1
    If yf > 12 Then
        yf = 1
        nf = nf + 1
    End If
End If
```

```
If rp > i Then                              '平均日期
    rp = 1
End If
st11 = Int(t1) + Int((t1 - Int(t1)) + 0.405)
st12 = Round((t1 - Int(t1)) * 100) Mod 60
st21 = Int(t2) + Int((t2 - Int(t2)) + 0.405)
st22 = Round((t2 - Int(t2)) * 100) Mod 60
snf = LTrim $(Str $(nf))                    '年、月、日转换为串
syf = LTrim $(Str $(yf))
sr1 = LTrim $(Str $(r1))
sr2 = LTrim $(Str $(r2))
glbBoolean = False
EquivalentStage = 0
If intEquivalentStage = 0 Then              '读水位数据
    Close #filenumber
    frmCHaXun.xiangyingshuiwei
    If Not glbBoolean Then
        msg = MsgBox("因数据不存在,不能计算相应水位。是否人工录入水位数据?", vbYesNo)
        If msg = vbYes Then
        frmStageInput.Show 1
        End If
    End If
    If strESData <> "" Then
        msg = frmInput.txtBrowse.Text
        Mid $(msg, 7, 1) = "1"
        i = InStr(1, msg, "QsEnd", vbTextCompare) + 4
        If i = 4 Then i = InStr(1, msg, "BMEnd", vbTextCompare) + 4
        frmInput.txtBrowse.SelStart = i
        frmInput.txtBrowse.SelLength = Len(msg) - (i - 1)
        frmInput.txtBrowse.SelText = vbCrLf & strESData
        SaveFile FileName, frmInput.txtBrowse
        FileIsChange = False
    End If
Else
    ReadEStageData filenumber
    Close #filenumber
    glbBoolean = True
End If
'计算流量数据
If cx $(1) = "左岸" Then                    '设置终止标志
    sjs = "右岸"
ElseIf cx $(1) = "右岸" Then
    sjs = "左岸"
```

```
ElseIf LCase(cx $(1)) = "y" Then
    sjs = "z"
ElseIf LCase(cx $(1)) = "z" Then
    sjs = "y"
End If
For i = 1 To 60                                   '部分面积置0
  ba(i) = 0
Next
asa = 0
pn = 1
nvaq = 0
u = 0: n = 1: iv = 0: ix = 0         ': k = k0: c = c0
vx = 0.1
vi = 0
i = 1
intBorderNumber = 0
blnLastLine = True
vt $(intBorderNumber) = dt $(i)
vc $(intBorderNumber) = Right $(cx $(i), 2)
vdd(intBorderNumber) = qd(i)
intBorderNumber = intBorderNumber + 1
intLineNumeric = 0
kv = BorderModulus(h(i))                        '获得边坡系数
Do
    i = i + 1: j = i - 1
    If Abs(qd(i) > = 100) Then
        sqd(i) = Format(Round(qd(i)), "######")
    Else
        sqd(i) = Format(qd(i), "###0.0")
    End If
    qd(i) = sqd(i)
  If Val(cx(i)) = 0 Or h(i) = 0 Then                '边坡垂线
        vt $(intBorderNumber) = dt $(i)
        vc $(intBorderNumber) = Right $(cx $(i), 2)
        vdd(intBorderNumber) = qd(i)
        intBorderNumber = intBorderNumber + 1
    kv = BorderModulus(h(i))
    If Val(cx(j)) < > 0 Then                  '上一条垂线不是边坡
        d(j) = Abs(qd(i) - qd(j))             '计算间距
        strD(j) = FourOrSix(d(j), 2, "d")
        d(j) = strD(j)
        b = b + d(j)                              '累积河宽
        m = h(i) / 2 + h(j) / 2                 '垂线间平均水深
```

```
        sph(j) = FourOrSix(m, 2, "h")
        ph(j) = sph(j)
        m = d(j) * ph(j)                    '垂线间部分面积
        sda(j) = FourOrSix(m, 2, "a")
        da(j) = sda(j)
        m = ba(n) + da(j)
        sba(n) = FourOrSix(m, 2, "a")
        ba(n) = sba(n)
        If vm(ix) = 0 Then
            asa = asa + ba(n)
            a = a + ba(n)
        Else
            kv = BorderModulus(h(i))
            m = vm(ix) * kv
            sbv(nvaq) = FourOrSix(m, 2, "v")
            bv(nvaq) = sbv(nvaq)
            m = bv(nvaq) * ba(n)
            sq(nvaq) = FourOrSix(m, 2, "q")
            q(nvaq) = sq(nvaq)
            qz = qz + q(nvaq)
            a = a + ba(n)
            nvaq = nvaq + 1
        End If
        n = n + 1
    Else
    End If
    blnLastLine = True
Else
        d(j) = Abs(qd(i) - qd(j))
        strD(j) = FourOrSix(d(j), 2, "d")
        d(j) = strD(j)
        b = b + d(j)
        m = h(i) / 2 + h(j) / 2
        sph(j) = FourOrSix(m, 2, "h")
        ph(j) = sph(j)
        m = d(j) * ph(j)
        sda(j) = FourOrSix(m, 2, "a")
        da(j) = sda(j)
        ba(n) = ba(n) + da(j)
    If Val(cx(i)) > 100 Then
        m = ba(n)
        sba(n) = FourOrSix(m, 2, "a")
        ba(n) = sba(n)
```

```
pn = pn + 1: ix = ix + 1: l = ix - 1
For di = 0 To intSLPointNumber(ix) - 1
    u = u + 1: iv = iv + 1
    sv(u) = CountPointVelocity(xh(u), ls(u), strLsy(intLSYNumber(u), 3), strLsy(intLSYNumber(u), 4), _strLsy(intLSYNumber(u), 5))
    v(u) = sv(u)
Next
Select Case intSLPointNumber(ix)
Case 1
    di = 0
    KPoint = 0
    Do
        If xd(u) > strPointModulus(di, 0) Then
            di = di + 1
        Else
            If xd(u) = strPointModulus(di,0) And v(u) > strPointModulus(di,1) Then
                di = di + 1
            ElseIf xd(u) = strPointModulus(di, 0) Then
                KPoint = strPointModulus(di, 2)
            End If
        End If
    Loop Until KPoint > 0
    m = v(u) * KPoint
Case 2
    m = (v(u - 1) + v(u)) / 2
Case 3
    m = (v(u - 2) + v(u - 1) + v(u)) / 3
Case 5
    m = (v(u - 4) + 3 * v(u - 2) + 3 * v(u - 2) + 2 * v(u - 1) + v(u))/10
Case Else
    MsgBox "抱歉！非标准测点,本系统无法处理。"
End Select
If lx(ix) > 10 Then m = m * Cos(lx(ix) * 3.1415926 / 180)
svm(ix) = FourOrSix(m, 2, "v")
vm(ix) = svm(ix)
If vm(ix) = 0 And vm(l) = 0 Then
    asa = asa + ba(n)                    '死水累计
    a = a + ba(n)                        '总面积累计
Else
    If vm(ix) < > 0 And vm(l) < > 0 Then        '畅流
        m = (vm(ix) + vm(l)) / 2                '平均流速
    ElseIf vm(ix) < > 0 And ix = 1 Then              '本垂线为第一条测速垂线
        m = vm(ix) * kv                              '
```

```
            ElseIf vm(1) = 0 Then                                   '上一垂线为死水边
                m = vm(ix) * strBorderModulus(4, 1)
            ElseIf vm(ix) = 0 Then                                  '本垂线为死水边
                m = vm(1) * strBorderModulus(4, 1)
            End If
            sbv(nvaq) = FourOrSix(m, 2, "v")
            bv(nvaq) = sbv(nvaq)
            m = bv(nvaq) * ba(n)
            sq(nvaq) = FourOrSix(m, 2, "q")
            q(nvaq) = sq(nvaq)
            qz = qz + q(nvaq)
            a = a + ba(n)
            nvaq = nvaq + 1
        End If
        vt $(intBorderNumber) = dt $(i)
        vc $(intBorderNumber) = Right $(cx $(i), 2)
        vdd(intBorderNumber) = qd(i)
        intBorderNumber = intBorderNumber + 1
        vi = vi + 1
        n = n + 1
    End If
  End If
Loop Until cx(i) = sjs
r = i: x = n - 1
m = a                                          '水道断面面积
saz = FourOrSix(m, 2, "a")
a = saz
'If x <= 5 Then
'  vp = 0
' For i = 1 To x
'     vp = vp + vm(i) / x
'  Next i
'  m = vp: GoSub v: vp = m: svp = sm
'  m = vp * a: GoSub q: qz = m: sqz = sm
'Else
m = qz                                                  '断面流量
sqz = FourOrSix(m, 2, "q")
qz = sqz
m = qz / a
svp = FourOrSix(m, 2, "v")
vp = svp
'End If
If asa <> 0 Then
```

```
    m = asa
    sasa = FourOrSix(m, 2, "a")
    asa = sasa                              ' sishui mianji
Else
  sasa = ""
End If
sb = LTrim$(Str$(b))
m = a / b                                   '平均水深
sphz = FourOrSix(m, 2, "h")
phz = sphz                                  'pingjun shuishen
For i = 1 To r
  sh(i) = FourOrSix(h(i), 2, "h")           '垂线水深串
Next i
For i = 1 To u
  sxd(i) = Format(Round(xd(i), 1), "0.0")   '测点水深串
  sls(i) = FourOrSix(ls(i), 2, "q")
Next i
If vxs = u Then                             '一点法的位置
  For i = 1 To u
    If sxd(i) = "0.0" Then dc0 = dc0 + 1
    If sxd(i) = "0.2" Then dc2 = dc2 + 1
    If sxd(i) = "0.5" Then dc5 = dc5 + 1
    If sxd(i) = "0.6" Then dc6 = dc6 + 1
  Next i
  sdc = "0.6"
  i = dc6
  If i < dc0 Then i = dc0: sdc = "0.0"
  If i < dc2 Then i = dc2: sdc = "0.2"
  If i < dc5 Then i = dc5: sdc = "0.5"
Else
  sdc = LTrim$(Str$(u))                     '常测法或选点法的点数
End If
vd = 0: svd = ""                            '挑选最大测点流速
For i = 1 To u
  If v(i) > vd Then
    vd = v(i)
    svd = sv(i)
  End If
Next
hd = 0: shd = ""                            '挑选最大水深
For i = 1 To r
  If h(i) > hd Then
      hd = h(i)
```

```
        shd = sh(i)
    End If
Next
  n = n - 1: dti = 0: li = 0
'For i = 1 To r
' If dt$(i) <> "" Then dti = dti + 1
'Next i
'For i = 1 To n
' If lx(i) > 0 Then li = li + 1
'Next   strPn, strPg2, strPld
m = (Val(strPg1) + strPld1 + strPg2 + strPld2) / 2          '基本水位
strPg = FourOrSix(m, 2, "z")
gp = strPg
strPg = Right(Space(6) & strPg, 7)
m = strPg1: strPg1 = FourOrSix(m, 2, "z")
m = strPg2: strPg2 = FourOrSix(m, 2, "z")
m = strPld1: strPld1 = FourOrSix(m, 2, "z")
m = strPld2: strPld2 = FourOrSix(m, 2, "z")
If LCase(strCn1) <> "no" Then
    m = (Val(strCg1) + strCld1 + strCg2 + strCld2) / 2          '基本水位
    strCg = FourOrSix(m, 2, "z")
    strCg = Right(Space(6) & strCg, 7)
    m = strCg1: strCg1 = FourOrSix(m, 2, "z")
    m = strCg2: strCg2 = FourOrSix(m, 2, "z")
    m = strCld1: strCld1 = FourOrSix(m, 2, "z")
    m = strCld2: strCld2 = FourOrSix(m, 2, "z")
End If
If LCase(strUn1) <> "no" Then
    m = (Val(strUg1) + strUld1 + strUg2 + strUld2) / 2          '基本水位
    strUg = FourOrSix(m, 2, "z")
    strUg = Right(Space(6) & strUg, 7)
    m = strUg1: strUg1 = FourOrSix(m, 2, "z")
    m = strUg2: strUg2 = FourOrSix(m, 2, "z")
    m = strUld1: strUld1 = FourOrSix(m, 2, "z")
    m = strUld2: strUld2 = FourOrSix(m, 2, "z")
End If
If LCase(strLn1) <> "no" Then
    m = (Val(strLg1) + strLld1 + strLg2 + strLld2) / 2          '基本水位
    strLg = FourOrSix(m, 2, "z")
    strLg = Right(Space(6) & strLg, 7)
    m = strLg1: strLg1 = FourOrSix(m, 2, "z")
    m = strLg2: strLg2 = FourOrSix(m, 2, "z")
    m = strLld1: strLld1 = FourOrSix(m, 2, "z")
```

```
    m = strLld2: strLld2 = FourOrSix(m, 2, "z")
End If
If LCase(strUn1) <> "no" Then
   m = 10000! * (strUg - strLg) / strLocation(2)
    If strUg - strLg >= 0.2 Then
        sbj = FourOrSix(m, 2, "q")
    Else
        sbj = FourOrSix(m, 2, "q")
    End If
    bj = sbj
    m = bj ^ (1 / 2) * phz ^ (2 / 3) / vp
    scl = Format(Round(m, 3), "##0.000")
End If
ysh = 1 + Fix((r + u - pn + 1 - 12) / 20 + 0.949)
If glbBoolean Then
   subEquivalentStage
End If
If blnReportSend = vbNo Then
   Pbflags = False
Else
   bt = Right(Str(r1 + 100),2) & Right(Str(stt1 + 100),2) & LTrim(Str(Int(stt2 / 6)))
   Pbflags = True
   If strPg1 > strPg2 Then
     shuishi = 4
   ElseIf strPg1 < strPg2 Then
     shuishi = 5
   Else
     shuishi = 6
   End If
   If EquivalentStage = 0 Then EquivalentStage = strPg
   On Error Resume Next
   Open App.Path & "Effort\Mdb\Qdata.dat" For Input As #18
   i = 0
   Do
     i = i + 1
     Input #18, quantityData1(i), quantityData1(i), quantityData3(i), quantityData4(i)
     Input #18, quantityData5(i), quantityData6(i), quantityData7(i)
   Loop Until EOF(18) Or i > 10
   Close #18
err53:
   QNumber = i
   If QNumber > 0 Then
     i = 0
```

```
        Do
          i = i + 1
        Loop Until bt = quantityData1(i) Or i > QNumber
        If t = quantityData1(i) Then
          quantityData1(i) = EquivalentStage
          quantityData3(i) = shuishi
          quantityData4(i) = qz
          quantityData5(i) = 3
          quantityData6(i) = a
          quantityData7(i) = 2
          Open App.Path & "\Effort\Mdb\Qdata.dat" For Output As #18
          i = 0: strMsg = ""
          For i = 1 To QNumber
            i = i + 1
            msg = quantityData1(i) & "," & quantityData1(i) & "," & quantityData3(i) & "," & quantityDa-
ta4(i)
            msg = msg & "," & quantityData5(i) & "," & quantityData6(i) & "," & quantityData7(i)
            If Not InStr(strMsg, msg) Then strMsg = strMsg & vbCrLf & msg
          Next
          Print #18, strMsg
          Close #18
        End If
      End If
      On Error Resume Next
      Open App.Path & "\Effort\Mdb\Qdata.dat" For Input As #18
      msg = ""
      strMsg = ""
      i = 0
      Do
        Line Input #18, msg
        If msg <> "" Then strMsg = strMsg & msg & vbCrLf
        i = i + 1
      Loop Until EOF(18) Or i > 100
      Close #18
      msg = bt & "," & EquivalentStage & "," & shuishi & "," & qz & "," & 3 & "," & a & "," & 2
      If InStr(strMsg, msg) = 0 Then strMsg = strMsg & msg
      Open App.Path & "\Effort\Mdb\Qdata.dat" For Output As #18
      Print #18, strMsg
      Close #18
    End If
    blnStart = False
    ZhanmingSub                                  '获得站名
    vi = 0
```

```
frmRunDialog. Label1 = "正在存储数据,请稍侯!"
frmRunDialog. Refresh
msg = App. Path & "\Effort\Mdb\Quantity. xlt"
If intIsQsFlags Then
    msg = App. Path & "\Effort\Mdb\Qs. xlt"
    lxl = 0
    intSNumber = 0
    intBorderNumber = 0
End If
    msg0 = App. Path & "\Effort\Quantity1. xlt"
    FileCopy msg, msg0
    Set exlMRApp = New Excel. Application
    exlMRApp. Workbooks. Open (msg0)
    'exlMRApp. Visible = True
    n = 0: u = 1: i = 0: j = 0
    ix = 0: nvaq = 0: nAera = 0: pn = 0
    intStartLine = 1
    WriteTableHead intStartLine
    blnStart = False
    Do
        i = i + 1: vx = 0.1
        If Val(dt$(i)) <> 0 Then tdt$ = Left$(dt$(i), 2)
        sc = WaterSide(cx(i))
        If Val(cx$(i)) < 100 Then                  '测深垂线
            If Val(cx$(i)) = 0 Or Val(sh(i)) = 0 Then '水边
                WriteNotSpeedLine intStartLine
                If InStr(LCase(cx(i)), "y") <> 0 Or InStr(LCase(cx(i)), "右") <> 0 Or _
                  InStr(LCase(cx(i)), "z") <> 0 Or InStr(LCase(cx(i)), "左") <> 0 Then
                    blnStart = Not blnStart
                    If blnStart Then              'Is start water side
                        j = j + 1
                        WritePhDj intStartLine
                        If Val(cx$(i + 1)) < 100 Then         '下一垂线不测速
                            writeSda intStartLine
                        Else                      '下一垂线测速
                            nAera = nAera + 1
                            writeSba intStartLine
                            If vm(pn + 1) <> 0 Then
                                writeSvbSq intStartLine
                                nvaq = nvaq + 1
                            End If
                            If qd(i + 1) = Val(strSDistance(lxl)) Then WritePsPqs intStartLine  '下一
垂线测沙
```

```
                End If
            End If
        Else
            If Val(cx $(i + 1)) < 100 Then
                If Val(cx(i + 1)) = 0 Then
                    'Is sand
                Else
                    '下一垂线不测速
                    j = j + 1
                    WritePhDj intStartLine
                    writeSda intStartLine
                End If
            Else
                '测速
                j = j + 1
                WritePhDj intStartLine   'Print area data
                nAera = nAera + 1
                writeSba intStartLine
                If vm(pn + 1) < > 0 Then
                    writeSvbSq intStartLine
                    nvaq = nvaq + 1
                End If
                If qd(i + 1) = Val(strSDistance(lxl)) Then WritePsPqs intStartLine   '下一垂
线测沙
            End If
        End If
        blnLastLine = False
    Else
        WriteNotSpeedLine intStartLine                                  'Print speed line
        j = j + 1
        WritePhDj intStartLine              'Print average profundity of water and space between
        writeSda intStartLine
        If Val(cx $(i + 1)) < 100 Then
            If Val(cx $(i + 1)) = 0 Then                    '下一垂线是水边
                nAera = nAera + 1
                writeSba intStartLine
                If blnLastLine = True Then
                    If vm(pn) < > 0 Then
                      writeSvbSq intStartLine             'There is a speed line before this line
                        nvaq = nvaq + 1
                    End If
                    If strSDistance(lxl) < > "" Then WritePsPqs intStartLine
                Else
```

```
                End If
            End If
        Else
            '下一垂线测速
            nAera = nAera + 1
            writeSba intStartLine
            If vm(pn + 1) <> 0 Then
                writeSvbSq intStartLine
                nvaq = nvaq + 1
            End If
            If qd(i + 1) = Val(strSDistance(lxl)) Then WritePsPqs intStartLine
        End If
    End If
    'intStep = intStep + 1
    intStartLine = intStartLine + 2
    mx = mx + 1
    mxPage
Else                                              '测速垂线
    blnLastLine = True
    '本垂线测速
    WriteNotSpeedLine intStartLine            'Print speed line
    pn = pn + 1
    vi = vi + 1                       '测速垂线号加 1
    If lx(pn) <> 0 Then WriteLx pn, intStartLine    Print speed line
    WriteSvm pn, intStartLine                'Print speed line
    If qd(i) = Val(strSDistance(lxl)) Then
        WriteLineSends intStartLine, lxl
    End If
    SDint = 0
    Select Case intSLPointNumber(vi)                  'sxd(u)
    Case 1
        writeSpeedPoint u, intStartLine
        u = u + 1
        intStartLine = intStartLine + 2
        If qd(i) = Val(strSDistance(lxl)) Then
            intSNumber = intSNumber + 1
        End If
    Case 2
        For ui = 0 To 1
            writeSpeedPoint u, intStartLine
            u = u + 1
            If qd(i) = Val(strSDistance(lxl)) Then
                If intCSLPointNumber(lxl) > 1 Then
```

```
                WritePointSends intStartLine, intSNumber
                intSNumber = intSNumber + 1
                SDint = SDint + 1
            End If
        End If
        intStartLine = intStartLine + 2
        mx = mx + 1
        mxPage
    Next
    If qd(i) = Val(strSDistance(lxl)) Then
        If SDint = 0 Then
            intSNumber = intSNumber + 1
        End If
    End If
Case 3
    For ui = 0 To 2
        writeSpeedPoint u, intStartLine
        u = u + 1
        If qd(i) = Val(strSDistance(lxl)) Then
            If intCSLPointNumber(lxl) > 1 Then
                WritePointSends intStartLine, intSNumber
                intSNumber = intSNumber + 1
                SDint = SDint + 1
            End If
        End If
        intStartLine = intStartLine + 2
        mx = mx + 1
        mxPage
    Next
    If qd(i) = Val(strSDistance(lxl)) Then
        If SDint = 0 Then
            intSNumber = intSNumber + 1
        End If
    End If
Case 5
    For ui = 1 To 4
        writeSpeedPoint u, intStartLine
        u = u + 1
        If qd(i) = Val(strSDistance(lxl)) Then
            If intCSLPointNumber(lxl) > 1 Then
                WritePointSends intStartLine, intSNumber
                intSNumber = intSNumber + 1
                SDint = SDint + 1
```

```
                End If
            End If
            intStartLine = intStartLine + 2
            mx = mx + 1
            mxPage
        Next
        If qd(i) = Val(strSDistance(lxl)) Then
            If SDint = 0 Then
                intSNumber = intSNumber + 1
            End If
        End If
    End Select
    intStartLine = intStartLine - 2        '多加1,退回
    j = j + 1
    sc = WaterSide(cx(i))
    WritePhDj intStartLine
    If qd(i) = Val(strSDistance(lxl)) Then lxl = lxl + 1
    If Val(cx$(i + 1)) < 100 Then   '下一垂线不测速
        If Val(cx$(i + 1)) = 0 Then '下一垂线是水边
            nAera = nAera + 1
            writeSba intStartLine
            If vm(pn) <> 0 Then
                writeSvbSq intStartLine
                nvaq = nvaq + 1
            End If
            If lxl > 1 Then
                If strSDistance(lxl - 1) <> "" Then WritePsPqs intStartLine
            End If
        Else
            writeSda intStartLine
        End If
    Else
        '下一垂线测速
        nAera = nAera + 1
        writeSba intStartLine
        If vm(pn) = 0 And vm(pn + 1) = 0 Then
        Else
            writeSvbSq intStartLine
            nvaq = nvaq + 1
        End If
        If qd(i + 1) = Val(strSDistance(lxl)) Then WritePsPqs intStartLine
    End If
    intStartLine = intStartLine + 2
```

```
            mx = mx + 1
            mxPage
        End If
    Loop Until i >= r Or LCase(cx(i)) = sjs
If r <= 20 Then WriteTongJi
Close #2
With exlMRApp.Workbooks(1).Worksheets(1)
    '.Range("A1:X1").Select
    .Range("A21:AX25").Font.Name = "宋体"
End With
msg = App.Path & "\Effort\" & nf & Format(cc, "000") & ".xls"                    'CurDir
On Error Resume Next
Kill msg
exlMRApp.Workbooks(1).SaveAs msg
exlMRApp.Workbooks.Close
Set exlMRApp = Nothing
exlMRApp.Quit
On Error GoTo 0
msg = Format(t1, "#0.00")
st1 = Left(msg, Len(msg) - 3) & ":" & Right(msg, 2)
msg = Format(t2, "#0.00")
st2 = Left(msg, Len(msg) - 3) & ":" & Right(msg, 2)
On Error Resume Next
With frmInput.Data1
    .Refresh
    .BOFAction = 0
    .Recordset.Index = "idx"
    .Recordset.MoveFirst
    .Recordset.Seek ">", nf & "000"
If .Recordset.NoMatch Or cc = 1 Then
    syf = yf
    srr = r1
    swzh = strComparatively_Location
    sdcf1 = "流速仪"
    sdcf2 = vxs & "/" & sdc
    sdcf = sdcf1 & sdcf2
    msg = Format(EquivalentStage, "###0.00")
Else
    cei = .Recordset(0)
    msg = nf & Format(cc, "000")
    If cei < msg Then
        wy1 = .Recordset(1)
        wy2 = .Recordset(2)
```

```
sy4 = .Recordset(5)
sy5 = .Recordset(6)
wy6 = Int(.Recordset(7))
sy16 = .Recordset(17)
msg0 = ""
For di = 1 To Len(sy5)
    If Asc(Mid $(sy5, di, 1)) < 0 Then
        msg0 = msg0 & Mid $(sy5, di, 1)
    End If
Next
Do
    If Not .Recordset.EOF Then
        cei = .Recordset(0)
        If cei < (nf & cc) Then
            If Not (.Recordset(1) = "") Then
                If .Recordset(1) < > wy1 Then wy1 = .Recordset(1)
            End If
            If Not (.Recordset(2) = "") Then
                If .Recordset(2) < > wy2 Then wy2 = .Recordset(2)
            End If
            If Not (.Recordset(5) = Chr(34)) Then
                If .Recordset(5) < > sy4 Then sy4 = .Recordset(5)
            End If
            If Not (Left(.Recordset(6), 1) = Chr(34)) Then
                If Left(.Recordset(6), Len(msg0)) < > msg0 Then
                    sy5 = .Recordset(6)
                    msg0 = ""
                    For di = 1 To Len(sy5)
                        If Asc(Mid $(sy5, di, 1)) < 0 Then
                        msg0 = msg0 & Mid $(sy5, di, 1)
                        End If
                    Next di
                End If
            End If
            If Len(.Recordset(7)) > 2 Then
                If Int(.Recordset(7)) < > wy6 Then wy6 = Int(.Recordset(7))
            End If
            If Not (.Recordset(17) = Chr(34)) Then
                If Not (.Recordset(17) = "") Then
                    If .Recordset(17) < > sy16 Then sy16 = .Recordset(17)
                End If
            End If
        End If
```

```
                . Recordset. MoveNext
            End If
        Loop Until (cei >= nf & cc - 1) Or . Recordset. EOF
    End If
    syf = IIf(Val(wy1) = yf, "", yf)
    srr = IIf(Val(wy2) = r1, "", r1)
    swzh = strComparatively_Location
    If swzh = sy4 Then swzh = """"
    sdcf1 = "流速仪"
    sdcf2 = vxs & "/" & sdc
    sdcf = IIf(sdcf1 = msg0, Chr $(34) & sdcf2, sdcf1 & sdcf2)
    msg = Format(EquivalentStage, "###0.00")
    If Int(EquivalentStage) = wy6 Then msg = Right $(msg, 2)
End If
End With
frmInput. Data1. Recordset. Close
cc = Format(cc, "000")
datas2 snf & cc, syf, srr, st1, st2, swzh, sdcf, msg, sqz, saz, svp, svd, sb, sphz, shd, sbj, scl, sbzh
Exit Sub
ObjectErrHandle:
    If Err. Number = 438 Then
      Resume Next
    ElseIf Err = 380 Then
      'Err. Raise 380
      Resume Next
    End If
End Sub
```

6.5.2 流量计算制表辅助模块设计

流量计算制表辅助模块，包括水深输出模块 WritePhDj、非测速垂线数据输出模块 WriteNotSpeedLine、垂线测深数据字符串解析函数 HLResolve、测点流速数据字符串解析函数 PVResolve、边坡系数选择模块 BorderModulus 等。

生成"流速仪法流量测验记载表"，同时将计算结果统计存入实测流量成果表数据文件。过程代码如下：

```
'水深输出模块
Sub WritePhDj(ByVal intStartLine As Integer)
    Dim intSub As Integer
    Dim sstr As String
        intSub = intStartLine + 1
    If sph(j) = "" Then j = j + 1                                   '平均水深和间距
    If strZDF = "B" Then
        If dblSMK > 99.94 Then
```

```
            sstr = Format $(d(j), "######0")
        ElseIf dblSMK > 4.9499 Then
            sstr = Format $(d(j), "######0.0")
        Else
            sstr = Format $(d(j), "######0.00")
        End If
    ElseIf strZDF = "A" Then
        sstr = Format $(d(j), "######0.0")
    End If
    With exlMRApp.Worksheets(1)
        .Cells(intSub, 32) = "'" & sph(j)
        .Cells(intSub, 35) = "'" & sstr
    End With
End Sub
'非测速垂线数据输出模块
Sub WriteNotSpeedLine(ByVal intStartLine As Integer)
    Dim intSub As Integer
    With exlMRApp.Worksheets(1)                                    '测深数据
        .Cells(intSub, 1) = sc
        .Cells(intSub, 2) = sx

        If strZDF = "B" Then
            If dblSMK > 99.94 Then
                sqd(i) = Format $(qd(i), "######0")
            ElseIf dblSMK > 4.9499 Then
                sqd(i) = Format $(qd(i), "######0.0")
            Else
                sqd(i) = Format $(qd(i), "######0.00")
            End If
        ElseIf strZDF = "A" Then
            sqd(i) = Format(qd(i), "######0.0")
        End If
        .Cells(intSub, 4) = "'" & sqd(i)
        .Cells(intSub, 8) = "'" & dt $(i)
        .Cells(intSub, 16) = "'" & sh(i)
    End With
'    exlMRApp.Visible = True
End Sub
'流向偏角输出处理模块
Sub WriteLx(ByVal pn As Integer, ByVal intStartLine As Integer)
    Dim intSub As Integer
    'If intStartLine > 41 Then
    '    intSub = intStartLine + 1
```

```
    'Else
        intSub = intStartLine
    'End If
    With exlMRApp. Worksheets(1)                                     '流向偏角
        . Cells(intSub, 24) = "'" & Format(lx(pn), "##0")
    End With
End Sub
'垂线平均流速输出模块
Sub WriteSvm(ByVal pn As Integer, ByVal intStartLine As Integer)
    Dim intSub As Integer
    'If intStartLine > 41 Then
    '    intSub = intStartLine + 1
    'Else
        intSub = intStartLine
    'End If
    With exlMRApp. Worksheets(1)
        . Cells(intSub, 28) = "'" & svm(pn)
    End With
End Sub
'测速数据输出模块
Sub writeSpeedPoint(ByVal u As Integer, ByVal intStartLine As Integer)
    Dim intSub As Integer
    'If intStartLine > 41 Then
    '    intSub = intStartLine + 1
    'Else
        intSub = intStartLine
    'End If
    With exlMRApp. Worksheets(1)                                     '测点数据
        . Cells(intSub, 18) = "'" & sxd(u)
        . Cells(intSub, 19) = "'" & intLSYNumber(u)
        . Cells(intSub, 21) = "'" & xh(u)
        . Cells(intSub, 23) = "'" & sls(u)
        . Cells(intSub, 25) = "'" & sv(u)
    End With
End Sub
'部分面积输出模块
Sub writeSda(ByVal intStartLine As Integer)
    Dim intSub As Integer
    With exlMRApp. Worksheets(1)                                '测深垂线间部分面积
        . Cells(intSub, 37) = "'" & sda(j)
    End With
End Sub
Sub writeSba(ByVal intStartLine As Integer)
```

```
    Dim intSub As Integer
    'If intStartLine > 41 Then
    '     intSub = intStartLine
    'Else
        intSub = intStartLine + 1
    'End If
    With exlMRApp.Worksheets(1)                                '测速垂线间部分面积
        .Cells(intSub, 39) = "'" & sba(nAera)
    End With
End Sub
'部分平均流速、部分流量输出模块
Sub writeSvbSq(ByVal intStartLine As Integer)
    Dim intSub As Integer
    With exlMRApp.Worksheets(1)                                '部分平均流速和部分流量
        .Cells(intSub, 30) = "'" & sbv(nvaq)
        .Cells(intSub, 41) = "'" & sq(nvaq)
    End With
End Sub
'测点流速计算函数
Function CountPointVelocity(ByVal iXh As Long, ByVal iLs As Double, ByVal KConstant As Double, _
    ByVal CConstant As Double, subMsg As String) As String
    Dim cdv As Double                                          '计算测点流速
    Dim subLong As Long
    Dim sublong2 As Long, iOL As Integer
    If Len(subMsg) < 3 Then
        MsgBox "流速仪参数错"
        Exit Function
    End If
    subLong = Left(subMsg, InStr(subMsg, "/") - 1)
    sublong2 = Right(subMsg, Len(subMsg) - InStr(subMsg, "/"))
    cdv = KConstant * iXh / iLs * subLong / sublong2 + CConstant
    If iXh = 0 Then cdv = 0
    iOL = VPrecision(cdv)
    CountPointVelocity = funDAE(cdv, iOL \ 10, iOL Mod 10, 1, intCW)
End Function
'边坡系数选择函数
Function WaterSide(ByVal cxh As String) As String
    If InStr(LCase(cxh), "y") <> 0 Or InStr(LCase(cxh), "右") <> 0 Then
        sc = "右"
        sx = "岸"
    ElseIf InStr(LCase(cxh), "z") <> 0 Or InStr(LCase(cxh), "左") <> 0 Then
        'cx$(60) = " 左岸"
        sc = "左"
```

```
            sx = "岸"
        ElseIf LCase(cxh) = "s" Or InStr(LCase(cxh), "水边") < > 0 Then
            sc = "水"
            sx = "边 "
        End If
    If Val(cxh) > 0 And Val(cxh) < 100 Then
        sc = Right("    " & cxh, 2)
        sx = ""
    ElseIf Val(cxh) > = 100 And Val(cxh) < 1000 Then
        sc = " " & Left $(cxh, 1)
        sx = Right("    " & Val(Right $(cxh, 2)), 2)
    ElseIf Val(cxh) > 1000 And Val(cxh) < 10000 Then
        sc = Left $(cxh, 2)
        sx = Right("    " & Val(Right $(cxh, 2)), 2)
    ElseIf Val(cxh) > 10000 Then
        sc = Left $(cxh, 2)
        sx = Right("    " & Val(Right $(cxh, 2)), 2)
    End If
    WaterSide = sc
End Function
'查找字符串
Function InStrCount(ByVal Source As String, ByVal Search As String) As Long
   InStrCount = Len(Replace(Source, Search, Search & " * ")) - Len(Source)
End Function
Dim varVar As Variant
varVar = Split(msg, ",")
If intIsQsFlags Then
    '取得垂线号
    If IsNumeric(varVar(0)) Then
        If varVar(1) = "" Then
            cx(iLi) = CStr(CInt(varVar(0)))
            iVTI(iLi) = 0                                          '测深垂线 -0
        Else
            cx(iLi) = CStr(CInt(varVar(0)) * 100 + CInt(varVar(1)))  '测速垂线
            iVTI(iLi) = 1                                          '测速垂线 -1
            If IsNumeric(varVar(2)) Then
                iCN = iCN + 1
                dblSD(iCN) = varVar(4)                             '测沙垂线起点距
                iCL(iLi) = varVar(2)
                iVTI(iLi) = 2                                      '测沙垂线 -2
            End If
        End If
    Else
```

```
            cx(iLi) = varVar(0) & varVar(1)
            iVTI(iLi) = 9                                        '水边 -9
        End If
        sqd(iLi) = varVar(4)
        qd(iLi) = CDbl(sqd(iLi))
        dt $(iLi) = varVar(5)
        h(iLi) = CDbl(varVar(9))
        If UBound(varVar) = 10 Then
            If IsNumeric(varVar(10)) Then lx(iLx) = varVar(10)
        End If
Else
        '取得垂线号
        If IsNumeric(varVar(0)) Then
            If varVar(1) = "" Then
                cx(iLi) = CStr(CInt(varVar(0)))
                iVTI(iLi) = 0                                    '测深垂线 -0
            Else
                cx(iLi) = CStr(CInt(varVar(0)) * 100 + CInt(varVar(1)))
                iVTI(iLi) = 1                                    '测速垂线 -1
            End If
        Else
            cx(iLi) = varVar(0) & varVar(1)
            iVTI(iLi) = 9                                        '水边 -9
        End If
        sqd(iLi) = varVar(2)
        qd(iLi) = CDbl(sqd(iLi))
        dt $(iLi) = varVar(3)
        h(iLi) = CDbl(varVar(7))
        If UBound(varVar) = 8 Then
            If IsNumeric(varVar(8)) Then lx(iLx) = varVar(8)
        End If
End If
If InStr(cx(iLi), "左") <> 0 Or InStr(cx(iLi), "z") <> 0 Or InStr(cx(iLi), "右") <> 0 Or InStr(cx
(iLi), "y") <> 0 Then
    dblBorderDistance(intBZan) = qd(iLi)
    intBZan = intBZan + 1
End If
End Function
Function PVResolve(msg As String, iLpn As Integer, Optional ByVal iss As Integer = 0, _
                        Optional ByVal iHi As Integer = 0) As Integer
Dim varVar As Variant
varVar = Split(msg, ",")
PSpeed(iLpn, 0) = varVar(0)
```

```
PSpeed(iLpn, 1) = varVar(1)
PSpeed(iLpn, 2) = varVar(2)
PSpeed(iLpn, 3) = varVar(3)
If iss = 1 Then                                    '测点含沙量数据
    iCLP = iCLP + 1                                '垂线上测沙点数
    iCPN = iCPN + 1                                '含沙量个数
    strQsData(iCPN, 0) = sqd(iHi)                              '测沙起点距
    strQsData(iCPN, 1) = varVar(0)          '垂线综合方法,包括垂线混合、积深等
    strQsData(iCPN, 2) = varVar(4)                             '垂线含沙量
End If
End Function
Sub SpeedCompositor(ByVal iH As Integer, ByVal pn As Integer)
    Dim intIdw As Integer                              '垂线上各测点流速排序
    Dim intJDW As Integer
    Dim intKDW As Integer
    Dim strMsg As String
    If intSLPointNumber(pn) > 1 Then
        For intIdw = 1 To intSLPointNumber(pn) - 1
            For intJDW = intIdw + 1 To intSLPointNumber(pn)
                If PSpeed(intIdw, 0) > PSpeed(intJDW, 0) Then
                    For intKDW = 0 To 3
                        strMsg = PSpeed(intIdw, intKDW)
                        PSpeed(intIdw, intKDW) = PSpeed(intJDW, intKDW)
                        PSpeed(intJDW, intKDW) = strMsg
                    Next
                End If
            Next
        Next
    End If
    varSpeed(pn) = PSpeed()
    strSpeedDistance(pn) = qd(iH)
  blnStart = False
End Sub
'测速数据存储模块
Sub SaveSpeed(pn As Integer)
    Dim intIdw As Integer                                '记入测点流速排序
    Dim intJDW As Integer
    Dim intKDW As Integer
    Dim strMsg As String
For intIdw = 1 To pn
    For vi = 1 To intSLPointNumber(intIdw)
        For intKDW = 0 To 3
            PSpeed(vi, intKDW) = varSpeed(intIdw)(vi, intKDW)
```

```
        Next
    Next
    If intSLPointNumber(intIdw) = 1 Then
        u = u + 1
        xd(u) = PSpeed(1, 0)
        intLSYNumber(u) = PSpeed(1, 1)
        xh(u) = PSpeed(1, 2)
        dblCSLS(u) = PSpeed(1, 3)
    Else
        For intJDW = 1 To intSLPointNumber(intIdw)
            u = u + 1
            xd(u) = PSpeed(intJDW, 0)
            intLSYNumber(u) = PSpeed(intJDW, 1)
            xh(u) = PSpeed(intJDW, 2)
            dblCSLS(u) = PSpeed(intJDW, 3)
        Next
    End If
Next
blnStart = False
End Sub
'垂线数据整理模块
Sub HVLineCompositor(pn As Integer, iVTI() As Integer)              '垂线排序-按起点距
    Dim intIdw As Integer                                          '垂线排序交换 strBorderModulus(i, 2)
    Dim intJDW As Integer
    Dim intKDW As Integer
    Dim strMsg As String
    Dim intThan As Integer
    If dblBorderDistance(0) < dblBorderDistance(1) Then        'And strBorderModulus(4, 2)
        intThan = 0
    Else
        intThan = 1
    End If
For intIdw = 1 To cscx - 1                    '排序垂线数据
'     Debug.Print cx(intIdw), qd(intIdw), dt(intIdw), h(intIdw)
    For intJDW = intIdw + 1 To cscx
        If (Val(qd(intIdw)) > Val(qd(intJDW))) + intThan Then
            DataSwap cx(intIdw), cx(intJDW)
            DataSwap qd(intIdw), qd(intJDW)
            DataSwap dt(intIdw), dt(intJDW)
            DataSwap h(intIdw), h(intJDW)
            DataSwap iVTI(intIdw), iVTI(intJDW)
        End If
    Next
```

```
Next
For intIdw = 1 To pn - 1                    '排序测点流速数据
    For intJDW = intIdw + 1 To pn
        If (Val(strSpeedDistance(intIdw)) > Val(strSpeedDistance(intJDW))) + intThan Then
            DataSwap varSpeed(intIdw), varSpeed(intJDW)
            DataSwap lx(intIdw), lx(intJDW)
            DataSwap intSLPointNumber(intIdw), intSLPointNumber(intJDW)
        End If
    Next
Next
'For intIdw = 1 To pn
'    Debug.Print cx(intIdw), qd(intIdw), dt(intIdw), h(intIdw)
'Next
intLn1 = 0
intLn2 = 0
For intIdw = 1 To cscx                      '排序含沙量数据
    If Val(cx(intIdw)) > 0 Then
        intLn1 = intLn1 + 1
        If Val(cx(intIdw)) > 100 Then
            intLn2 = intLn2 + 1
            cx(intIdw) = Format(intLn1, "##") + Format(intLn2, "00")
        Else
            cx(intIdw) = Format(intLn1, "##")
        End If
    End If
Next
End Sub
Sub WriteLevelF(strCn1 As String, strCn2 As String, strCg1 As String, strCg2 As String, strCg As String)
If LCase(strCn1) <> "no" Then
    With exlMRApp.Worksheets(1)
        If strCn1 = strCn2 Then
            wap$ = strCn1
        Else
            wap$ = strCn1 '& "/" & strCn2
        End If
        .Cells(intStartLine, 27) = "'" & wap$
        .Cells(intStartLine, 30) = "'" & strCg1
        .Cells(intStartLine, 34) = "'" & strCg2
        If strCld1 = strCld2 Then
            wap$ = strCld1
        Else
            wap$ = strCld1 ' & "/" & strCld2
        End If
```

```
        . Cells( intStartLine, 37)  =  "'" & wap $
        . Cells( intStartLine, 41)  =  "'" & strCg
    End With
End If
End Sub
Sub WriteLevel(strCn1 As String,strCn2 As String,strCg1 As String,strCg2 As String,strCg As String)
If LCase( strCn1 )  < >  "no"  Then
    With exlMRApp. Worksheets( 1 )
        If strCn1  =  strCn2 Then
            wap $  =  strCn1
        Else
            wap $  =  strCn1 ' & "/" & strCn2
        End If
        . Cells( intStartLine, 32)  =  wap $
        . Cells( intStartLine, 38)  =  strCg1
        . Cells( intStartLine, 43)  =  strCg2
        If strCld1  =  strCld2 Then
            wap $  =  strCld1
        Else
            wap $  =  strCld1 ' & "/" & strCld2
        End If
        . Cells( intStartLine, 46)  =  "'" & wap $
        . Cells( intStartLine, 49)  =  "'" & strCg
    End With
End If
End Sub
'按照中文排版模式处理跨页跨行处理模块
Sub mxPage( Optional ByVal blnIsPart As Boolean, Optional bln As Boolean  =  False)
    If intStartLine  =  33 Then                               '第一页
        If blnIsPart Then                                     '是部分计算
            WriteTongJi
            CopyTable1 intStartLine
            intStartLine  =  intStartLine  +  1
            WriteTableHead intStartLine
        Else
            If bln Then                                       '测点未完
                WriteTongJi
                CopyTable1 intStartLine
                intStartLine  =  intStartLine  +  1
                WriteTableHead intStartLine
            End If
        End If
    ElseIf intStartLine  >  60 Then
```

```
        If (intStartLine + 2 - 42) Mod 47 = 0 Then
            If blnIsPart Then                              '是部分计算
                intStartLine = intStartLine + 2
                CopyTable1 intStartLine
                intStartLine = intStartLine + 1
                WriteTableHead intStartLine
            Else
                If bln Then                                '测点未完
                    intStartLine = intStartLine + 2
                    CopyTable1 intStartLine
                    intStartLine = intStartLine + 1
                    WriteTableHead intStartLine
                End If
            End If
        End If
    End If
End Sub
'边坡系数选择函数
Public Function BorderModulus(hs As Variant)
    SmallHOfBorder = 0
    If hs > SmallHOfBorder Then
        If cx(i) = "左岸" Or LCase(cx(i)) = "z" Then
            If strBorderModulus(2, 2) = 1 Or strBorderModulus(2, 2) = 3 Then
                BorderModulus = strBorderModulus(2, 1)
            Else
                Select Case strBorderModulus(0, 2)
                Case 1, 3
                    BorderModulus = strBorderModulus(0, 1)
                Case Else
                    BorderModulus = InputBorderModulus()
                End Select
            End If
        ElseIf cx(i) = "右岸" Or LCase(cx(i)) = "y" Then
            If strBorderModulus(2, 2) = 2 Or strBorderModulus(2, 2) = 3 Then
                BorderModulus = strBorderModulus(2, 1)
            Else
                Select Case strBorderModulus(0, 2)
                Case 2, 3
                    BorderModulus = strBorderModulus(0, 1)
                Case Else
                    BorderModulus = InputBorderModulus()
                End Select
            End If
```

```
        Else
            BorderModulus = strBorderModulus(2, 1)
        End If
    Else
        If cx(i) = "左岸" Or LCase(cx(i)) = "z" Then
            If strBorderModulus(3, 2) = 1 Or strBorderModulus(3, 2) = 3 Then
                BorderModulus = strBorderModulus(3, 1)
            Else
                Select Case strBorderModulus(1, 2)
                Case 1, 3
                    BorderModulus = strBorderModulus(1, 1)
                Case Else
                    BorderModulus = InputBorderModulus()
                End Select
            End If
        ElseIf cx(i) = "右岸" Or LCase(cx(i)) = "y" Then
            If strBorderModulus(3, 2) = 2 Or strBorderModulus(3, 2) = 3 Then
                BorderModulus = strBorderModulus(3, 1)
            Else
                Select Case strBorderModulus(1, 2)
                Case 2, 3
                    BorderModulus = strBorderModulus(1, 1)
                Case Else
                    BorderModulus = InputBorderModulus()
                End Select
            End If
        Else
            BorderModulus = strBorderModulus(3, 1)
        End If
    End If
End Function
'缺少边坡系数时的补充处理函数
Function InputBorderModulus() As String
Dim msg As String
    msg = "边坡系数库中没有合适的岸边系数。" & vbCrLf _
        & "请你输入“" & cx(i) & " ”水深为" & sh(i) & "时的边坡系数。" _
        & vbCrLf & "并请你在本次流量计算完毕后及时修改“边坡系数库”"
    msg = InputBox(msg, "缺少边坡系数", "0.7")
    If IsNumeric(msg) Then
        InputBorderModulus = msg
    Else
        msg = MsgBox("对不起,你的操作不符合要求!" & vbCrLf & "系统将采用默认的系数 0.70 计
算。" _
```

```
        & vbCrLf & "如果你不满意,你可以修改边坡系数库后重算。")
    InputBorderModulus = "0.70"
  End If
End Function
```

6.6 输沙率测验数据编辑各模块设计

输沙率测验数据编辑模块主要包括数据编辑窗口模块 frmDataQS、测验数据读写模块 mdlTestedData、基本函数模块 mdlCommonFunction、基本计算制表模块 mdlCountTable、Excel 制表模块 mdlExcel、基础数据管理模块 mdlMain 等五个主要模块。流量测验数据编辑窗口模块 frmDataQ 是流速仪法流量测算的主要操作载体,窗体模块。

6.6.1 frmDataQS 组成

frmDataQS 主要由文本框、下拉列表框、标签、按钮、表格等控件组成(见表 6-6),frmDataQS 标题为"流量输沙率数据编辑"。表 6-7 列出了主要控件的事件驱动过程及公共过程(函数)。

表 6-6 流量测验数据编辑窗口模块 frmDataQ 组成表单

对象描述	标识	控件类型	作用
测站编码输入框	cmbSTCD	ComboBox	输入测站编码
站名输入框	Combo1	ComboBox	输入站名
【开始时间】标签	Label2	Label	
开始时间组输入框	Text1	TextBox	输入开始时间(可以由系统自动生成)
【结束时间】标签	Label10	Label	
结束时间组输入框	txtET	TextBox	输入结束时间(可以由系统自动生成)
【平均时间】标签	Label16	Label	
平均时间显示框	txtAve	TextBox	显示平均时间(由系统自动计算)
【流速仪参数】标签	Label4	Label	
流速仪参数列表	List	ListBox	显示所有可用的流速仪参数
【添加】流速仪按钮	cmdLSYSelect	CommandButton	打开流速仪选择对话框,添加流速仪
流量测验数据编辑表	Grid1	Grid	编辑流量测验的基本数据
打开【控制窗口】	Command2	CommandButton	打开控制窗口,控制硬件并接收测验数据
【水位记录】标签	Label22	Label	
【水位记录】编辑表	Grid2	Grid	编辑各断面水位数据
流速、断面套绘图	PicZ	PictureBox	显示流速、断面套绘分析图
【退出】菜单	mnuExit	Menu	取消所有操作,返回上级界面

表 6-7 frmDataQS 主要控件事件驱动过程及公共过程表

过程标识	对象标识或说明	过程主要内容
Grid1_KeyPress	Grid1	在 Grid1 范围内击打一个 ANSI 键的事件过程
Grid1_LeaveRow	Grid1	焦点在 Grid1 中即将移到另一行时的事件过程
Grid1LR	公共过程	Grid1_LeaveRow 的执行过程
Grid2_LeaveRow	Grid2	焦点在 Grid2 中即将移到另一行时的事件过程
mnuSave_Click	mnuSave	【保存】菜单项的单击事件过程
mnuCount_Click	mnuCount	执行【计算】制表过程
CountQToExcel	公共过程	读取流量数据,计算流量并制表输出

6.6.2 加载编辑窗口

在加载过程中选择相应窗口类型和参数。

```
Sub Main( )
    frmSplash. Show
    strZDF = "B"
    DoEvents
    ReadPublicParameter App. Path & " \ControlData\PublicParameter. XML"
    intFileCSU = intCSU
    Load frmMDIForm
End Sub
```

根据阈值参数确定加载流量数据编辑窗口或输沙率数据编辑窗口。其中,输沙率测验数据编辑窗口包括流量测验数据编辑。

```
Private Sub Form_Load( )
Dim msg As String
'frmMDIForm. Toolbar1. Visible = False
Grid1. Left = 0
intMorenLSY = 0
'加载输沙率记载计算表
Grid1. OpenFile ( App. Path & " \ControlData\QS. cel" )
dsIN = 0
Combo7. ListIndex = 0
Grid2. OpenFile ( App. Path & " \ControlData\level. cel" )
ReadStationData App. Path & " \ControlData\StationData. XML"
ReadCtrlData App. Path & " \ControlData\PublicParameter. XML"
intLsys = 0                                    '初始化流速仪总数
Grid1. Cell(6, 1). SetFocus
menuTuXingFenXi. Checked = False
'Grid1. Rows = 150
If Combo1. ListCount > = intSN Then
```

```
        Combo1.ListIndex = intSN
    End If
    blnfrmQsBeEdit = False
    menuLineMethod.Checked = False
    strHICD = ""
    iStart '初始化参数
    Set frmCurrent = Me
    intFileCSU = intCSU
    If intFileCSU = 0 Then
        frmCurrent.Grid1.Cell(1, 26).Text = "含沙量(kg/m3)"
        frmCurrent.Grid1.Cell(1, 30).Text = "部分输沙率(t/s)"
    ElseIf intFileCSU = 1 Then
        frmCurrent.Grid1.Cell(1, 26).Text = "含沙量(g/m3)"
        frmCurrent.Grid1.Cell(1, 30).Text = "部分输沙率(kg/s)"
    Else
        frmCurrent.Grid1.Cell(1, 26).Text = "含沙量(kg/m3)"
        frmCurrent.Grid1.Cell(1, 30).Text = "部分输沙率(kg/s)"
    End If
    End Sub
```

6.6.3 主要编辑区操作过程设计

6.6.3.1 编辑表头数据

表头数据与《河流流量测验规范》(GB 50179—2015)、《悬移质泥沙测验规范》(GB 50159—2015)规定的"畅流期流速仪法流量记载计算表"、"畅流期流速仪法流量、输沙率记载计算表"的表头基本一致。

开始测流,最重要的、必须首先进行的是:站名(站号)选择、录入开始时间(或单击【开始】按钮)、【添加】流速仪。主要设计可参考如下代码:

```
    '加载河名站名站号数据
    '加载测站控制数据,其主要参数与流量测验相同
    Private Function ReadStationData(ByVal strFileName As String) As Boolean
    Dim xmlDoc As DOMDocument              '定义 XML 文档
    Dim blnLoadXML As Boolean              '加载 XML 成功
    Dim msg As String
    Dim varVar As Variant
    Dim il  As Integer
    Dim j As Integer
    If Len(Dir(strFileName, vbDirectory)) > 0 Then
        Set xmlDoc = New DOMDocument
        blnLoadXML = xmlDoc.Load(strFileName)
        Dim root As IXMLDOMElement              '定义 XML 根节点
        Set root = xmlDoc.documentElement       '给 XML 根节点赋值
        Dim sssNode As IXMLDOMNode                  '第二级单个节点
```

```
    Dim tssNode As IXMLDOMNode                     '第三级单个节点
    Dim sssNodeList As IXMLDOMNodeList               '定义节点列表
    If root. childNodes. length > 0 Then             '数据
        cmbSTCD. Clear
        Combo1. Clear
        Set sssNodeList = root. selectNodes("Name")      '获得垂线数据列表,包括流量测验和输沙率测验
        il = 0
        For Each sssNode In sssNodeList               '逐个垂线节点处理
            msg = sssNode. Text
            varVar = Split(msg, ",")
            Combo1. AddItem varVar(1)
            cmbSTCD. AddItem varVar(2)
            If il = intSN Then ZhanHao = varVar(3)
            il = il + 1
        Next
    End If
End If
End Function
'编辑测流时间,测流、测输沙率的开始时间、结束时间方法与单独的流量测验方法相同
```

6.6.3.2　垂线数据和测速数据处理方法设计

1. 测深数据采集

垂线上的数据包括测深数据(垂线号、起点距、测深时间、水位、河底高程、水深等)和测速数据(相对位置、仪器序号、信号数和测速历时、流向偏角等),其采集顺序按以上排列进行。测深时间、水位、河底高程、流向偏角等为可选项。

每个数据项采集完毕后,按 Enter 键确认并跳转到下一项测验。

1)垂线号

垂线号只是用作测验过程的控制数据,它并不直接参加计算。输沙率测验记载表中的垂线号包括测深垂线号、测速垂线号和测沙垂线号。其规则如下:

(1)岸边的垂线号分别填“左岸”和“右岸”。

(2)水边的垂线号填“水边”。

系统提供快捷输入方式:Z—左岸,Y—右岸,S—水边。

除“岸边”和“水边”外,其余垂线的垂线号为可选项,可以由系统自动填写。如果填写,测深垂线和测速垂线的垂线号均应小于 100。系统提供快捷输入方式:0—单独测深垂线,1 ~9—测速垂线,测沙垂线号同。

2)起点距

起点距的采集方式有人工采集方式和自动采集方式。

人工采集起点距的顺序可以根据情况自由变更。

自动采集起点距由“数据采集”窗口中的“自动测起点距”复选框的选中状态确定(详见控制系统操作手册)。

3)测深(测速)时间

测深(测速)时间是计算相应水位的必要依据,默认由系统自动填写。

是否填记测深(测速)时间,可以用【工具】菜单中的"记录测深时间"乒乓命令切换。

采用系统填记测深时间还是采用人工填记测深时间,可以用【工具】菜单中的"自动记录测深时间"乒乓命令切换。

人工填记方法:"8:18"可以填写"8.18"。

4)水深

水深的采集方式有人工采集方式和自动采集方式。

自动采集水深由"数据采集"窗口中的"自动测深"复选框的选中状态确定。其操作是:起点距采集或录入完毕后按回车键(详见控制系统操作手册)。

人工采集水深的顺序可以变更。

当测深结束后,系统会根据本垂线号和水深确定本垂线的默认测点数,并在第一个测点相对位置栏中显示默认的值。

2.测速数据

垂线上的测点数由垂线水深、流速仪回转半径和垂线测法控制。

1)相对位置

相对位置栏中可以输入小数,同时还可以输入相对位置的10倍数,系统会自动作出转换。

相对位置不得为空值。

相对位置输入完毕后按Enter键确认,系统将会计算该测点的相对水深并显示于状态栏中,供人工测点定位之用。

2)流速仪序号

流速仪序号是为同一次流量测验过程甚至同一垂线上使用不同流速仪而设置的参数。当用户选定流速仪后,该项由系统自动填入。要改变当前流速仪,只要在"流速仪参数"栏中单击目标流速仪即可完成。

3)信号数与测速历时

当"缆道测量控制"窗口(或"测船测量控制"窗口)"自动测速"复选框被选中时,在"相对位置"栏中按Enter键,则启动自动测速系统,信号数和测速历时均由系统填写。

人工测速时则逐项填写。完毕后以Enter键确认。主要设计参考如下代码:

'根据数据表中录入的内容,智能判断数据准确性;智能确定下一个数据编辑的位置和范围。

```
Private Sub Grid1_KeyPress(KeyAscii As Integer)
Dim grdCO As Integer
Dim grdRO As Integer
Dim csZHI As Integer
Dim iPr As Integer, j As Integer, k As Integer
Dim iTB As Integer
Dim ss As String
'On Error Resume Next
grdRO = Grid1.ActiveCell.Row
grdCO = Grid1.ActiveCell.Col
```

```
'If Cancel = False Then Cancel = True
If KeyAscii = 13 Then
    Open App.Path & "\error_Grid.txt" For Append As #87
    Print #87, grdRO, grdCO, Grid1.Cell(grdRO, grdCO).Text
    Close #87
    KeyAscii = 0
    Select Case grdCO
    Case 2
        KeyAscii = 0                        '测深垂线号完毕
        If Grid1.Cell(grdRO, 1).Text = "" Then
            MsgBox "测深垂线号不能为空!"
            Grid1.SetFocus
            Grid1.Cell(grdRO, 1).SetFocus
        Else
            If Grid1.Cell(grdRO, 2).IntegerValue > 0 Then
                Grid1.Cell(grdRO, 3).SetFocus
            Else
                Grid1.Cell(grdRO, 5).SetFocus
            End If
        End If
    Case 3                                  '测速垂线号完毕
        KeyAscii = 0
        If Grid1.Cell(grdRO, 1).Text = "" Then
            MsgBox "测深垂线号不能为空!"
            Grid1.SetFocus
            Grid1.Cell(grdRO, 1).SetFocus
        Else
            If Grid1.Cell(grdRO, 2).IntegerValue > 0 Then
                Grid1.Cell(grdRO, 3).SetFocus
            Else
                Grid1.Cell(grdRO, 5).SetFocus
            End If
        End If
    Case 4                                  '测沙垂线号完毕
        KeyAscii = 0
                Grid1.Cell(grdRO, 5).SetFocus
    Case 5                                  '床沙垂线号完毕
        KeyAscii = 0
        Grid1.Cell(grdRO, 5).SetFocus
    Case 6                                  '起点距完毕
        KeyAscii = 0
        If Grid1.Cell(grdRO, 3 + 2).Text = "" Then
            MsgBox "起点距不能为空!"
```

```
            Grid1. SetFocus
            Grid1. Cell(grdRO, 3 + 2). SetFocus
        Else
            '起点距数字标准化
            ss = Val(Grid1. Cell(grdRO, 3 + 2). Text)
            If menuZDFA. Checked = True Then
                Grid1. Cell(grdRO, 5). Text = Round(ss, 1)
            ElseIf menuZDFByB. Checked = True Then
                Grid1. Cell(grdRO, 5). Text = fmatQDJ(ss)
            End If
            If Grid1. Cell(grdRO, 5). Text < > "" Then
                '是测深垂线
                If menuCHT. Checked Then
                    '测深时间数字标准化
                    If menuTcsj. Checked = True Then
                        '自动填记测深时间
                        Grid1. Cell(grdRO, 6). Text = Format(Now( ), "hh:mm")
                        Grid1. Cell(grdRO, 10). SetFocus
                    Else
                        Grid1. Cell(grdRO, 6). SetFocus
                    End If
                Else
                    Grid1. Cell(grdRO, 10). SetFocus
                End If
            End If
        End If
    Case 7                                    '测深时间完毕
        KeyAscii = 0
        If Grid1. Cell(grdRO, 4 + 2). Text = "" Then
            MsgBox "请填记测深时间!"
            Grid1. SetFocus
            Grid1. Cell(grdRO, 4 + 2). SetFocus
        Else
            Grid1. Cell(grdRO, 8 + 2). SetFocus
        End If
    Case 11                                   '水深完毕
        KeyAscii = 0
        If Grid1. Cell(grdRO, 8 + 2). Text = "" Then
            MsgBox "请填记水深!"
            Grid1. SetFocus
            Grid1. Cell(grdRO, 8 + 2). SetFocus
        Else
            Dim csBiaoZhi As Integer
```

```
            '水深数据标准化
            ss = Val(Grid1.Cell(grdRO, 8 + 2).Text)
            Grid1.Cell(grdRO, 8 + 2).Text = fmatSHSH(ss)
            csBiaoZhi = Val(Grid1.Cell(grdRO, 2).Text)
            subCheckLine csBiaoZhi
        End If
    Case 12                                        '相对位置完毕
        KeyAscii = 0
        If Grid1.Cell(grdRO, 9 + 2).Text = "" Then
            MsgBox "请填记相对位置!"
            Grid1.SetFocus
            Grid1.Cell(grdRO, 9 + 2).SetFocus
        Else
                Select Case Val(Grid1.Cell(grdRO, 9 + 2).Text)
                Case 0
                    Grid1.Cell(grdRO, 9 + 2).Text = "0.0"
                Case 2, 0.2
                    Grid1.Cell(grdRO, 9 + 2).Text = "0.2"
                Case 5, 0.5
                    Grid1.Cell(grdRO, 9 + 2).Text = "0.5"
                Case 6, 0.6
                    Grid1.Cell(grdRO, 9 + 2).Text = "0.6"
                Case 8, 0.8
                    Grid1.Cell(grdRO, 9 + 2).Text = "0.8"
                Case 10, 1
                    Grid1.Cell(grdRO, 9 + 2).Text = "1.0"
                Case Is > 1
                    Grid1.Cell(grdRO, 9 + 2).Text = Format(Val(Grid1.Cell(grdRO, 9 + 2).
Text) / 10, "#0.0")
                Case Else
                    Grid1.Cell(grdRO, 9 + 2).Text = Format(Grid1.Cell(grdRO, 9 + 2).Text, "
#0.0")
                End Select
'                    StatusBar1.Panels(2).Text = "相对水深" & Format(Val(Text4) * Val(Text5
(Index)), "##0.00")
            If intMorenLSY > 0 Then
                Grid1.Cell(grdRO, 10 + 2).Text = CStr(intMorenLSY)
            Else
                MsgBox "请选择流速仪!"
            End If
        End If
    Case 15                                        '测速历时完毕
        If Val(Grid1.Cell(grdRO, 2).Text) > 0 Then          '测速垂线
```

```
            If menuLXPJ.Checked = True Then
                Grid1.Cell(grdRO, 13 + 2).SetFocus          '测记流向偏角
            Else
                If Val(Grid1.Cell(grdRO, 3).Text) Then       '测沙垂线
                    Grid1.Cell(grdRO, 13 + 2).SetFocus          '测记流向偏角
                Else
                    If Grid1.ActiveCell.Row + 1 = Grid1.Rows Then
                       Call insertLN
                    End If
                    dsIN = dsIN + 1
                    If dsIN > = cdsIN Then
                       Grid1.Cell(grdRO + 1, 1).SetFocus
                    Else
                       Grid1.Cell(grdRO + 1, 9 + 2).SetFocus
                    End If
                End If
            End If
        Else
            If Grid1.ActiveCell.Row + 1 = Grid1.Rows Then
               Call insertLN
            End If
            dsIN = dsIN + 1
            If dsIN > = cdsIN Then
               Grid1.Cell(grdRO + 1, 1).SetFocus
            Else
               Grid1.Cell(grdRO + 1, 9 + 2).SetFocus
            End If
        End If
    Case 16                                '流向偏角完毕
            If Grid1.ActiveCell.Row + 1 = Grid1.Rows Then
               Call insertLN
            End If
            dsIN = dsIN + 1
            If dsIN > = cdsIN Then
               Grid1.Cell(grdRO + 1, 1).SetFocus
            Else
               Grid1.Cell(grdRO + 1, 9 + 2).SetFocus
            End If
    Case 27                                '测点含沙量完毕
        If Grid1.Cell(grdRO, 26).Text < > "" Then              '测点含沙量不空
            If Grid1.Cell(grdRO, 14).Text = "" Then
                If Grid1.Cell(grdRO + 1, 14).Text < > "" Then            '下一行测点流速不空
                    MsgBox "非测速垂线,不应填测点含沙量"
```

```
'测点流速数据应不空
                    Grid1.Cell(grdRO, 26).SetFocus
                Else
                    If Grid1.Cell(grdRO + 1, 2).Text <> "" Then         '新垂线,垂线号不空
                        Grid1.Cell(grdRO + 1, 3).SetFocus
                    Else
'同一垂线,垂线号空
                        Grid1.Cell(grdRO + 1, 26).SetFocus
                    End If
                End If
            Else
                Grid1.Cell(grdRO + 1, 3).SetFocus
            End If
        Else
            If Grid1.Cell(grdRO, 3).IntegerValue > 0 Then                '测沙垂线
                Grid1.Cell(grdRO, 28).SetFocus
            Else
                Grid1.Cell(grdRO + 1, 3).SetFocus
            End If
        End If
    Case 29                                         '测点含沙量完毕
        Grid1.Cell(grdRO + 1, 3).SetFocus
    End Select
ElseIf KeyAscii = 6 Then
    Frame2.Visible = True
Else
    iTB = 2
    If grdCO = 1 Then
        Select Case KeyAscii
        Case 8
        Case 83, 115, -13394
            KeyAscii = 0
            Grid1.Cell(grdRO, 1).Text = "水"
            Grid1.Cell(grdRO, 2).Text = "边"
        Case 89, 121, -11310
            KeyAscii = 0
            Grid1.Cell(grdRO, 1).Text = "右"
            Grid1.Cell(grdRO, 2).Text = "岸"
        Case 90, 122, -10253
            KeyAscii = 0
            Grid1.Cell(grdRO, 1).Text = "左"
            Grid1.Cell(grdRO, 2).Text = "岸"
        Case 48                                     '0
```

```
            KeyAscii = 0
            j = 1
            For iPr = 6 To grdRO - 1
                If Val(Grid1.Cell(iPr, 1).Text) > 0 Then
                    j = j + 1
                End If
            Next
            Grid1.Cell(grdRO, 1).Text = j
            Grid1.Cell(grdRO, 2).Text = ""
        Case 49 To 57
            KeyAscii = 0
            j = 1: k = 1
            For iPr = 6 To grdRO - 1
                If Val(Grid1.Cell(iPr, 1).Text) > 0 Then
                    j = j + 1
                    If Val(Grid1.Cell(iPr, 2).Text) > 0 Then
                        k = k + 1
                    End If
                End If
            Next
            Grid1.Cell(grdRO, 1).Text = j
            Grid1.Cell(grdRO, 2).Text = k
        Case Else
            KeyAscii = 0
        End Select
    ElseIf grdCO = 2 Then
        Select Case KeyAscii
        Case -20298, -20001             '岸和边
        Case Else
            KeyAscii = 0
        End Select
    ElseIf grdCO = 3 Then
        Select Case KeyAscii
        Case 8
            '退格
        Case 48                                        '0
            KeyAscii = 0
            j = 1
            If Grid1.Cell(grdRO, 3).IntegerValue > 0 Then
                For iPr = 6 To grdRO - 1
                    If Val(Grid1.Cell(iPr, 3).Text) > 0 Then
                        j = j + 1
                    End If
```

```
                Next
                Grid1.Cell(grdRO, 3).Text = j
                Grid1.Cell(grdRO, 4).Text = ""
            End If
        Case 49 To 57
            KeyAscii = 0
            If Grid1.Cell(grdRO, 2).IntegerValue > 0 Then
                j = 1: k = 1
                For iPr = 6 To grdRO - 1
                    If Val(Grid1.Cell(iPr, 3).Text) > 0 Then
                        j = j + 1
                        If Val(Grid1.Cell(iPr, 4).Text) > 0 Then
                            k = k + 1
                        End If
                    End If
                Next
                Grid1.Cell(grdRO, 3).Text = j
                Grid1.Cell(grdRO, 4).Text = k
            End If
        Case Else
            KeyAscii = 0
        End Select
    ElseIf grdCO = 2 + iTB Then
        Select Case KeyAscii
'        Case -20298, -20001          '岸和边
        Case Else
            KeyAscii = 0
        End Select
    ElseIf grdCO = 3 + iTB Then
        Select Case KeyAscii
        Case 8                       '退格
        Case 45                      '负号
        Case 48 To 57, 46            '数字和小数点
        Case Else
            KeyAscii = 0
        End Select
    ElseIf grdCO = 4 + iTB Then
        Select Case KeyAscii
        Case 8
        Case 46
            KeyAscii = 58
        Case 48 To 58                '0~9 和:
      Case Else
```

```
            KeyAscii = 0
        End Select
    ElseIf grdCO = 8 + iTB Then
        Select Case KeyAscii
        Case 8, 48 To 57, 46            '数字和小数点
        Case Else
            KeyAscii = 0
        End Select
    ElseIf grdCO = 9 + iTB Then
       Select Case KeyAscii
        Case 8, 48 To 57, 46            '数字和小数点
        Case Else
            KeyAscii = 0
        End Select
    ElseIf grdCO = 10 + iTB Then
        Select Case KeyAscii
        Case 8, 48 To 57                '数字和小数点
        Case Else
            KeyAscii = 0
        End Select
    ElseIf grdCO = 11 + iTB Then
        Select Case KeyAscii
        Case 8, 48 To 57                '数字和小数点
        Case Else
            KeyAscii = 0
        End Select
    ElseIf grdCO = 12 + iTB Then
        Select Case KeyAscii
        Case 48 To 57, 46               '数字和小数点
        Case Else
            KeyAscii = 0
        End Select
    ElseIf Grid1.ActiveCell.Row > = 6 And grdCO = 13 + iTB Then
        Select Case KeyAscii
        Case 8, 48 To 57                '数字和小数点
        Case Else
            KeyAscii = 0
        End Select
    End If
End If
blnfrmQsBeEdit = True
End Sub
'行编辑结束后,根据编辑所在的行及其后一行的数据情况,进行各行、各项数据计算和分析,并进行分
```

析校对。

```
Sub Grid1LR()                                   '换行计算流量
'第一个单元格:(0,0)
Dim dblD(420) As Double
Dim h(420) As Double
Dim dblV(420) As Double
Dim dblR(420) As Double
Dim dblLiShi(420) As Double, X(420) As Double
Dim w(420) As Double, dblH(420) As Double, dz(420) As Double
Dim f(420) As Double, fb(420) As Double, q(420) As Double
Dim vp As Double, Vmax As Double, qz As Double, fz As Double
Dim hp1 As Double, Hmax As Double, sk As Double
Dim bj As Double, jb As Double
Dim s1 As Double, s2 As Double, s3 As Double '计算比降糙率采用,clgs
Dim i As Integer, j As Integer, s As Integer, intM As Integer
Dim n As Integer, z As String
Dim x1(420) As Double
Dim intMN(420) As Integer
Dim Combo_pj As String
Dim iTB As Integer
Dim hdPJ As Double              '以弧度表示的偏角
Dim dblDBL As Double            '双精度临时变量
Dim iOL As Integer              '临时整形变量
Dim m As Double
Dim iQL As Integer, iQP As Integer, iQsL As Integer, iQsP As Integer
On Error GoTo zjkh
intZS = 0
iOL = Grid1.ActiveCell.Row
If Grid1.Rows - iOL < 4 Then Grid1.Rows = Grid1.Rows + 4           '增加空行
'读数据
iTB = 2
On Error GoTo ReadData
dblSMK = 0
k = 6
For i = 7 To Grid1.Rows - 1
    If Grid1.Cell(i, 1).Text <> "" Then
        If IsNumeric(Grid1.Cell(i, 1).Text) = True Then
            '是测深垂线
            m = Abs(Grid1.Cell(i, 5).Text - Grid1.Cell(k, 5).Text)
            dblSMK = dblSMK + m
        Else
            If Grid1.Cell(k, 1).Text <> "" And IsNumeric(Grid1.Cell(k, 1).Text) = True Then
                m = Abs(Grid1.Cell(i, 5).Text - Grid1.Cell(k, 5).Text)
```

```
                dblSMK = dblSMK + m
            End If
        End If
        k = i
    End If
    For j = 16 To 25
        Grid1.Cell(i, j).Text = ""
    Next
        Grid1.Cell(i, 27).Text = ""
        Grid1.Cell(i, 29).Text = ""
        Grid1.Cell(i, 30).Text = ""
Next
For i = 6 To (Grid1.Rows - 1)
    If Grid1.Cell(i, 3 + iTB).Text <> "" Or Grid1.Cell(i, 8 + iTB).Text <> "" _
      Or Grid1.Cell(i, 11 + iTB).Text <> "" Or Grid1.Cell(i, 12 + iTB).Text <> "" Then
        s = i  's 为表格中有数据的行数
        If Grid1.Cell(i, 5).Text <> "" Then
            '起点距数字标准化
            ss = Val(Grid1.Cell(i, 5).Text)
            If menuZDFA.Checked = True Then
                Grid1.Cell(i, 5).Text = Round(ss, 1)
            ElseIf menuZDFByB.Checked = True Then
                Grid1.Cell(i, 5).Text = fmatQDJ(ss)
            End If
        End If
        dblD(i) = Grid1.Cell(i, 3 + iTB).DoubleValue          '起点距
        h(i) = Grid1.Cell(i, 8 + iTB).DoubleValue             '水深
        intMN(i) = Grid1.Cell(i, 10 + iTB).IntegerValue       '仪器号
        dblR(i) = Grid1.Cell(i, 11 + iTB).DoubleValue         '信号数
        dblLiShi(i) = Grid1.Cell(i, 12 + iTB).DoubleValue     '测速历时
        If Grid1.Cell(i, 3 + iTB).Text <> "" Then
            If Hmax < h(i) Then Hmax = h(i)
            dblMaxH = Hmax                                       '最大水深
            If dblMinD > dblD(i) Then dblMinD = dblD(i)          '最小起点距
            If dblMaxD < dblD(i) Then dblMaxD = dblD(i)          '最大起点距
            dblDp(intZS) = dblD(i)
            hP(intZS) = h(i)
            intZS = intZS + 1
        End If
    End If
Next
'检查数据,计算测点流速
On Error GoTo JSCDLS
```

```
    intZS = intZS - 1
    For i = 6 To s
        If Grid1.Cell(i, 11 + iTB).Text = "" And Grid1.Cell(i, 14 + iTB).Text <> "" _
            And Grid1.Cell(i, 14 + iTB).Text <> "0" Or Grid1.Cell(i, 14 + iTB).Text Like " * a" Then    '小浮标或电波流速仪水面流速,人工置数,后面加 A
            X(i) = Grid1.Cell(i, 14 + iTB).DoubleValue
            Grid1.Cell(i, 18) = Grid1.Cell(i, 16).Text
            iQP = iQP + 1
        Else
            If dblR(i) <> 0 And dblLiShi(i) <> 0 Then
                If List1.ListCount = 0 Then
                    MsgBox "请输入流速仪参数!", vbExclamation, "提示"
                    Exit Sub
                End If
                 Grid1.Cell(i, 14 + iTB).Text = CountPointVelocity(dblR(i), dblLiShi(i), aryLsy(intMN(i), 4), _
                        aryLsy(intMN(i), 5), aryLsy(intMN(i), 6))
                 x1(i) = Grid1.Cell(i, 14 + iTB).DoubleValue
                 If Vmax < Grid1.Cell(i, 14 + iTB).DoubleValue Then Vmax = Grid1.Cell(i, 14 + iTB).DoubleValue
                 iQP = iQP + 1
               'X(i) = x1(i)
                '将测点流速加入表格,偏角
                Combo_pj = "cos * "
                If Combo_pj Like "cos * " Then
                    If Grid1.Cell(i, 13 + iTB).Text <> "" Then
                        If Grid1.Cell(i, 13 + iTB).DoubleValue > 10 Then
                            hdPJ = Grid1.Cell(i, 13 + iTB).DoubleValue * 3.1415926 / 180   '弧度
                            dblDBL = x1(i) * Cos(hdPJ)
                            iOL = VPrecision(dblDBL)
                            Grid1.Cell(i, 15 + iTB).Text = funDAE(dblDBL, iOL \ 10, iOL Mod 10, 1, intCW)

                            X(i) = Grid1.Cell(i, 17).DoubleValue
                        Else
                            hdPJ = 0
                            X(i) = Grid1.Cell(i, 16).DoubleValue
                        End If
                    Else
                        If Grid1.Cell(i, 2).Text <> "" Then hdPJ = 0
                        If Grid1.Cell(i, 13).Text <> "" And hdPJ > 0 Then
                            dblDBL = x1(i) * Cos(hdPJ)
                            iOL = VPrecision(dblDBL)
                            Grid1.Cell(i, 17).Text = funDAE(dblDBL, iOL \ 10, iOL Mod 10, 1, in-
```

```
tCW)
                    X(i) = Grid1.Cell(i, 17).DoubleValue
                Else
                    X(i) = Grid1.Cell(i, 16).DoubleValue
                End If
            End If
        ElseIf Combo_pj Like "sin * " Then
            If Grid1.Cell(i, 13 + iTB).Text <> "" Then
                If Grid1.Cell(i, 13 + iTB).DoubleValue < 80 Then
                    hdPJ = Grid1.Cell(i, 13 + iTB).DoubleValue * 3.1415926/180  '弧度
                    dblDBL = x1(i) * Sin(hdPJ)
                    iOL = VPrecision(dblDBL)
                    Grid1.Cell(i, 15 + iTB).Text = funDAE(dblDBL, iOL \ 10, iOL Mod 10,
1, intCW)
                End If
                X(i) = Grid1.Cell(i, 17).DoubleValue
            Else
                X(i) = Grid1.Cell(i, 16).DoubleValue
            End If
        End If
    ElseIf dblR(i) = 0 And dblLiShi(i) <> 0 Then
        X(i) = 0
        Grid1.Cell(i, 14 + iTB).Text = "0"
        iQP = iQP + 1
    End If
  End If
Next
'计算垂线平均流速
On Error GoTo errJSCHXPJLS
j = 0
For i = 6 To s
    If Grid1.Cell(i, 12 + iTB).Text <> "" And Grid1.Cell(i, 3 + iTB).Text <> "" Then
'测速垂线
        If Grid1.Cell(i + 1, 1).Text <> "" Then                    '一点法(下一行为测深垂线)
            If Grid1.Cell(i, 2).Text <> "" Then                               '确认测速垂线
'               msg = Grid1.Cell(i, 9 + iTB).Text
                dblV(i) = X(i) * GetPointModulus(Grid1.Cell(i,9 + iTB).Text,X(i))
                iOL = VPrecision(dblV(i))
                Grid1.Cell(i, 16 + iTB).Text = funDAE(dblV(i), iOL \ 10, iOL Mod 10, 1, in-
tCW)
            End If
        Else
            If Grid1.Cell(i + 2, 1).Text <> "" Then                      '2 点法
```

```
                    dblV(i) = (X(i) + X(i + 1)) / 2
                    iOL = VPrecision(dblV(i))
                    Grid1.Cell(i, 16 + iTB).Text = funDAE(dblV(i), iOL \ 10, iOL Mod 10, 1, intCW)
                Else
                  If Grid1.Cell(i + 3, 1).Text <> "" Then   '3 点法
                        dblV(i) = (X(i) + X(i + 1) + X(i + 2)) / 3
                        iOL = VPrecision(dblV(i))
                        Grid1.Cell(i, 16 + iTB).Text = funDAE(dblV(i), iOL \ 10, iOL Mod 10, 1, intCW)
                  Else
                    If dblR(i + 3) <> 0 Then      '5 点法
                        dblV(i) = (X(i) + 3 * X(i + 1) + 3 * X(i + 2) + 2 * X(i + 3) + X(i + 4)) / 10
                        iOL = VPrecision(dblV(i))
                        Grid1.Cell(i, 16 + iTB).Text = funDAE(dblV(i), iOL \ 10, iOL Mod 10, 1, intCW)
                    Else
                    End If
                  End If
                End If
            End If
            If dblMaxV < dblV(i) Then dblMaxV = dblV(i)                    '最大垂线平均流速
            dblVp(j, 0) = Grid1.Cell(i, 3 + iTB).DoubleValue
            dblVp(j, 1) = dblV(i)
            j = j + 1
            iQL = iQL + 1
        ElseIf Grid1.Cell(i, 1).Text <> "" And IsNumeric(Grid1.Cell(i, 1).Text) = False Then '水边垂线
            dblV(i) = 0
            dblVp(j, 0) = Grid1.Cell(i, 3 + iTB).DoubleValue
            dblVp(j, 1) = dblV(i)
            j = j + 1
        End If
    Next
    intZSV = j - 1
    On Error GoTo errJSBFPJSHj
    Dim intFV As Integer             '找到第一条测速垂线
    Dim RSiShui As Integer           '死水行号
    Dim dblBM As Double              '边坡系数
    Dim dblLV As Double              '上一垂线流速
    Dim dblLH As Double              '上一垂线水深
    Dim strEB As String              '结束岸边标志
```

```
    Dim blnEnd As Boolean                  '一股水已经结束
    Dim intVLr As Integer                  '上一测速垂线行号
    Dim intHLr As Integer                  '上一测深垂线行号
    Dim dblPA As Double                    '部分面积
    Dim dblSSMJ As Double                  '死水面积
    Dim dblPQ As Double                    '部分流量
    Dim dblQSum As Double          '断面流量
    Dim dblASum As Double          '断面面积
    Dim dblBSum As Double          '断面宽度
    Dim dblADW As Double            '死水面积
    Dim dblPQC As Double            '部分流量-测沙垂线间
    Dim dblQSumC As Double          '断面流量-以测沙垂线间流量计
    Dim dblQsSum As Double         '断面输沙率
    Dim dblPQs As Double          '部分输沙率
    i = 6: intHLr = 6: intVLr = 6
    k = 0: j = 0
    Do
        '寻找第一条流速不为0的垂线
        DoEvents
        intFV = 0
        blnEnd = True
        dblLV = 0
        Do
            DoEvents
'            Debug.Print i, Grid1.Cell(i, 1 ).Text, Grid1.Cell(i, 2 ).Text, Grid1.Cell(i, 16 + iTB).
Text, Grid1.Cell(i, 12 + iTB).Text
            If Grid1.Cell(i,2).Text <> "" And IsNumeric(Grid1.Cell(i,2).Text) = True Then
                '是测速垂线
                '计算部分平均流速
                On Error GoTo errJSBFPJLS
                If Grid1.Cell(i, 16 + iTB).DoubleValue <> 0 Then
                    If IsNumeric(Grid1.Cell(intVLr, 2).Text) = False Then
                        '上一测速垂线是水边
                        m = dblBM * Grid1.Cell(i, 16 + iTB).DoubleValue
                    Else
                        '上一测速垂线测速
                        If Grid1.Cell(intVLr, 16 + iTB).DoubleValue = 0 Then
                            '上一测速垂线流速为0
                            m = strBorderModulus(4,1) * Grid1.Cell(i,16 + iTB).DoubleValue
                    Else
                            m = (Grid1.Cell(intVLr, 16 + iTB).DoubleValue + Grid1.Cell(i, 16 +
iTB).DoubleValue) / 2
                        End If
```

```
            End If
            iOL = VPrecision(m)
            Grid1.Cell(i, 17 + iTB).Text = funDAE(m, iOL \ 10, iOL Mod 10, 1, intCW)
            dblLV = Grid1.Cell(i, 16 + iTB).DoubleValue
            '计算平均水深、部分面积、部分流量
            On Error GoTo errJSPJSHSH_BFMJ_BFLL_1
            m = (h(intHLr) + h(i)) / 2
            iOL = HPrecision(m)
            Grid1.Cell(i, 18 + iTB).Text = funDAE(m, iOL \ 10, iOL Mod 10, 1, intCW)
            m = Abs(dblD(i) - dblD(intHLr))
            Grid1.Cell(i, 19 + iTB).Text = fmatQDJ(m)
            dblBSum = dblBSum + Grid1.Cell(i, 19 + iTB).DoubleValue
            m = Grid1.Cell(i, 18 + iTB).DoubleValue * Grid1.Cell(i, 19 + iTB).Double-
Value       '测深垂线间面积
            iOL = APrecision(m)
            Grid1.Cell(i, 20 + iTB).Text = funDAE(m, iOL \ 10, iOL Mod 10, 1, intCW)
            dblPA = dblPA + Grid1.Cell(i, 20 + iTB).DoubleValue    '部分面积
            iOL = APrecision(dblPA)
            Grid1.Cell(i, 21 + iTB).Text = funDAE(dblPA, iOL \ 10, iOL Mod 10, 1, intCW)
            dblASum = dblASum + Grid1.Cell(i, 21 + iTB).DoubleValue
            m = Grid1.Cell(i, 17 + iTB).DoubleValue * Grid1.Cell(i, 21 + iTB).Double-
Value       '部分流量
            iOL = QPrecision(m)
            Grid1.Cell(i, 22 + iTB).Text = funDAE(m, iOL \ 10, iOL Mod 10, 1, intCW)
            dblPQ = dblPQ + Grid1.Cell(i, 22 + iTB).DoubleValue
            dblPQC = dblPQC + Grid1.Cell(i, 22 + iTB).DoubleValue
            dblQSum = dblQSum + Grid1.Cell(i, 22 + iTB).DoubleValue
            If Grid1.Cell(i, 3).IntegerValue > 0 Then
                iOL = QPrecision(dblPQC)
                Grid1.Cell(i, 23 + iTB).Text = funDAE(dblPQC, iOL \ 10, iOL Mod 10, 1,
intCW)
                dblQSumC = dblQSumC + Grid1.Cell(i, 23 + iTB).DoubleValue
                dblPQC = 0
                iOL = QPrecision(dblQSumC)
                Text15(2).Text = funDAE(dblQSumC, iOL \ 10, iOL Mod 10, 1, intCW)
            End If
            dblPA = 0
            iOL = QPrecision(dblQSum)
            Text_qz.Text = funDAE(dblQSum, iOL \ 10, iOL Mod 10, 1, intCW)
            iOL = APrecision(dblASum)
            Text_fz.Text = funDAE(dblASum, iOL \ 10, iOL Mod 10, 1, intCW)
        Else
            RSiShui = i
```

```
                If Grid1.Cell(intVLr, 16 + iTB).DoubleValue = 0 Then
                    '死水
                    '计算平均水深、部分面积
                    On Error GoTo errJSPJSHSH_BFMJ_BFLL_2
                    m = (h(intHLr) + h(i)) / 2
                    iOL = HPrecision(m)
                    Grid1.Cell(i, 18 + iTB).Text = funDAE(m, iOL \ 10, iOL Mod 10, 1, in-
tCW)
                    Grid1.Cell(i, 19 + iTB).Text = fmatQDJ(Abs(dblD(i) - dblD(intHLr)))
                    dblBSum = dblBSum + Grid1.Cell(i, 19 + iTB).DoubleValue
                    m = Grid1.Cell(i,18 + iTB).DoubleValue * Grid1.Cell(i,19 + iTB).Double-
Value           '测深垂线间面积
                    iOL = APrecision(m)
                    Grid1.Cell(i, 20 + iTB).Text = funDAE(m, iOL \ 10, iOL Mod 10, 1, in-
tCW)
                    dblPA = dblPA + Grid1.Cell(i, 20 + iTB).DoubleValue   '部分面积
                    iOL = APrecision(dblPA)
                    Grid1.Cell(i, 21 + iTB).Text = funDAE(dblPA, iOL \ 10, iOL Mod 10, 1,
intCW)
                    dblSSMJ = dblSSMJ + Grid1.Cell(i, 21 + iTB).DoubleValue
                    dblASum = dblASum + Grid1.Cell(i, 21 + iTB).DoubleValue
                    dblPA = 0
                Else
                    '本垂线为死水边
                    On Error GoTo errJSPJSHSH_BFMJ_BFLL_3
                    m = strBorderModulus(4, 1) * Grid1.Cell(intVLr, 16 + iTB).DoubleValue
                    iOL = VPrecision(m)
                    Grid1.Cell(i, 17 + iTB).Text = funDAE(m, iOL \ 10, iOL Mod 10, 1, in-
tCW)
                    '计算平均水深、部分面积、部分流量
                    m = (h(intHLr) + h(i)) / 2
                    iOL = HPrecision(m)
                    Grid1.Cell(i, 18 + iTB).Text = funDAE(m, iOL \ 10, iOL Mod 10, 1, in-
tCW)
                    Grid1.Cell(i, 19 + iTB).Text = fmatQDJ(Abs(dblD(i) - dblD(intHLr)))
                    dblBSum = dblBSum + Grid1.Cell(i, 19 + iTB).DoubleValue
                    m = Grid1.Cell(i, 18 + iTB).DoubleValue * Grid1.Cell(i, 19 + iTB).DoubleVal-
ue          '测深垂线间面积
                    iOL = APrecision(m)
                    Grid1.Cell(i, 20 + iTB).Text = funDAE(m, iOL \ 10, iOL Mod 10, 1, in-
tCW)
                    dblPA = dblPA + Grid1.Cell(i, 20 + iTB).DoubleValue   '部分面积
                    iOL = APrecision(dblPA)
```

```
                        Grid1.Cell(i, 21 + iTB).Text = funDAE(dblPA, iOL \ 10, iOL Mod 10, 1,
intCW)
                        dblASum = dblASum + Grid1.Cell(i, 21 + iTB).DoubleValue
                        m = Grid1.Cell(i, 17 + iTB).DoubleValue * Grid1.Cell(i, 21 + iTB).DoubleVal-
ue              '部分流量
                        iOL = QPrecision(m)
                        Grid1.Cell(i, 22 + iTB).Text = funDAE(m, iOL \ 10, iOL Mod 10, 1, in-
tCW)
                        dblQSum = dblQSum + Grid1.Cell(i, 22 + iTB).DoubleValue
                        dblPQ = dblPQ + Grid1.Cell(i, 22 + iTB).DoubleValue
                        dblPQC = dblPQC + Grid1.Cell(i, 22 + iTB).DoubleValue
                        If Grid1.Cell(i, 3).IntegerValue > 0 Then
                            iOL = QPrecision(dblPQC)
                            Grid1.Cell(i, 23 + iTB).Text = funDAE(m, iOL \ 10, iOL Mod 10, 1,
intCW)
                            dblPQC = 0
                            dblQSumC = dblQSumC + Grid1.Cell(i, 23 + iTB).DoubleValue
                            iOL = QPrecision(dblQSumC)
                            Text15(2).Text = funDAE(dblQSumC, iOL \ 10, iOL Mod 10, 1, intCW)
                        End If
                        iOL = QPrecision(dblQSum)
                        Text_qz.Text = funDAE(dblQSum, iOL \ 10, iOL Mod 10, 1, intCW)
                        iOL = APrecision(dblASum)
                        Text_fz.Text = funDAE(dblASum, iOL \ 10, iOL Mod 10, 1, intCW)
                        iOL = DPrecision(dblBSum)
                        Text_sk.Text = funDAE(dblBSum, iOL \ 10, iOL Mod 10, 1, intCW)
                        dblPA = 0
                    End If
                    dblLV = 0
                End If
                intHLr = i
                intVLr = i
                i = i + 1
                j = j + 1
            Else
                '非测速垂线
                On Error GoTo errFCSCHXJS
                If Grid1.Cell(i, 1).Text <> "" Then                              '垂线
                    If IsNumeric(Grid1.Cell(i, 1).Text) = False Or h(i) = 0 Then
'非测速垂线
                        '水边
                        If blnEnd Then                                        '一股水的开始
                            blnEnd = False
```

```
                dblPA = 0
                If Grid1.Cell(i, 1).Text Like "左" Then
                    strEB = "右"
                ElseIf Grid1.Cell(i, 1).Text Like "右" Then
                    strEB = "左"
                Else
                    '水边
                End If
                '确定边坡系数
                dblBM = SelectBorderModulus(h(i), Grid1.Cell(i, 1).Text, 0)
                dblLH = h(i)
                intHLr = i
                intVLr = i
                i = i + 1
            Else                                        '一股水的结束
                blnEnd = True
                '计算部分流速、部分水深、部分面积、部分流量
                m = (h(intHLr) + h(i)) / 2
                iOL = HPrecision(m)
                Grid1.Cell(i, 18 + iTB).Text = funDAE(m, iOL \ 10, iOL Mod 10, 1,
intCW)
                Grid1.Cell(i, 19 + iTB).Text = fmatQDJ(Abs(dblD(i) - dblD(intHLr)))
                dblBSum = dblBSum + Grid1.Cell(i, 19 + iTB).DoubleValue
                m = Grid1.Cell(i, 18 + iTB).DoubleValue * Grid1.Cell(i, 19 + iTB).
DoubleValue         '测深垂线间面积
                iOL = APrecision(m)
                Grid1.Cell(i, 20 + iTB).Text = funDAE(m, iOL \ 10, iOL Mod 10, 1,
intCW)
                dblPA = dblPA + Grid1.Cell(i, 20 + iTB).DoubleValue    '部分面积
                iOL = APrecision(dblPA)
                Grid1.Cell(i, 21 + iTB).Text = funDAE(dblPA, iOL \ 10, iOL Mod 10,
1, intCW)
                dblASum = dblASum + Grid1.Cell(i, 21 + iTB).DoubleValue
                '计算部分流速
                If dblLV = 0 Then                           '死水
                    dblSSMJ = dblSSMJ + Grid1.Cell(i, 21 + iTB).DoubleValue
                Else
                    '确定边坡系数
                    dblBM = SelectBorderModulus(h(i), Grid1.Cell(i, 1).Text, 0)
                    m = dblLV * dblBM
                    iOL = VPrecision(m)
                    Grid1.Cell(i, 17 + iTB).Text = funDAE(m, iOL \ 10, iOL Mod 10,
1, intCW)
```

```
                    End If
                    '计算部分流量
                    m = Grid1.Cell(i, 17 + iTB).DoubleValue * Grid1.Cell(i, 21 + iTB).
DoubleValue                '部分流量
                    iOL = QPrecision(m)
                    Grid1.Cell(i, 22 + iTB).Text = funDAE(m, iOL \ 10, iOL Mod 10, 1,
intCW)
                    dblQSum = dblQSum + Grid1.Cell(i, 22 + iTB).DoubleValue
                    dblPQ = dblPQ + Grid1.Cell(i, 22 + iTB).DoubleValue
                    dblPQC = dblPQC + Grid1.Cell(i, 22 + iTB).DoubleValue
     '               If Grid1.Cell(i, 3).IntegerValue > 0 Then
                        iOL = QPrecision(dblPQC)
                        Grid1.Cell(i, 23 + iTB).Text = funDAE(dblPQC, iOL \ 10, iOL
Mod 10, 1, intCW)
                        dblPQC = 0
                        dblQSumC = dblQSumC + Grid1.Cell(i, 23 + iTB).DoubleValue
                        iOL = QPrecision(dblQSumC)
                        Text15(2).Text = funDAE(dblQSumC, iOL \ 10, iOL Mod 10, 1, in-
tCW)
     '               End If
                    iOL = QPrecision(dblQSum)
                    Text_qz.Text = funDAE(dblQSum, iOL \ 10, iOL Mod 10, 1, intCW)
                    iOL = APrecision(dblASum)
                    Text_fz.Text = funDAE(dblASum, iOL \ 10, iOL Mod 10, 1, intCW)
                    dblPA = 0
                    If Grid1.Cell(i, 1).Text Like strEB Then
                        '岸边,测验结束,退出循环
                        intFV = 5
                    Else
                        If Grid1.Cell(i + 1, 1).Text <> "" And IsNumeric(Grid1.Cell(i +
1, 1).Text) = True Then
                            '另一股水开始
                            blnEnd = False
                            '确定边坡系数
                            dblBM = SelectBorderModulus(h(i), Grid1.Cell(i, 1).Text, 0)
                            intVLr = i
                        Else
                            intFV = 3
                        End If
                    End If
                    intHLr = i
                    i = i + 1
                End If
```

```
                    Else
                        '测深垂线
                        '计算平均水深、部分面积
                        m = (h(intHLr) + h(i)) / 2
                        iOL = HPrecision(m)
                        Grid1.Cell(i, 18 + iTB).Text = funDAE(m, iOL \ 10, iOL Mod 10, 1, intCW)
                        Grid1.Cell(i, 19 + iTB).Text = fmatQDJ(Abs(dblD(i) - dblD(intHLr)))
                        dblBSum = dblBSum + Grid1.Cell(i, 19 + iTB).DoubleValue
                        m = Grid1.Cell(i, 18 + iTB).DoubleValue * Grid1.Cell(i,19 + iTB).Double-
Value          '测深垂线间面积
                        iOL = APrecision(m)
                        Grid1.Cell(i, 20 + iTB).Text = funDAE(m, iOL \ 10, iOL Mod 10, 1, intCW)
                        dblPA = dblPA + Grid1.Cell(i, 20 + iTB).DoubleValue    '部分面积
    '                   iOL = APrecision(dblPA)
    '                   Grid1.Cell(i, 21 + iTB).Text = funDAE(dblPA, iOL \ 10, iOL Mod 10, 1,
intcw)
                        intHLr = i
                        i = i + 1
                    End If
                Else
                    '测点流速或者空行
                    If Grid1.Cell(i, 12 + iTB).Text <> "" Then
                        '测点流速,不做处理
                        i = i + 1
                    Else
                        '空行,退出全部循环,停止计算
                        intFV = 5
                    End If
                End If
            End If
        Loop Until intFV > 2 Or i >= Grid1.Rows - 1
    Loop Until intFV = 5 Or i >= Grid1.Rows - 1
    iOL = APrecision(dblSSMJ)
    Text15(1).Text = funDAE(dblSSMJ, iOL \ 10, iOL Mod 10, 1, intCW)
    iOL = DPrecision(dblBSum)
    Text_sk.Text = funDAE(dblBSum, iOL \ 10, iOL Mod 10, 1, intCW)
    If dblASum > 0 Then
    '   m = dblQSum / dblASum
        m = CDbl(Text_qz.Text) / CDbl(Text_fz.Text)
        iOL = VPrecision(m)
        Text_vp.Text = funDAE(m, iOL \ 10, iOL Mod 10, 1, intCW)
    '   m = dblASum / dblBSum
        m = CDbl(Text_fz.Text) / CDbl(Text_sk.Text)
```

```
        iOL = HPrecision(m)
        Text_hp.Text = funDAE(m, iOL \ 10, iOL Mod 10, 1, intCW)

        iOL = VPrecision(Vmax)
        Text_Vmax.Text = funDAE(Vmax, iOL \ 10, iOL Mod 10, 1, intCW)
        iOL = HPrecision(Hmax)
        Text_hmax.Text = funDAE(Hmax, iOL \ 10, iOL Mod 10, 1, intCW)
        Text_cx.Text = CStr(iQL) & "/" & CStr(iQP)
    End If
    '计算输沙率数据
    '计算垂线平均含沙量
    For i = 6 To s
        If Grid1.Cell(i, 3).IntegerValue > 0 And Grid1.Cell(i, 25).Text <> "" Then
'测沙垂线
            iQsL = iQsL + 1
            If Grid1.Cell(i, 26).Text <> "" Then                '选点法
                If Grid1.Cell(i + 1, 1).Text <> "" Then                             '一点法(下
一行为测深垂线)
    '                Grid1.Cell(i, 28).Text = Grid1.Cell(i, 26).Text
                    dblV(i) = 1 * Grid1.Cell(i, 26).DoubleValue
                    iOL = CPrecision(dblV(i))
                    Grid1.Cell(i, 28).Text = funDAE(dblV(i), iOL \ 10, iOL Mod 10, 1, intCW)
                    iQsP = iQsP + 1
                Else
                    Dim iPi As Integer
                    iPi = 16
                    If IsNumeric(Grid1.Cell(i, 15).Text) Or IsNumeric(Grid1.Cell(i + 1, 15).Text)
Then
                        iPi = 17
                    End If
                    If Grid1.Cell(i + 2, 1).Text <> "" Then                         '2 点法
                        m= Grid1.Cell(i, iPi).DoubleValue * Grid1.Cell(i, 26).DoubleValue
                        iOL = SPrecision(m)
                        Grid1.Cell(i, 27).Text = funDAE(m, iOL \ 10, iOL Mod 10, 1, intCW)
                        m = Grid1.Cell(i + 1, iPi).DoubleValue * Grid1.Cell(i + 1, 26).Double-
Value
                        iOL = SPrecision(m)
                        Grid1.Cell(i + 1, 27).Text = funDAE(m, iOL \ 10, iOL Mod 10, 1, intCW)
                       dblV(i) = (Grid1.Cell(i, 27).DoubleValue + Grid1.Cell(i + 1, 27).Double-
Value) _
                            / (2 * Grid1.Cell(i, 18).DoubleValue)
                        iOL = CPrecision(dblV(i))
                        Grid1.Cell(i, 28).Text = funDAE(dblV(i), iOL \ 10, iOL Mod 10, 1, intCW)
```

```
            iQsP = iQsP + 2
        Else
          If Grid1.Cell(i + 3, 1).Text <> "" Then   '3点法
            m = Grid1.Cell(i, iPi).DoubleValue * Grid1.Cell(i, 26).DoubleValue
            iOL = SPrecision(m)
            Grid1.Cell(i, 27).Text = funDAE(m, iOL \ 10, iOL Mod 10, 1, intCW)
            m = Grid1.Cell(i + 1, iPi).DoubleValue * Grid1.Cell(i + 1, 26).Double-
Value
            iOL = SPrecision(m)
           Grid1.Cell(i + 1, 27).Text = funDAE(m, iOL \ 10, iOL Mod 10, 1, intCW)
            m = Grid1.Cell(i + 2, iPi).DoubleValue * Grid1.Cell(i + 2, 26).Double-
Value
            iOL = SPrecision(m)
            Grid1.Cell(i + 2, 27).Text = funDAE(m, iOL \ 10, iOL Mod 10, 1, intCW)
            dblV(i) = (Grid1.Cell(i, 27).DoubleValue + Grid1.Cell(i + 1, 27).Double-
Value _
                + Grid1.Cell(i + 2, 27).DoubleValue) / (3 * Grid1.Cell(i, 18).Dou-
bleValue)
            iOL = CPrecision(dblV(i))
            Grid1.Cell(i, 28).Text = funDAE(dblV(i), iOL \ 10, iOL Mod 10, 1, intCW)
            iQsP = iQsP + 3
          Else
            m = Grid1.Cell(i, iPi).DoubleValue * Grid1.Cell(i, 26).DoubleValue
            iOL = SPrecision(m)
            Grid1.Cell(i, 27).Text = funDAE(m, iOL \ 10, iOL Mod 10, 1, intCW)
            m = Grid1.Cell(i + 1, iPi).DoubleValue * Grid1.Cell(i + 1, 26).Double-
Value
            iOL = SPrecision(m)
            Grid1.Cell(i + 1, 27).Text = funDAE(m, iOL \ 10, iOL Mod 10, 1, intCW)
            m = Grid1.Cell(i + 2, iPi).DoubleValue * Grid1.Cell(i + 2, 26).Double-
Value
            iOL = SPrecision(m)
           Grid1.Cell(i + 2, 27).Text = funDAE(m, iOL \ 10, iOL Mod 10, 1, intCW)
            m = Grid1.Cell(i + 3, iPi).DoubleValue * Grid1.Cell(i + 3, 26).Double-
Value
            iOL = SPrecision(m)
            Grid1.Cell(i + 3, 27).Text = funDAE(m, iOL \ 10, iOL Mod 10, 1, intCW)
            m = Grid1.Cell(i + 4, iPi).DoubleValue * Grid1.Cell(i + 4, 26).Double-
Value
            iOL = SPrecision(m)
            Grid1.Cell(i + 4, 27).Text = funDAE(m, iOL \ 10, iOL Mod 10, 1, intCW)
            dblV(i) = (1 * Grid1.Cell(i, 27).DoubleValue _
                    + 3 * Grid1.Cell(i + 1, 27).DoubleValue _
```

```
                                + 3 * Grid1.Cell(i + 2, 27).DoubleValue _
                                + 2 * Grid1.Cell(i + 3, 27).DoubleValue _
                                + 1 * Grid1.Cell(i + 4, 27).DoubleValue) _
                                / (10 * Grid1.Cell(i, 18).DoubleValue)
                        iOL = CPrecision(dblV(i))
                        Grid1.Cell(i, 28).Text = funDAE(dblV(i), iOL \ 10, iOL Mod 10, 1, intCW)
                        iQsP = iQsP + 5
                    End If
                End If
            End If
        Else
            iQsP = iQsP + 3
        End If
    End If
Next
'计算部分含沙量
Dim iCLr As Integer
Dim msg As String
Dim dblLJBZ As Double
If "t/s|kg/m3" = "t/s|kg/m3" Then
    dblLJBZ = 1000
ElseIf msg = "kg/s|kg/m3" Then
    dblLJBZ = 1
ElseIf msg = "kg/s|g/m3" Then
    dblLJBZ = 1000
End If
i = 6: iCLr = 0
k = 0: j = 0
Do
    DoEvents
'       Debug.Print i, Grid1.Cell(i, 1 ).Text, Grid1.Cell(i, 2 ).Text, Grid1.Cell(i, 16 + iTB).Text, Grid1.Cell(i, 12 + iTB).Text
    If Grid1.Cell(i, 3).Text <> "" And IsNumeric(Grid1.Cell(i, 3).Text) = True Then     '本垂线测沙
        If iCLr = 0 Then                '前面无测沙垂线
            Grid1.Cell(i, 29).Text = Grid1.Cell(i, 28).Text
        Else                            '前面有测沙垂线
            dblV(i) = (Grid1.Cell(iCLr, 28).DoubleValue + Grid1.Cell(i, 28).DoubleValue) / 2
            iOL = CPrecision(dblV(i))
            Grid1.Cell(i,29).Text = funDAE(dblV(i),iOL\10,iOL Mod 10,1,intCW)
        End If
        dblPQs = Grid1.Cell(i,25).DoubleValue * Grid1.Cell(i,29).DoubleValue / dblLJBZ
        iOL = SPrecision(dblPQs)
```

```
        Grid1. Cell(i, 30). Text = funDAE(dblPQs, iOL \ 10, iOL Mod 10, 1, intCW)
        dblPQs = Grid1. Cell(i, 30). DoubleValue
        dblQsSum = dblQsSum + dblPQs
        iCLr = i
    ElseIf Grid1. Cell(i, 1). Text < > "" And IsNumeric(Grid1. Cell(i, 1). Text) = False Then
        '本垂线为水边
        If iCLr > 0 Then          '前面有测沙垂线
            Grid1. Cell(i, 29). Text = Grid1. Cell(iCLr, 28). Text
            dblPQs = Grid1. Cell(i, 25). DoubleValue * Grid1. Cell(i, 29). DoubleValue / dblLJBZ
            iOL = SPrecision(dblPQs)
            Grid1. Cell(i, 30). Text = funDAE(dblPQs, iOL \ 10, iOL Mod 10, 1, intCW)
            dblPQs = Grid1. Cell(i, 30). DoubleValue
            dblQsSum = dblQsSum + dblPQs
        End If
        iCLr = 0
    ElseIf Grid1. Cell(i, 2). Text < > "" And IsNumeric(Grid1. Cell(i, 17). Text) = True Then
        '本垂线测速
        If Abs(Grid1. Cell(i, 17). DoubleValue) < 0.00001 Then
            '死水边
            If iCLr > 0 Then
                Grid1. Cell(i, 29). Text = Grid1. Cell(iCLr, 28). Text
                dblPQs = Grid1. Cell ( i, 25 ). DoubleValue * Grid1. Cell ( i, 29 ). DoubleValue /
dblLJBZ
                iOL = SPrecision(dblPQs)
                Grid1. Cell(i, 30). Text = funDAE(dblPQs, iOL \ 10, iOL Mod 10, 1, intCW)
                dblPQs = Grid1. Cell(i, 30). DoubleValue
                dblQsSum = dblQsSum + dblPQs
            End If
            iCLr = 0
        End If
    End If
    i = i + 1
Loop Until i > s
If dblQsSum > 0 Then
'     dblQsSum = dblQsSum / 1000
    iOL = SPrecision(dblQsSum)
    txtQs = funDAE(dblQsSum, iOL \ 10, iOL Mod 10, 1, intCW)
    dblPQs = CDbl(txtQs) / CDbl(Text_qz)
    iOL = CPrecision(dblPQs)
    txtPC = funDAE(dblPQs, iOL \ 10, iOL Mod 10, 1, intCW)
    txtQSLP. Text = CStr(iQsL) & "/" & CStr(iQsP)
End If
Exit Sub
```

```
zjkh:
    '增加空行过程出错
    Open App.Path & "\error.txt" For Append As #89
    Print #89, Now, "增加空行过程出错"
    Close #89
    Exit Sub
ReadData:
    '读入数据出错   For i = 6 To (Grid1.Rows - 1)
    Open App.Path & "\error.txt" For Append As #89
    Print #89, Now, "读数据过程出错 For i = 6 To (Grid1.Rows - 1)"
    Close #89
    Exit Sub
JSCDLS:
    '计算测点流速   intZS = intZS - 1   :For i = 6 To s:
    Open App.Path & "\error.txt" For Append As #89
    Print #89, Now, "计算测点流速过程出错 For i = 6 To s"
    Close #89
    Exit Sub
errJSCHXPJLS:
    '计算垂线平均流速 j = 0 :For i = 6 To s
    Open App.Path & "\error.txt" For Append As #89
    Print #89, Now, "计算垂线平均流速过程出错 For i = 6 To s"
    Close #89
    Exit Sub
errJSBFPJSHj:
    '计算部分平均数据
    Open App.Path & "\error.txt" For Append As #89
    Print #89, Now, "计算部分平均数据出错 "
    Close #89
    Exit Sub
errJSBFPJLS:
    '计算部分平均流速 If Grid1.Cell(i, 16).DoubleValue < > 0 Then
    Open App.Path & "\error.txt" For Append As #89
    Print #89, Now, "是测速垂线 ,计算部分平均流速过程出错   If Grid1.Cell(i, 16).DoubleValue
< > 0 Then"
    Close #89
    Exit Sub
errJSPJSHSH_BFMJ_BFLL_1:
   '第一种,本垂线 非死水,计算平均水深、面积、流量
    Open App.Path & "\error.txt" For Append As #89
    Print #89, Now, " 第一种,本垂线 非死水,计算平均水深、面积、流量 errJSPJSHSH_BFMJ_BFLL_1"
    Close #89
    Exit Sub
```

```
errJSPJSHSH_BFMJ_BFLL_2:
    '第二种,本垂线 非死水,计算平均水深、面积
    Open App.Path & "\error.txt" For Append As #89
    Print #89, Now, " 第二种,本垂线 非死水,计算平均水深、面积量 errJSPJSHSH_BFMJ_BFLL_2"
    Close #89
    Exit Sub
errJSPJSHSH_BFMJ_BFLL_3:
    '第三种,本垂线 非死水,计算平均水深、面积、流量
    Open App.Path & "\error.txt" For Append As #89
    Print #89, Now, " 第一种,本垂线 为死水边,计算平均水深、面积量、流量errJSPJSHSH_BFMJ_BFLL_3"
    Close #89
    Exit Sub
errFCSCHXJS:
    '非测速垂线 If Grid1.Cell(i, 1).Text <> "" Then
    Open App.Path & "\error.txt" For Append As #89
    Print #89, Now, "errFCSCHXJS ,非测速垂线 If Grid1.Cell(i, 1).Text <> "" Then   "
    Close #89
End Sub
```

6.7 主要参数编辑模块

流量输沙率测验主要参数编辑窗口模块主要包括边坡系数编辑、测点系数编辑、流速仪参数编辑等模块,都是窗体模块。

6.7.1 边坡系数编辑 frmBorderModulus

边坡系数编辑模块 frmBorderModulus 主要代码如下:

```
Private Sub Form_Load()
Dim i As Integer
With Grid1
    .Cols = 4
    .Column(1).Alignment = cellCenterCenter
    .Column(2).Alignment = cellCenterCenter
    .Column(3).Alignment = cellCenterCenter
    .Column(1).Width = 70
    .Column(2).Width = 70
    .Column(3).Width = 70
    .Column(3).CellType = cellComboBox
    For i = 0 To 5
        .RowHeight(i) = 20
    Next
    .Cell(0, 0).Text = "序号"
```

```
    .Cell(0, 1).Text = "系数名称"
    .Cell(0, 2).Text = "系数值"
    .Cell(0, 3).Text = "应用范围"
    .DisplayRowIndex = True
    .DisplayFocusRect = True
'   Grid1.EnterKeyMoveTo = cellNextRow      '纵向录入
End With
With Grid1.ComboBox(3)
    .AddItem "0 - 不用"
    .AddItem "1 - 左岸"
    .AddItem "2 - 右岸"
    .AddItem "3 - 两岸"
End With
LoadBorderModulus App.Path & "\ControlData\BorderModulus.XML"
End Sub
'加载垂线项目数据
Function LoadBorderModulus(ByVal strFileName As String) As Boolean
Dim xmlDoc As DOMDocument                   '定义 XML 文档
Dim blnLoadXML As Boolean                   '加载 XML 成功
Dim msg As String
Dim varVar As Variant
If Len(Dir(strFileName, vbDirectory)) > 0 Then
    Set xmlDoc = New DOMDocument
    blnLoadXML = xmlDoc.Load(strFileName)
    Dim root As IXMLDOMElement                  '定义 XML 根节点
    Set root = xmlDoc.documentElement         '给 XML 根节点赋值
    Dim sssNode As IXMLDOMNode                        '第二级单个节点
    Dim tssNode As IXMLDOMNode                        '第三级单个节点
    il = 0
    Dim sssNodeList As IXMLDOMNodeList                      '定义节点列表
    If root.childNodes.length > 0 Then              '
        Set tssNode = root.selectSingleNode("BM1")          '光滑陡坡
        msg = tssNode.Text
        varVar = Split(msg, ",")
        Grid1.Cell(1, 1).Text = varVar(0)
        Grid1.Cell(1, 2).Text = varVar(1)
        Grid1.Cell(1, 3).Text = varVar(2)
        Set tssNode = root.selectSingleNode("BM2")          '光滑缓坡
        msg = tssNode.Text
        varVar = Split(msg, ",")
        Grid1.Cell(2, 1).Text = varVar(0)
        Grid1.Cell(2, 2).Text = varVar(1)
        Grid1.Cell(2, 3).Text = varVar(2)
```

```
            Set tssNode = root.selectSingleNode("BM3")          '光滑陡坡
            msg = tssNode.Text
            varVar = Split(msg, ",")
            Grid1.Cell(3, 1).Text = varVar(0)
            Grid1.Cell(3, 2).Text = varVar(1)
            Grid1.Cell(3, 3).Text = varVar(2)
            Set tssNode = root.selectSingleNode("BM4")          '光滑缓坡
            msg = tssNode.Text
            varVar = Split(msg, ",")
            Grid1.Cell(4, 1).Text = varVar(0)
            Grid1.Cell(4, 2).Text = varVar(1)
            Grid1.Cell(4, 3).Text = varVar(2)
            Set tssNode = root.selectSingleNode("BM5")          '光滑缓坡
            msg = tssNode.Text
            varVar = Split(msg, ",")
            Grid1.Cell(5, 1).Text = varVar(0)
            Grid1.Cell(5, 2).Text = varVar(1)
            Grid1.Cell(5, 3).Text = varVar(2)
        End If
    End If
    End Function
    Private Sub Grid1_KeyPress(KeyAscii As Integer)
    Dim fi As Long, fj As Long, fm As Long, fn As Long, fk As Long
    fi = Grid1.ActiveCell.Row
    fj = Grid1.ActiveCell.Col
    Select Case Grid1.ActiveCell.Col
    Case 1
        Select Case KeyAscii
        Case 13
            fk = fi + 1
            If IsNumeric(Grid1.Cell(fi - 1, 1).Text) Then
                If Grid1.EnterKeyMoveTo = cellNextRow Then              '纵向录入
                    If fi > 2 Then
                        Grid1.Cell(fi - 1, 4).Text = Format(Abs(Grid1.Cell(fi - 2, 1).SingleValue _
                            - Grid1.Cell(fi - 1, 1).SingleValue), "#####0.0")
                    End If
                    If fk = Grid1.Rows Then
                        Grid1.Rows = fk + 1
                        Grid1.Cell(fk, fj).SetFocus
                    End If
                Else
                    If blnLcr And lngLCR + 1 = Grid1.Rows Then
                        Grid1.Rows = fk + 1
```

```
                    Grid1.Cell(fk, fj).SetFocus
                End If
            End If
        Else
            MsgBox "起点距错误!"
            Grid1.Cell(fi - 1, 1).SetFocus
        End If
    Case 8
'       fcChange fi, fj
    Case 46
        If InStr(fMsg, ".") > 0 Then
            KeyAscii = 0
        Else
'           fcChange fi, fj
        End If
    Case 48 To 57
'           fcChange fi, fj
    Case Else
        KeyAscii = 0
    End Select
Case 2
    Select Case KeyAscii
    Case 13
        fk = fi + 1
        If IsNumeric(Grid1.Cell(fi - 1, 1).Text) Then
            If Grid1.EnterKeyMoveTo = cellNextRow Then                    '纵向录入
                If fi > 2 Then
                    Grid1.Cell(fi - 1, 4).Text = Format(Abs(Grid1.Cell(fi - 2, 1).SingleValue _
                        - Grid1.Cell(fi - 1, 1).SingleValue), "#####0.0")
                End If
                If fk = Grid1.Rows Then
                    Grid1.Rows = fk + 1
                    Grid1.Cell(fk, fj).SetFocus
                End If
            Else
                If blnLcr And lngLCR + 1 = Grid1.Rows Then
                    Grid1.Rows = fk + 1
                    Grid1.Cell(fk, fj).SetFocus
                End If
            End If
        Else
            MsgBox "起点距错误!"
            Grid1.Cell(fi - 1, 1).SetFocus
```

```
        End If
    Case 8
'           fcChange fi, fj
    Case 46
        If InStr(fMsg, ".") > 0 Then
            KeyAscii = 0
        Else
'               fcChange fi, fj
        End If
    Case 48 To 57
'               fcChange fi, fj
    Case Else
        KeyAscii = 0
    End Select
End Select
End Sub
```

6.7.2 测点流速系数编辑 frmPointModulus

测点流速系数编辑模块 frmPointModulus，主要包括相对位置"水面、0.2、0.5、0.6"等4个测点的流速折算系数。主要代码如下：

```
Private Sub Form_Load()
Dim i As Integer
With Grid1
    .Cols = 3
    .Column(1).Alignment = cellCenterCenter
    .Column(2).Alignment = cellCenterCenter
    .Column(1).Width = 70
    .Column(2).Width = 70
    .Cell(0, 0).Text = "序号"
    .Cell(0, 1).Text = "流速上限"
    .Cell(0, 2).Text = "系数值"
    .DisplayRowIndex = True
    .DisplayFocusRect = True
'       Grid1.EnterKeyMoveTo = cellNextRow          '纵向录入
End With
With Grid2
    .Cols = 3
    .Column(1).Alignment = cellCenterCenter
    .Column(2).Alignment = cellCenterCenter
    .Column(1).Width = 70
    .Column(2).Width = 70
    .Cell(0, 0).Text = "序号"
```

```
        .Cell(0, 1).Text = "流速上限"
        .Cell(0, 2).Text = "系数值"
        .DisplayRowIndex = True
        .DisplayFocusRect = True
'       Grid1.EnterKeyMoveTo = cellNextRow         '纵向录入
End With
With Grid3
        .Cols = 3
        .Column(1).Alignment = cellCenterCenter
        .Column(2).Alignment = cellCenterCenter
        .Column(1).Width = 70
        .Column(2).Width = 70
        .Cell(0, 0).Text = "序号"
        .Cell(0, 1).Text = "流速上限"
        .Cell(0, 2).Text = "系数值"
        .DisplayRowIndex = True
        .DisplayFocusRect = True
'       Grid1.EnterKeyMoveTo = cellNextRow         '纵向录入
End With
With Grid4
        .Cols = 3
        .Column(1).Alignment = cellCenterCenter
        .Column(2).Alignment = cellCenterCenter
        .Column(1).Width = 70
        .Column(2).Width = 70
        .Cell(0, 0).Text = "序号"
        .Cell(0, 1).Text = "流速上限"
        .Cell(0, 2).Text = "系数值"
        .DisplayRowIndex = True
        .DisplayFocusRect = True
'       Grid1.EnterKeyMoveTo = cellNextRow         '纵向录入
End With
LoadPointModulus App.Path & "\ControlData\PointModulus.XML"
End Sub
'加载测点系数数据
Function LoadPointModulus(ByVal strFileName As String) As Boolean
Dim xmlDoc As DOMDocument                    '定义 XML 文档
Dim blnLoadXML As Boolean                    '加载 XML 成功
Dim msg As String
Dim varVar As Variant
If Len(Dir(strFileName, vbDirectory)) > 0 Then
        Set xmlDoc = New DOMDocument
        blnLoadXML = xmlDoc.Load(strFileName)
```

```
Dim root As IXMLDOMElement                        '定义 XML 根节点
Set root = xmlDoc.documentElement                 '给 XML 根节点赋值
Dim sssNode As IXMLDOMNode                                 '第二级单个节点
Dim tssNode As IXMLDOMNode                                 '第三级单个节点
Dim sssNodeList As IXMLDOMNodeList                              '定义节点列表
Set sssNode = root.selectSingleNode("PMI00")      '水面系数
If sssNode.childNodes.length > 0 Then                           '有水面系数数据
    Set sssNodeList = sssNode.selectNodes("PMI")        '水面系数列表
    il = 0
    Grid1.Rows = sssNodeList.length + 2
    For Each sssNode In sssNodeList                     '逐个垂线节点处理
        il = il + 1
        msg = sssNode.Text
        varVar = Split(msg, ",")
        Grid1.Cell(il, 1).Text = varVar(0)
        Grid1.Cell(il, 2).Text = varVar(1)
    Next
End If
Set sssNode = root.selectSingleNode("PMI02")      '0.2 系数
If sssNode.childNodes.length > 0 Then                           '有垂线数据
    Set sssNodeList = sssNode.selectNodes("PMI")        '获得垂线数据列表
    il = 0
    Grid2.Rows = sssNodeList.length + 2
    For Each sssNode In sssNodeList                     '逐个垂线节点处理
        il = il + 1
        msg = sssNode.Text
        varVar = Split(msg, ",")
        Grid2.Cell(il, 1).Text = varVar(0)
        Grid2.Cell(il, 2).Text = varVar(1)
    Next
End If
Set sssNode = root.selectSingleNode("PMI05")      '0.5 系数
If sssNode.childNodes.length > 0 Then                           '有垂线数据
    Set sssNodeList = sssNode.selectNodes("PMI")        '获得垂线数据列表
    il = 0
    Grid3.Rows = sssNodeList.length + 2
    For Each sssNode In sssNodeList                     '逐个垂线节点处理
        il = il + 1
        msg = sssNode.Text
        varVar = Split(msg, ",")
        Grid3.Cell(il, 1).Text = varVar(0)
        Grid3.Cell(il, 2).Text = varVar(1)
    Next
```

```
        End If
        Set sssNode = root.selectSingleNode("PMI06")    '0.5 系数
        If sssNode.childNodes.length > 0 Then                 '有垂线数据
            Set sssNodeList = sssNode.selectNodes("PMI")     '获得垂线数据列表
            il = 0
            Grid4.Rows = sssNodeList.length + 2
            For Each sssNode In sssNodeList                   '逐个垂线节点处理
                il = il + 1
                msg = sssNode.Text
                varVar = Split(msg, ",")
                Grid4.Cell(il, 1).Text = varVar(0)
                Grid4.Cell(il, 2).Text = varVar(1)
            Next
        End If
    End If
    End Function
    Private Sub Grid1_KeyPress(KeyAscii As Integer)
    Dim fi As Long, fj As Long, fm As Long, fn As Long, fk As Long
    fi = Grid1.ActiveCell.Row
    fj = Grid1.ActiveCell.Col
    Select Case Grid1.ActiveCell.Col
    Case 1
        Select Case KeyAscii
        Case 13
            fk = fi + 1
            If Grid1.EnterKeyMoveTo = cellNextRow Then                  '纵向录入
                If fi > 2 Then
                    Grid1.Cell(fi - 1, 4).Text = Format(Abs(Grid1.Cell(fi - 2, 1).SingleValue _
                        - Grid1.Cell(fi - 1, 1).SingleValue), "#####0.0")
                End If
                If fk = Grid1.Rows Then
                    Grid1.Rows = fk + 1
                    Grid1.Cell(fi, fj).SetFocus
                End If
            Else
                If fk = Grid1.Rows Then
                    Grid1.Rows = fk + 1
                    Grid1.Cell(fi, fj).SetFocus
                End If
            End If
        Case 8
        Case 46
            If InStr(fMsg, ".") > 0 Then
```

```
            KeyAscii = 0
        Else
        End If
    Case 48 To 57
    Case Else
        KeyAscii = 0
    End Select
Case 2
    Select Case KeyAscii
    Case 13
        fk = fi + 1
        If Grid1.EnterKeyMoveTo = cellNextRow Then                    '纵向录入
            If fi > 2 Then
                Grid1.Cell(fi - 1, 4).Text = Format(Abs(Grid1.Cell(fi - 2, 1).SingleValue _
                    - Grid1.Cell(fi - 1, 1).SingleValue), "#####0.0")
            End If
            If fk = Grid1.Rows Then
                Grid1.Rows = fk + 1
                Grid1.Cell(fi, fj).SetFocus
            End If
        Else
            If fk = Grid1.Rows Then
                Grid1.Rows = fk + 1
                Grid1.Cell(fi, fj).SetFocus
            End If
        End If
    Case 46
        If InStr(fMsg, ".") > 0 Then
            KeyAscii = 0
        Else
        End If
    Case 48 To 57
    Case Else
        KeyAscii = 0
    End Select
End Select
End Sub
Private Sub Grid2_KeyPress(KeyAscii As Integer)
Dim fi As Long, fj As Long, fm As Long, fn As Long, fk As Long
fi = Grid2.ActiveCell.Row
fj = Grid2.ActiveCell.Col
Select Case Grid2.ActiveCell.Col
Case 1
```

```
        Select Case KeyAscii
        Case 13
            fk = fi + 1
            If Grid2.EnterKeyMoveTo = cellNextRow Then                    '纵向录入
                If fi > 2 Then
                    Grid2.Cell(fi - 1, 4).Text = Format(Abs(Grid2.Cell(fi - 2, 1).SingleValue _
                        - Grid2.Cell(fi - 1, 1).SingleValue), "#####0.0")
                End If
                If fk = Grid2.Rows Then
                    Grid2.Rows = fk + 1
                    Grid2.Cell(fi, fj).SetFocus
                End If
            Else
                If fk = Grid2.Rows Then
                    Grid2.Rows = fk + 1
                    Grid2.Cell(fi, fj).SetFocus
                End If
            End If
        Case 8
        Case 46
            If InStr(fMsg, ".") > 0 Then
                KeyAscii = 0
            Else
            End If
        Case 48 To 57
        Case Else
            KeyAscii = 0
        End Select
    Case 2
        Select Case KeyAscii
        Case 13
            fk = fi + 1
            If Grid2.EnterKeyMoveTo = cellNextRow Then                    '纵向录入
                If fi > 2 Then
                    Grid2.Cell(fi - 1, 4).Text = Format(Abs(Grid2.Cell(fi - 2, 1).SingleValue _
                        - Grid2.Cell(fi - 1, 1).SingleValue), "#####0.0")
                End If
                If fk = Grid2.Rows Then
                    Grid2.Rows = fk + 1
                    Grid2.Cell(fi, fj).SetFocus
                End If
            Else
                If fk = Grid2.Rows Then
```

```
                Grid2. Rows = fk + 1
                Grid2. Cell(fi, fj). SetFocus
            End If
        End If
    Case 46
        If InStr(fMsg, ".") > 0 Then
            KeyAscii = 0
        Else
        End If
    Case 48 To 57
    Case Else
        KeyAscii = 0
    End Select
End Select
End Sub
Private Sub Grid3_KeyPress(KeyAscii As Integer)
Dim fi As Long, fj As Long, fm As Long, fn As Long, fk As Long
fi = Grid3. ActiveCell. Row
fj = Grid3. ActiveCell. Col
Select Case Grid3. ActiveCell. Col
Case 1
    Select Case KeyAscii
    Case 13
        fk = fi + 1
        If Grid3. EnterKeyMoveTo = cellNextRow Then                    '纵向录入
            If fi > 2 Then
                Grid3. Cell(fi - 1, 4). Text = Format(Abs(Grid3. Cell(fi - 2, 1). SingleValue _
                    - Grid3. Cell(fi - 1, 1). SingleValue), "#####0.0")
            End If
            If fk = Grid3. Rows Then
                Grid3. Rows = fk + 1
                Grid3. Cell(fi, fj). SetFocus
            End If
        Else
            If fk = Grid3. Rows Then
                Grid3. Rows = fk + 1
                Grid3. Cell(fi, fj). SetFocus
            End If
        End If
    Case 8
    Case 46
        If InStr(fMsg, ".") > 0 Then
            KeyAscii = 0
```

```
            Else
            End If
        Case 48 To 57
        Case Else
            KeyAscii = 0
        End Select
    Case 2
        Select Case KeyAscii
        Case 13
            fk = fi + 1
            If Grid3. EnterKeyMoveTo = cellNextRow Then                    '纵向录入
                If fi > 2 Then
                    Grid3. Cell(fi - 1, 4). Text = Format(Abs(Grid3. Cell(fi - 2, 1). SingleValue _
                        - Grid3. Cell(fi - 1, 1). SingleValue), "#####0.0")
                End If
                If fk = Grid3. Rows Then
                    Grid3. Rows = fk + 1
                    Grid3. Cell(fi, fj). SetFocus
                End If
            Else
                If fk = Grid3. Rows Then
                    Grid3. Rows = fk + 1
                    Grid3. Cell(fi, fj). SetFocus
                End If
            End If
        Case 46
            If InStr(fMsg, ".") > 0 Then
                KeyAscii = 0
            Else
            End If
        Case 48 To 57
        Case Else
            KeyAscii = 0
        End Select
    End Select
    End Sub
    Private Sub Grid4_KeyPress(KeyAscii As Integer)
    Dim fi As Long, fj As Long, fm As Long, fn As Long, fk As Long
    fi = Grid4. ActiveCell. Row
    fj = Grid4. ActiveCell. Col
    Select Case Grid4. ActiveCell. Col
    Case 1
        Select Case KeyAscii
```

```
        Case 13
            fk = fi + 1
            If Grid4.EnterKeyMoveTo = cellNextRow Then                    '纵向录入
                If fi > 2 Then
                    Grid4.Cell(fi - 1, 4).Text = Format(Abs(Grid4.Cell(fi - 2, 1).SingleValue _
                        - Grid4.Cell(fi - 1, 1).SingleValue), "#####0.0")
                End If
                If fk = Grid4.Rows Then
                    Grid4.Rows = fk + 1
                    Grid4.Cell(fi, fj).SetFocus
                End If
            Else
                If fk = Grid4.Rows Then
                    Grid4.Rows = fk + 1
                    Grid4.Cell(fi, fj).SetFocus
                End If
            End If
        Case 8
        Case 46
            If InStr(fMsg, ".") > 0 Then
                KeyAscii = 0
            Else
            End If
        Case 48 To 57
        Case Else
            KeyAscii = 0
        End Select
    Case 2
        Select Case KeyAscii
        Case 13
            fk = fi + 1
            If Grid4.EnterKeyMoveTo = cellNextRow Then                    '纵向录入
                If fi > 2 Then
                    Grid4.Cell(fi - 1, 4).Text = Format(Abs(Grid4.Cell(fi - 2, 1).SingleValue _
                    - Grid4.Cell(fi - 1, 1).SingleValue), "#####0.0")
                End If
                If fk = Grid4.Rows Then
                    Grid4.Rows = fk + 1
                    Grid4.Cell(fi, fj).SetFocus
                End If
            Else
                If fk = Grid4.Rows Then
                    Grid4.Rows = fk + 1
```

```
                Grid4. Cell(fi, fj). SetFocus
            End If
        End If
    Case 46
        If InStr(fMsg, ".") > 0 Then
            KeyAscii = 0
        Else
        End If
    Case 48 To 57
    Case Else
        KeyAscii = 0
    End Select
End Select
End Sub
```

6.8 主要公共模块

公共模块,主要包括各种编辑模块所使用的数据读取、写入,数据处理、报表输出等模块。

6.8.1 流量测验数据读写模块

流量测验数据读写模块,主要包括流量测验过程中相关流量测验数据编辑时的实时存取,打开或新建流量测验数据的读写,流量计算制表过程中的读写部件。

这部分模块开发时,要注意结合流速仪法流量测验不同技术方法的具体要求,同时注意文件存储时的数据结构。建议采用 XML,结构化,便于存储、交换。流量测验控制参数、数据结构要正确。

```
Option Explicit
'加载流量测验数据
Function LoadQTestedData(ByVal strFileName As String) As Boolean
Dim xmlDoc As DOMDocument                    '定义 XML 文档
Dim blnLoadXML As Boolean                    '加载 XML 成功
Dim st As Integer
Dim st2 As Integer
Dim st3 As Integer
Dim aa As String, msg As String
Dim i As Integer, j As Integer
Dim varVar As Variant
st = 0
st2 = 0
st3 = 0
Set xmlDoc = New DOMDocument
blnLoadXML = xmlDoc.Load(strFileName)
If Not blnLoadXML Then
```

```
        MsgBox "加载不成功,请检查文件" & strFileName
        Exit Function
    End If
    Dim root As IXMLDOMElement              '定义 XML 根节点
    Set root = xmlDoc.documentElement      '给 XML 根节点赋值
    Dim sssNode As IXMLDOMNode                  '第二级单个节点
    Dim tssNode As IXMLDOMNode                  '第三级单个节点
    Dim tstNode As IXMLDOMNode                  '第四级单个节点
    'CP1,是否测输沙率:测者记为 1,不测记为 0。
    '
    'CP2,水位数据来源:自记直读记为 1,人工录入记为 0。
    '
    'CP3,挟带系数标志:流量数据中附带流速系数者记为 1(建议挟带),否则记为 0。目前该项已由本系
统设为默认值 1。
    '
    'CP4,水位数据读入标志:水位数据已经读入并附加到流量测验数据中者记为 1,否则记为 0。【返回】
    Set sssNode = root.selectSingleNode("CP5")
    Select Case sssNode.Text
    Case "A"
        frmD.menuZDFA.Checked = True
        frmD.menuZDFByB.Checked = False
    Case "B"
        frmD.menuZDFA.Checked = False
        frmD.menuZDFByB.Checked = True
    End Select    '站名
        '站名
        Set sssNode = root.selectSingleNode("SN")
        msg = sssNode.Text
        varVar = Split(msg, ",")
        If UBound(varVar) > 0 Then
            frmD.cmbSTCD.Text = varVar(0)
            frmD.Combo1.Text = varVar(1)
        Else
            frmD.Combo1.Text = varVar(0)
        End If
        '开始时间
        Set sssNode = root.selectSingleNode("ST")
            Set tssNode = sssNode.selectSingleNode("ST1")
            frmD.Text1(0).Text = tssNode.Text
            Set tssNode = sssNode.selectSingleNode("ST2")
            frmD.Text1(1).Text = tssNode.Text
            Set tssNode = sssNode.selectSingleNode("ST3")
            frmD.Text1(2).Text = tssNode.Text
```

```
        Set tssNode = sssNode. selectSingleNode("ST4")
        frmD. Text1(3). Text = tssNode. Text
        Set tssNode = sssNode. selectSingleNode("ST5")
        frmD. Text1(4). Text = tssNode. Text
    '结束时间
    Set sssNode = root. selectSingleNode("ET")
        Set tssNode = sssNode. selectSingleNode("ET1")
        frmD. txtET(0). Text = tssNode. Text
        Set tssNode = sssNode. selectSingleNode("ET2")
        frmD. txtET(1). Text = tssNode. Text
        Set tssNode = sssNode. selectSingleNode("ET3")
        frmD. txtET(2). Text = tssNode. Text
        Set tssNode = sssNode. selectSingleNode("ET4")
        frmD. txtET(3). Text = tssNode. Text
        Set tssNode = sssNode. selectSingleNode("ET5")
        frmD. txtET(4). Text = tssNode. Text
    '天气
    Set sssNode = root. selectSingleNode("WTH")
    frmD. Combo9. Text = sssNode. Text
    '风向
    Set sssNode = root. selectSingleNode("WDM")
    frmD. Combo2. Text = sssNode. Text
    '风力
    Set sssNode = root. selectSingleNode("WDP")
    frmD. Combo3. Text = sssNode. Text
    '流向
    Set sssNode = root. selectSingleNode("FD")
    frmD. Combo4. Text = sssNode. Text
    '流速仪
    Set sssNode = root. selectSingleNode("VL")
        '流速仪总数
        Set tssNode = sssNode. selectSingleNode("Total")
        intLsys = CInt(tssNode. Text)
        intMorenLSY = intLsys
        '流速仪数据
        For i = 1 To intLsys
            Set tssNode = sssNode. selectSingleNode("VLP" & CStr(i))
            aa = tssNode. Text
            msg = aa
            aa = Replace(aa, "=", "")
            aa = Replace(aa, "n", "")
            aa = Replace(aa, "+", "")
            aa = Replace(aa, "  ", " ")
```

```
        aa = Replace(aa, "  ", " ")
        aa = Replace(aa, "  ", " ")
        varVar = Split(aa, " ")
        For j = 0 To UBound(varVar)
            aryLsy(i, j) = varVar(j)
        frmD. List1. AddItem msg
    Next
'停表牌号
Set sssNode = root. selectSingleNode("SCT")
frmD. Combo6 = sssNode. Text
'起点距计算参数
Set sssNode = root. selectSingleNode("SDF")
    '计算方法 0-直读,1-正切,2-正弦定理
    Set tssNode = sssNode. selectSingleNode("SDF1")
    i = CInt(tssNode. Text)
    If i < 0 Then i = 0
    frmD. Combo7. ListIndex = i
    If i > 0 Then
        '符号,+ 加上本值,- 减去本值
        Set tssNode = sssNode. selectSingleNode("SDF2")
        frmD. Combo8. Text = tssNode. Text
        '加常数
        Set tssNode = sssNode. selectSingleNode("SDF3")
        frmD. Text3. Text = tssNode. Text
        '基线长
        Set tssNode = sssNode. selectSingleNode("SDF4")
        frmD. Text4. Text = tssNode. Text
    End If
'开始水位 基本? 测流? 比降上? 比降下
Set sssNode = root. selectSingleNode("SS")
    Set tssNode = sssNode. selectSingleNode("SS1")
    st = InStr(1, tssNode. Text, ",")
    st2 = InStr(st + 1, tssNode. Text, ",")
    frmD. Grid2. Cell(3, 2). Text = Left(tssNode. Text, st - 1)
    frmD. Grid2. Cell(3, 3). Text = Mid(tssNode. Text, st + 1, st2 - st - 1)
    frmD. Grid2. Cell(3, 6). Text = Right(tssNode. Text, Len(tssNode. Text) - st2)
    Set tssNode = sssNode. selectSingleNode("SS2")
    st = InStr(1, tssNode. Text, ",")
    st2 = InStr(st + 1, tssNode. Text, ",")
    frmD. Grid2. Cell(4, 2). Text = Left(tssNode. Text, st - 1)
    frmD. Grid2. Cell(4, 3). Text = Mid(tssNode. Text, st + 1, st2 - st - 1)
    frmD. Grid2. Cell(4, 6). Text = Right(tssNode. Text, Len(tssNode. Text) - st2)
    Set tssNode = sssNode. selectSingleNode("SS3")
```

```
            st = InStr(1, tssNode.Text, ",")
            st2 = InStr(st + 1, tssNode.Text, ",")
            frmD.Grid2.Cell(5, 2).Text = Left(tssNode.Text, st - 1)
            frmD.Grid2.Cell(5, 3).Text = Mid(tssNode.Text, st + 1, st2 - st - 1)
            frmD.Grid2.Cell(5, 6).Text = Right(tssNode.Text, Len(tssNode.Text) - st2)
            Set tssNode = sssNode.selectSingleNode("SS4")
            st = InStr(1, tssNode.Text, ",")
            st2 = InStr(st + 1, tssNode.Text, ",")
            frmD.Grid2.Cell(6, 2).Text = Left(tssNode.Text, st - 1)
            frmD.Grid2.Cell(6, 3).Text = Mid(tssNode.Text, st + 1, st2 - st - 1)
            frmD.Grid2.Cell(6, 6).Text = Right(tssNode.Text, Len(tssNode.Text) - st2)
            frmD.Refresh
'加载垂线数据
        Set sssNode = root.selectSingleNode("MD")
        Dim tsList As IXMLDOMNodeList
        Dim fk As Integer
        fk = 6
        Set tsList = sssNode.selectNodes("VD")
        For Each tstNode In tsList
            Dim List4 As IXMLDOMNodeList
            Dim Node4 As IXMLDOMNode
            Set Node4 = tstNode.selectSingleNode("VDH")
            Dim var As Variant
            var = Split(Node4.Text, ",")
            For i = 0 To 3                                          '垂线号
                frmD.Grid1.Cell(fk, i + 1).Text = var(i)
            Next
            frmD.Grid1.Cell(fk, 7 + 1).Text = var(7)                '水深
            If UBound(var) = 8 Then                                 '流向偏角
                frmD.Grid1.Cell(fk, 13).Text = var(8)
            End If
            Dim List5 As IXMLDOMNodeList
            Dim Node5 As IXMLDOMNode
            Set List5 = tstNode.selectNodes("PD")
            For Each Node5 In List5
                var = Split(Node5.Text, ",")
                For j = 0 To 3                                      '测点流速数据
                    frmD.Grid1.Cell(fk, j + 9).Text = var(j)
                Next
                fk = fk + 1
                If frmD.Grid1.Rows < fk + 1 Then frmD.Grid1.Rows = fk + 1
            Next
            If List5.length = 0 Then fk = fk + 1
```

```
            If frmD. Grid1. Rows < fk + 1 Then frmD. Grid1. Rows = fk + 1
        Next
          frmD. Refresh
     '终了水位 基本、测流、比降上、比降下
    Set sssNode = root. selectSingleNode("ES")
          Set tssNode = sssNode. selectSingleNode("ES1")
          st = InStr(1, tssNode. Text, ",")
          st2 = InStr(st + 1, tssNode. Text, ",")
          Set tssNode = sssNode. selectSingleNode("ES2")
          st = InStr(1, tssNode. Text, ",")
          st2 = InStr(st + 1, tssNode. Text, ",")
          Set tssNode = sssNode. selectSingleNode("ES3")
          st = InStr(1, tssNode. Text, ",")
          st2 = InStr(st + 1, tssNode. Text, ",")
          Set tssNode = sssNode. selectSingleNode("ES4")
          st = InStr(1, tssNode. Text, ",")
          st2 = InStr(st + 1, tssNode. Text, ",")
     '比降断面间距
    Set sssNode = root. selectSingleNode("SD")
    frmD. Text5. Text = sssNode. Text
     '附注数据——断面位置,铅鱼重,水面情况
    Set sssNode = root. selectSingleNode("MC")
    varVar = Split(sssNode. Text, ",")
    frmD. Combo10. Text = varVar(0)
    frmD. Text6 = varVar(1)
    Set sssNode = root. selectSingleNode("ANN")
    frmD. Text7. Text = sssNode. Text
    Set sssNode = root. selectSingleNode("QNUM")
    frmD. Text1(5). Text = sssNode. Text
    Set sssNode = root. selectSingleNode("CN")
    msg = sssNode. Text
    var = Split(msg, ",")
    frmD. Combo14. Text = var(0)
    frmD. Combo13. Text = var(1)
    frmD. Combo12. Text = var(2)
    frmD. Combo11. Text = var(3)
With frmD. Grid1
    For i = 1 To 4
          . Column(i). Alignment = cellCenterCenter
    Next
    For i = 8 To 13
          . Column(i). Alignment = cellCenterCenter
    Next
```

```
End With
ReleaseXMLObjects xmlDoc
End Function
'存储测验数据
Function SaveTestedData(ByVal strFileName As String, frmData As Form) As Boolean
Dim msg As String
Dim i As Integer, j As Integer, k As Integer
Dim blnBln As Boolean
Dim blnLoadXML As Boolean
Dim xmlDOMDocument As DOMDocument     'xml 文档
Dim Added_Node As IXMLDOMNode         '新添加的节点
Dim addff_node As IXMLDOMNode         '新添加的子节点
Dim Root_Node   As IXMLDOMElement     '文档的根节点
Dim Added_Element As IXMLDOMNode      '新添加的元素节点
Dim Added_Attribute As IXMLDOMNode    '新添加的属性
'生成一个 XML DOMDocument 对象
Set xmlDOMDocument = New DOMDocument
'创建序言部分
Dim pi As IXMLDOMProcessingInstruction
Set pi = xmlDOMDocument.createProcessingInstruction("xml", "version='1.0' encoding='gb2312'")
Call xmlDOMDocument.insertBefore(pi, xmlDOMDocument.childNodes(0))
'生成根节点
Set Root_Node = xmlDOMDocument.createElement("DVL")
Set xmlDOMDocument.documentElement = Root_Node
        '控制数据
        Set Added_Element = xmlDOMDocument.CreateNode(NODE_ELEMENT, "CP1", "")
        Added_Element.Text = "0"
        Root_Node.appendChild Added_Element
        Set Added_Element = xmlDOMDocument.CreateNode(NODE_ELEMENT, "CP2", "")
        Added_Element.Text = "1"
        Root_Node.appendChild Added_Element
        Set Added_Element = xmlDOMDocument.CreateNode(NODE_ELEMENT, "CP3", "")
        Added_Element.Text = "1"
        Root_Node.appendChild Added_Element
        Set Added_Element = xmlDOMDocument.CreateNode(NODE_ELEMENT, "CP4", "")
        Added_Element.Text = "0"
        Root_Node.appendChild Added_Element
        If frmData.menuZDFA.Checked = True Then
            msg = "A"
        ElseIf frmData.menuZDFByB.Checked = True Then
            msg = "B"
        ElseIf frmData.menuZDFByB.Checked = True Then
            msg = "D"
```

```
End If
Set Added_Element = xmlDOMDocument. CreateNode(NODE_ELEMENT,"CP5", "")
Added_Element. Text = msg
Root_Node. appendChild Added_Element
'测站编码、站名
Set Added_Element = xmlDOMDocument. CreateNode(NODE_ELEMENT,"SN", "")
Added_Element. Text = frmData. cmbSTCD. Text & "," & frmData. Combo1. Text
Root_Node. appendChild Added_Element
'开始时间
Set Added_Element = xmlDOMDocument. CreateNode(NODE_ELEMENT, "ST", "")
Added_Element. Text = ""
Root_Node. appendChild Added_Element
    Set Added_Node = xmlDOMDocument. CreateNode(NODE_ELEMENT, "ST1", "")
    Added_Node. Text = frmData. Text1(0). Text
    Added_Element. appendChild Added_Node
    Set Added_Node = xmlDOMDocument. CreateNode(NODE_ELEMENT, "ST2", "")
    Added_Node. Text = frmData. Text1(1). Text
    Added_Element. appendChild Added_Node
    Set Added_Node = xmlDOMDocument. CreateNode(NODE_ELEMENT, "ST3", "")
    Added_Node. Text = frmData. Text1(2). Text
    Added_Element. appendChild Added_Node
    Set Added_Node = xmlDOMDocument. CreateNode(NODE_ELEMENT, "ST4", "")
    Added_Node. Text = frmData. Text1(3). Text
    Added_Element. appendChild Added_Node
    Set Added_Node = xmlDOMDocument. CreateNode(NODE_ELEMENT,"ST5", "")
    Added_Node. Text = frmData. Text1(4). Text
    Added_Element. appendChild Added_Node
'结束时间
Set Added_Element = xmlDOMDocument. CreateNode(NODE_ELEMENT, "ET", "")
Added_Element. Text = ""
Root_Node. appendChild Added_Element
    Set Added_Node = xmlDOMDocument. CreateNode(NODE_ELEMENT,"ET1", "")
    Added_Node. Text = frmData. txtET(0). Text
    Added_Element. appendChild Added_Node
    Set Added_Node = xmlDOMDocument. CreateNode(NODE_ELEMENT, "ET2", "")
    Added_Node. Text = frmData. txtET(1). Text
    Added_Element. appendChild Added_Node
    Set Added_Node = xmlDOMDocument. CreateNode(NODE_ELEMENT, "ET3", "")
    Added_Node. Text = frmData. txtET(2). Text
    Added_Element. appendChild Added_Node
    Set Added_Node = xmlDOMDocument. CreateNode(NODE_ELEMENT, "ET4", "")
    Added_Node. Text = frmData. txtET(3). Text
    Added_Element. appendChild Added_Node
```

```
        Set Added_Node = xmlDOMDocument.CreateNode(NODE_ELEMENT,"ET5","")
        Added_Node.Text = frmData.txtET(4).Text
        Added_Element.appendChild Added_Node
    '天气
    Set Added_Element = xmlDOMDocument.CreateNode(NODE_ELEMENT, "WTH","")
    Added_Element.Text = frmData.Combo9.Text
    Root_Node.appendChild Added_Element
    '风向
    Set Added_Element = xmlDOMDocument.CreateNode(NODE_ELEMENT, "WDM","")
    Added_Element.Text = frmData.Combo2.Text
    Root_Node.appendChild Added_Element
    '风力
    Set Added_Element = xmlDOMDocument.CreateNode(NODE_ELEMENT,"WDP","")
    Added_Element.Text = frmData.Combo3.Text
    Root_Node.appendChild Added_Element
    '流向
    Set Added_Element = xmlDOMDocument.CreateNode(NODE_ELEMENT, "FD","")
    Added_Element.Text = frmData.Combo4.Text
    Root_Node.appendChild Added_Element
    '流速仪
    Set Added_Element = xmlDOMDocument.CreateNode(NODE_ELEMENT, "VL","")
    Added_Element.Text = ""
    Root_Node.appendChild Added_Element
        '流速仪总数
        Set Added_Node = xmlDOMDocument.CreateNode(NODE_ELEMENT,"Total","")
        Added_Node.Text = frmData.List1.ListCount
        Added_Element.appendChild Added_Node
        '流速仪数据
        For i = 0 To frmData.List1.ListCount - 1
            Set Added_Node = xmlDOMDocument.CreateNode(NODE_ELEMENT, "VLP" & CStr
(i + 1),"")
            Added_Node.Text = frmData.List1.List(i)
            Added_Element.appendChild Added_Node
        Next
    '停表牌号
    Set Added_Element = xmlDOMDocument.CreateNode(NODE_ELEMENT, "SCT","")
    Added_Element.Text = frmData.Combo6.Text
    Root_Node.appendChild Added_Element
    '起点距计算参数
    Set Added_Element = xmlDOMDocument.CreateNode(NODE_ELEMENT, "SDF","")
    Added_Element.Text = ""
    Root_Node.appendChild Added_Element
        '计算方法 0-直读,1-正切,2-正弦定理
```

```
            Set Added_Node = xmlDOMDocument. CreateNode(NODE_ELEMENT,"SDF1", "")
            Added_Node. Text = frmData. Combo7. ListIndex
            Added_Element. appendChild Added_Node
            '符号,+ 加上本值,- 减去本值
            Set Added_Node = xmlDOMDocument. CreateNode(NODE_ELEMENT,"SDF2", "")
            Added_Node. Text = frmData. Combo8. Text
            Added_Element. appendChild Added_Node
            '加常数,交点起点距
            Set Added_Node = xmlDOMDocument. CreateNode(NODE_ELEMENT, "SDF3", "")
            Added_Node. Text = frmData. Text3. Text
            Added_Element. appendChild Added_Node
            '基线长
            Set Added_Node = xmlDOMDocument. CreateNode(NODE_ELEMENT, "SDF4", "")
            Added_Node. Text = frmData. Text4. Text
            Added_Element. appendChild Added_Node
        '开始水位 基本、测流、比降上、比降下
        Set Added_Element = xmlDOMDocument. CreateNode(NODE_ELEMENT, "SS", "")
        Added_Element. Text = ""
        Root_Node. appendChild Added_Element
            Set Added_Node = xmlDOMDocument. CreateNode(NODE_ELEMENT, "SS1", "")
            Added_Node. Text = frmData. Grid2. Cell(3, 2). Text & "," & frmData. Grid2. Cell(3,
3). Text & "," & frmData. Grid2. Cell(3, 6). Text
            Added_Element. appendChild Added_Node
            Set Added_Node = xmlDOMDocument. CreateNode(NODE_ELEMENT, "SS2", "")
            Added_Node. Text = frmData. Grid2. Cell(4, 2). Text & "," & frmData. Grid2. Cell(4,
3). Text & "," & frmData. Grid2. Cell(4, 6). Text
            Added_Element. appendChild Added_Node
            Set Added_Node = xmlDOMDocument. CreateNode(NODE_ELEMENT, "SS3", "")
            Added_Node. Text = frmData. Grid2. Cell(5, 2). Text & "," & frmData. Grid2. Cell(5,
3). Text & "," & frmData. Grid2. Cell(5, 6). Text
            Added_Element. appendChild Added_Node
            Set Added_Node = xmlDOMDocument. CreateNode(NODE_ELEMENT, "SS4", "")
            Added_Node. Text = frmData. Grid2. Cell(6, 2). Text & "," & frmData. Grid2. Cell(6,
3). Text & "," & frmData. Grid2. Cell(6, 6). Text
            Added_Element. appendChild Added_Node
            '垂线数据
            Set Added_Element = xmlDOMDocument. CreateNode(NODE_ELEMENT,"MD", "")
            Added_Element. Text = ""
            Root_Node. appendChild Added_Element
            '垂线总数
            Set Added_Node = xmlDOMDocument. CreateNode(NODE_ELEMENT, "Total", "")
            Added_Node. Text = ""
            Added_Element. appendChild Added_Node
```

```
        i = 6
'        blnBln = frmData.Grid1.Cell(i, 8).Text <> "" Or frmData.Grid1.Cell(i, 12).Text <
> ""
        blnBln = (i <= frmData.Grid1.Rows - 1)
        Do While blnBln
            '存储水深数据
            If frmData.Grid1.Cell(i, 8).Text <> "" Then
            '测速测深数据
            Set addff_node = xmlDOMDocument.CreateNode(NODE_ELEMENT, "VD", "")
            addff_node.Text = ""
            Added_Element.appendChild addff_node
                msg = frmData.Grid1.Cell(i, 1).Text
                For j = 2 To 8
                    msg = msg & "," & frmData.Grid1.Cell(i, j).Text
                Next
                If IsNumeric(frmData.Grid1.Cell(i, 2).Text) Then
                    '测速垂线
                    msg = msg & "," & frmData.Grid1.Cell(i, j + 4).Text
                End If
                    Set Added_Node = xmlDOMDocument.CreateNode(NODE_ELEMENT,
"VDH", "")
                Added_Node.Text = msg
                addff_node.appendChild Added_Node
            End If
            If frmData.Grid1.Cell(i, 12).Text <> "" Then
                msg = frmData.Grid1.Cell(i, 9).Text
                For j = 10 To 12
                    msg = msg & "," & frmData.Grid1.Cell(i, j).Text
                Next
                    Set Added_Node = xmlDOMDocument.CreateNode(NODE_ELEMENT,
"PD", "")
               Added_Node.Text = msg
                addff_node.appendChild Added_Node
            End If
            i = i + 1
            blnBln = (i <= frmData.Grid1.Rows - 1)
        Loop
    '! --终了水位 基本、测流、比降上、比降下
    Set Added_Element = xmlDOMDocument.CreateNode(NODE_ELEMENT, "ES", "")
    Added_Element.Text = ""
    Root_Node.appendChild Added_Element
        Set Added_Node = xmlDOMDocument.CreateNode(NODE_ELEMENT, "ES1", "")
        Added_Node.Text = "," & frmData.Grid2.Cell(3, 4).Text & "," & frmData.Grid2.Cell
```

```
(3, 6).Text
            Added_Element.appendChild Added_Node
            Set Added_Node = xmlDOMDocument.CreateNode(NODE_ELEMENT, "ES2", "")
            Added_Node.Text = "," & frmData.Grid2.Cell(4, 4).Text & "," & frmData.Grid2.Cell
(4, 6).Text
            Added_Element.appendChild Added_Node
            Set Added_Node = xmlDOMDocument.CreateNode(NODE_ELEMENT, "ES3", "")
            Added_Node.Text = "," & frmData.Grid2.Cell(5, 4).Text & "," & frmData.Grid2.Cell
(5, 6).Text
            Added_Element.appendChild Added_Node
            Set Added_Node = xmlDOMDocument.CreateNode(NODE_ELEMENT, "ES4", "")
            Added_Node.Text = "," & frmData.Grid2.Cell(6, 4).Text & "," & frmData.Grid2.Cell
(6, 6).Text
            Added_Element.appendChild Added_Node
        '比降断面间距
        Set Added_Element = xmlDOMDocument.CreateNode(NODE_ELEMENT, "SD", "")
        Added_Element.Text = frmData.Text5
        Root_Node.appendChild Added_Element
        '附注数据——断面位置,铅鱼重,水面情况
        Set Added_Element = xmlDOMDocument.CreateNode(NODE_ELEMENT, "MC", "")
        Added_Element.Text = frmData.Combo10.Text & "," & frmData.Text6.Text
        Root_Node.appendChild Added_Element
        '备注
        Set Added_Element = xmlDOMDocument.CreateNode(NODE_ELEMENT, "ANN", "")
        Added_Element.Text = frmData.Text7.Text
        Root_Node.appendChild Added_Element
        '流量号数
       Set Added_Element = xmlDOMDocument.CreateNode(NODE_ELEMENT, "QNUM", "")
        Added_Element.Text = frmData.Text1(5).Text
        Root_Node.appendChild Added_Element
        msg = frmDataQ.Combo14.Text & "," & _
            frmDataQ.Combo13.Text & "," & frmDataQ.Combo12.Text & "," & _
            frmDataQ.Combo11.Text
        Set Added_Element = xmlDOMDocument.CreateNode(NODE_ELEMENT, "CN", "")
        Added_Element.Text = msg
        Root_Node.appendChild Added_Element
        '输沙率号数
        Set Added_Element = xmlDOMDocument.CreateNode(NODE_ELEMENT, "UNIT", "")
        Added_Element.Text = ""
        Root_Node.appendChild Added_Element
        Set Added_Element = xmlDOMDocument.CreateNode(NODE_ELEMENT, "ISC", "")
        Added_Element.Text = ""
        Root_Node.appendChild Added_Element
```

```
            Set Added_Node = xmlDOMDocument. CreateNode(NODE_ELEMENT, "ISC1", "")
            Added_Node. Text = ""
            Added_Element. appendChild Added_Node
            Set Added_Node = xmlDOMDocument. CreateNode(NODE_ELEMENT, "ISC2", "")
            Added_Node. Text = ""
            Added_Element. appendChild Added_Node
        Set Added_Element = xmlDOMDocument. CreateNode(NODE_ELEMENT, "LSC", "")
        Added_Element. Text = ""
        Root_Node. appendChild Added_Element
            Set Added_Node = xmlDOMDocument. CreateNode(NODE_ELEMENT, "ISCI", "")
            Added_Node. Text = ""
            Added_Element. appendChild Added_Node
            Set Added_Node = xmlDOMDocument. CreateNode(NODE_ELEMENT, "ISCI", "")
           Added_Node. Text = ""
            Added_Element. appendChild Added_Node
            Set Added_Node = xmlDOMDocument. CreateNode(NODE_ELEMENT, "ISCI", "")
            Added_Node. Text = ""
            Added_Element. appendChild Added_Node
            Set Added_Node = xmlDOMDocument. CreateNode(NODE_ELEMENT, "ISCI", "")
            Added_Node. Text = ""
            Added_Element. appendChild Added_Node
            Set Added_Node = xmlDOMDocument. CreateNode(NODE_ELEMENT, "ISCI", "")
            Added_Node. Text = ""
            Added_Element. appendChild Added_Node
            Set Added_Node = xmlDOMDocument. CreateNode(NODE_ELEMENT, "SSDP", "")
            Added_Node. Text = ""
            Added_Element. appendChild Added_Node
            Set Added_Node = xmlDOMDocument. CreateNode(NODE_ELEMENT, "CN", "")
            Added_Node. Text = ""
            Added_Element. appendChild Added_Node
'测点流速系数
Dim xmlDOM As DOMDocument    'xml 文档
    Set xmlDOM = New DOMDocument
    blnLoadXML = xmlDOM. Load(App. Path & "\ControlData\PointModulus. XML")
    If blnLoadXML Then
        Dim AddRoot As IXMLDOMElement              '定义 XML 根节点
        Dim AddNode As IXMLDOMNode            '新添加的节点
        Set AddRoot = xmlDOM. documentElement      '给 XML 根节点赋值
        '测点流速系数
        Set Added_Element = xmlDOMDocument. CreateNode(NODE_ELEMENT, "PM", "")
        Set Added_Element = AddRoot
        Root_Node. appendChild Added_Element
    Else
```

```
            '测点流速系数
            Set Added_Element = xmlDOMDocument. CreateNode( NODE_ELEMENT, "PM", "")
            Added_Element. Text = ""
            Root_Node. appendChild Added_Element
        End If
        Set xmlDOM = Nothing
    '边坡流速系数
        Set xmlDOM = New DOMDocument
        blnLoadXML = xmlDOM. Load( App. Path & "\ControlData\BorderModulus.
XML")
        If blnLoadXML Then
            Set AddRoot = xmlDOM. documentElement      '给 XML 根节点赋值
            Set Added_Element = xmlDOMDocument. CreateNode( NODE_ELEMENT, "BM", "")
            Set Added_Element = AddRoot
            Root_Node. appendChild Added_Element
        Else
            Set Added_Element = xmlDOMDocument. CreateNode( NODE_ELEMENT, "BM", "")
            Added_Element. Text = ""
            Root_Node. appendChild Added_Element
        End If
        Set xmlDOM = Nothing
        Set Added_Element = xmlDOMDocument. CreateNode( NODE_ELEMENT, "IS", "")
        Added_Element. Text = ""
        Root_Node. appendChild Added_Element
            Set Added_Node = xmlDOMDocument. CreateNode( NODE_ELEMENT, "ISI", "")
            Added_Node. Text = ""
            Added_Element. appendChild Added_Node
  xmlDOMDocument. save ( strFileName)
  ReleaseXMLObjects xmlDOMDocument
  End Function
```

6.8.2 输沙率测验数据读写模块

输沙率测验数据读写模块应包含流量数据读写模块,因为流速仪法输沙率测验内容包含流量测验内容,只是要区分流量测验方法:常测法、简测法、多线多点法。输沙率测验数据主要包括流量测验数据和含沙量测验数据。输沙率数据与流量数据一样,存储为 XML 数据。

```
'存储输沙率测验数据
Function SaveQSTestedData( ByVal strFileName As String, frmData As Form) As Boolean
Dim msg As String
Dim strVDS As String
Dim iCCL As Integer
Dim i As Integer, j As Integer, k As Integer
Dim blnBln As Boolean, blnIsPS As Boolean
```

```
Dim blnLoadXML As Boolean
Dim xmlDOMDocument As DOMDocument    'xml 文档
Dim Added_Node As IXMLDOMNode         '新添加的节点
Dim addff_node As IXMLDOMNode        '新添加的子节点
Dim AddNew_Node As IXMLDOMNode         '新添加的节点
Dim Root_Node  As IXMLDOMElement     '文档的根节点
Dim Added_Element As IXMLDOMNode     '新添加的元素节点
Dim Added_Attribute As IXMLDOMNode  '新添加的属性
'生成一个 XML DOMDocument 对象
Set xmlDOMDocument = New DOMDocument
'创建序言部分
Dim pi As IXMLDOMProcessingInstruction
Set pi = xmlDOMDocument. createProcessingInstruction("xml", "version='1.0' encoding='gb2312'")
Call xmlDOMDocument. insertBefore(pi, xmlDOMDocument. childNodes(0))
'生成根节点
Set Root_Node = xmlDOMDocument. createElement("DVL")
Set xmlDOMDocument. documentElement = Root_Node
        '控制数据
        Set Added_Element = xmlDOMDocument. CreateNode(NODE_ELEMENT, "CP1", "")
        Added_Element. Text = "1"
        Root_Node. appendChild Added_Element
        Set Added_Element = xmlDOMDocument. CreateNode(NODE_ELEMENT, "CP2", "")
        Added_Element. Text = "1"
        Root_Node. appendChild Added_Element
        Set Added_Element = xmlDOMDocument. CreateNode(NODE_ELEMENT, "CP3", "")
        Added_Element. Text = "1"
        Root_Node. appendChild Added_Element
        Set Added_Element = xmlDOMDocument. CreateNode(NODE_ELEMENT, "CP4", "")
        Added_Element. Text = "0"
        Root_Node. appendChild Added_Element
        If frmData. menuZDFA. Checked = True Then
            msg = "A"
        ElseIf frmData. menuZDFByB. Checked = True Then
            msg = "B"
        ElseIf frmData. menuZDFByB. Checked = True Then
            msg = "D"
        End If
        Set Added_Element = xmlDOMDocument. CreateNode(NODE_ELEMENT, "CP5", "")
        Added_Element. Text = msg
        Root_Node. appendChild Added_Element
        '站名
        Set Added_Element = xmlDOMDocument. CreateNode(NODE_ELEMENT, "SN", "")
        Added_Element. Text = frmData. cmbSTCD. Text & "," & frmData. Combo1. Text
```

```
Root_Node.appendChild Added_Element
'开始时间
Set Added_Element = xmlDOMDocument.CreateNode(NODE_ELEMENT, "ST", "")
Added_Element.Text = ""
Root_Node.appendChild Added_Element
    Set Added_Node = xmlDOMDocument.CreateNode(NODE_ELEMENT, "ST1", "")
    Added_Node.Text = frmData.Text1(0).Text
    Added_Element.appendChild Added_Node
    Set Added_Node = xmlDOMDocument.CreateNode(NODE_ELEMENT, "ST2", "")
    Added_Node.Text = frmData.Text1(1).Text
    Added_Element.appendChild Added_Node
    Set Added_Node = xmlDOMDocument.CreateNode(NODE_ELEMENT, "ST3", "")
    Added_Node.Text = frmData.Text1(2).Text
    Added_Element.appendChild Added_Node
    Set Added_Node = xmlDOMDocument.CreateNode(NODE_ELEMENT, "ST4", "")
    Added_Node.Text = frmData.Text1(3).Text
    Added_Element.appendChild Added_Node
    Set Added_Node = xmlDOMDocument.CreateNode(NODE_ELEMENT, "ST5", "")
    Added_Node.Text = frmData.Text1(4).Text
    Added_Element.appendChild Added_Node
'结束时间
Set Added_Element = xmlDOMDocument.CreateNode(NODE_ELEMENT, "ET", "")
Added_Element.Text = ""
Root_Node.appendChild Added_Element
    Set Added_Node = xmlDOMDocument.CreateNode(NODE_ELEMENT, "ET1", "")
    Added_Node.Text = frmData.txtET(0).Text
    Added_Element.appendChild Added_Node
    Set Added_Node = xmlDOMDocument.CreateNode(NODE_ELEMENT, "ET2", "")
    Added_Node.Text = frmData.txtET(1).Text
    Added_Element.appendChild Added_Node
    Set Added_Node = xmlDOMDocument.CreateNode(NODE_ELEMENT, "ET3", "")
    Added_Node.Text = frmData.txtET(2).Text
    Added_Element.appendChild Added_Node
    Set Added_Node = xmlDOMDocument.CreateNode(NODE_ELEMENT, "ET4", "")
    Added_Node.Text = frmData.txtET(3).Text
    Added_Element.appendChild Added_Node
    Set Added_Node = xmlDOMDocument.CreateNode(NODE_ELEMENT, "ET5", "")
    Added_Node.Text = frmData.txtET(4).Text
    Added_Element.appendChild Added_Node
'天气
Set Added_Element = xmlDOMDocument.CreateNode(NODE_ELEMENT, "WTH", "")
Added_Element.Text = frmData.Combo9.Text
Root_Node.appendChild Added_Element
```

```
'风向
Set Added_Element = xmlDOMDocument.CreateNode(NODE_ELEMENT, "WDM", "")
Added_Element.Text = frmData.Combo2.Text
Root_Node.appendChild Added_Element
'风力
Set Added_Element = xmlDOMDocument.CreateNode(NODE_ELEMENT, "WDP", "")
Added_Element.Text = frmData.Combo3.Text
Root_Node.appendChild Added_Element
'流向
Set Added_Element = xmlDOMDocument.CreateNode(NODE_ELEMENT, "FD", "")
Added_Element.Text = frmData.Combo4.Text
Root_Node.appendChild Added_Element
'水温
Set Added_Element = xmlDOMDocument.CreateNode(NODE_ELEMENT, "WT", "")
Added_Element.Text = frmData.txtWT.Text
Root_Node.appendChild Added_Element
'流速仪
Set Added_Element = xmlDOMDocument.CreateNode(NODE_ELEMENT, "VL", "")
Added_Element.Text = ""
Root_Node.appendChild Added_Element
    '流速仪总数
    Set Added_Node = xmlDOMDocument.CreateNode(NODE_ELEMENT, "Total", "")
    Added_Node.Text = frmData.List1.ListCount
    Added_Element.appendChild Added_Node
    '流速仪数据
    For i = 0 To frmData.List1.ListCount - 1
      Set Added_Node = xmlDOMDocument.CreateNode(NODE_ELEMENT, "VLP" & CStr(i
+ 1), "")
        Added_Node.Text = frmData.List1.List(i)
        Added_Element.appendChild Added_Node
    Next
'停表牌号
Set Added_Element = xmlDOMDocument.CreateNode(NODE_ELEMENT, "SCT", "")
Added_Element.Text = frmData.Combo6.Text
Root_Node.appendChild Added_Element
'起点距计算参数
Set Added_Element = xmlDOMDocument.CreateNode(NODE_ELEMENT, "SDF", "")
Added_Element.Text = ""
Root_Node.appendChild Added_Element
    '计算方法 0-直读,1-正切,2-正弦定理
    Set Added_Node = xmlDOMDocument.CreateNode(NODE_ELEMENT, "SDF1", "")
    Added_Node.Text = frmData.Combo7.ListIndex
    Added_Element.appendChild Added_Node
```

```
        '符号,+ 加上本值,- 减去本值
        Set Added_Node = xmlDOMDocument.CreateNode(NODE_ELEMENT, "SDF2", "")
        Added_Node.Text = frmData.Combo8.Text
        Added_Element.appendChild Added_Node
        '加常数,交点起点距
        Set Added_Node = xmlDOMDocument.CreateNode(NODE_ELEMENT, "SDF3", "")
        Added_Node.Text = frmData.Text3.Text
        Added_Element.appendChild Added_Node
        '基线长
        Set Added_Node = xmlDOMDocument.CreateNode(NODE_ELEMENT, "SDF4", "")
        Added_Node.Text = frmData.Text4.Text
        Added_Element.appendChild Added_Node
    '开始水位 基本、测流、比降上、比降下
    Set Added_Element = xmlDOMDocument.CreateNode(NODE_ELEMENT, "SS", "")
    Added_Element.Text = ""
    Root_Node.appendChild Added_Element
        Set Added_Node = xmlDOMDocument.CreateNode(NODE_ELEMENT, "SS1", "")
         Added_Node.Text = frmData.Grid2.Cell(3, 2).Text & "," & frmData.Grid2.Cell(3,
3).Text & "," & frmData.Grid2.Cell(3, 6).Text
        Added_Element.appendChild Added_Node
        Set Added_Node = xmlDOMDocument.CreateNode(NODE_ELEMENT, "SS2", "")
         Added_Node.Text = frmData.Grid2.Cell(4, 2).Text & "," & frmData.Grid2.Cell(4,
3).Text & "," & frmData.Grid2.Cell(4, 6).Text
        Added_Element.appendChild Added_Node
        Set Added_Node = xmlDOMDocument.CreateNode(NODE_ELEMENT, "SS3", "")
         Added_Node.Text = frmData.Grid2.Cell(5, 2).Text & "," & frmData.Grid2.Cell(5,
3).Text & "," & frmData.Grid2.Cell(5, 6).Text
        Added_Element.appendChild Added_Node
        Set Added_Node = xmlDOMDocument.CreateNode(NODE_ELEMENT, "SS4", "")
         Added_Node.Text = frmData.Grid2.Cell(6, 2).Text & "," & frmData.Grid2.Cell(6,
3).Text & "," & frmData.Grid2.Cell(6, 6).Text
        Added_Element.appendChild Added_Node
    '垂线数据
    Set Added_Element = xmlDOMDocument.CreateNode(NODE_ELEMENT, "MD", "")
    Added_Element.Text = ""
    Root_Node.appendChild Added_Element
        '垂线总数
        Set Added_Node = xmlDOMDocument.CreateNode(NODE_ELEMENT, "Total", "")
        Added_Node.Text = ""
        Added_Element.appendChild Added_Node
        i = 6
'        blnBln = frmData.Grid1.Cell(i, 8).Text <> "" Or frmData.Grid1.Cell(i, 12).Text <
> ""
```

```
            blnBln = (i <= frmData.Grid1.Rows - 1)
            Do While blnBln
                '存储水深数据
                If frmData.Grid1.Cell(i, 10).Text <> "" Then
                    '存储上一垂线平均含沙量
                    If IsNumeric(frmData.Grid1.Cell(iCCL, 3).Text) And Not blnIsPS Then
                        '测沙垂线,垂线混合法
                        msg = frmData.Grid1.Cell(iCCL, 28).Text
                         Set Added_Node = xmlDOMDocument.CreateNode(NODE_ELEMENT, "
VDS", "")
                        Added_Node.Text = msg
                        addff_node.appendChild Added_Node
                    End If
                    '测速测深数据
                     Set addff_node = xmlDOMDocument.CreateNode(NODE_ELEMENT, "VD",
"")
                    addff_node.Text = ""
                    Added_Element.appendChild addff_node
                        msg = frmData.Grid1.Cell(i, 1).Text
                        For j = 2 To 10
                            msg = msg & "," & frmData.Grid1.Cell(i, j).Text
                        Next
                        If IsNumeric(frmData.Grid1.Cell(i, 2).Text) Then
                            '测速垂线
                            msg = msg & "," & frmData.Grid1.Cell(i, j + 4).Text '流向偏角
                        End If
                         Set Added_Node = xmlDOMDocument.CreateNode(NODE_ELEMENT, "
VDH", "")
                        Added_Node.Text = msg
                        addff_node.appendChild Added_Node
                        If IsNumeric(frmData.Grid1.Cell(i, 2).Text) Then
                            '测速垂线'添加测点节点
                               Set AddNew_Node = xmlDOMDocument.CreateNode(NODE_ELE-
MENT, "VPD", "")
                            AddNew_Node.Text = ""
                            addff_node.appendChild AddNew_Node
                        End If

                    '记录本垂线平均含沙量
                    strVDS = frmData.Grid1.Cell(i, 28).Text
                    iCCL = i
                    blnIsPS = False
                End If
```

```
            If frmData. Grid1. Cell(i, 14). Text < > "" Then
                msg = frmData. Grid1. Cell(i, 11). Text
                For j = 12 To 14
                    msg = msg & "," & frmData. Grid1. Cell(i, j). Text                '测点流速
                Next
                If frmData. Grid1. Cell(i, 26). Text < > "" Then
                    blnIsPS = True                                          '选点法
                End If
                msg = msg & "," & frmData. Grid1. Cell(i, 26). Text              '测点含沙量
                Set Added_Node = xmlDOMDocument. CreateNode(NODE_ELEMENT, "PD", "")
                Added_Node. Text = msg
                AddNew_Node. appendChild Added_Node
            End If
            i = i + 1
            blnBln = (i < = frmData. Grid1. Rows - 1)
        Loop
    '! - - 终了水位 基本、测流、比降上、比降下
    Set Added_Element = xmlDOMDocument. CreateNode(NODE_ELEMENT, "ES", "")
    Added_Element. Text = ""
    Root_Node. appendChild Added_Element
        Set Added_Node = xmlDOMDocument. CreateNode(NODE_ELEMENT, "ES1", "")
        Added_Node. Text = "," & frmData. Grid2. Cell(3, 4). Text & "," & frmData. Grid2. Cell
(3, 6). Text
        Added_Element. appendChild Added_Node
        Set Added_Node = xmlDOMDocument. CreateNode(NODE_ELEMENT, "ES2", "")
        Added_Node. Text = "," & frmData. Grid2. Cell(4, 4). Text & "," & frmData. Grid2. Cell
(4, 6). Text
        Added_Element. appendChild Added_Node
        Set Added_Node = xmlDOMDocument. CreateNode(NODE_ELEMENT, "ES3", "")
        Added_Node. Text = "," & frmData. Grid2. Cell(5, 4). Text & "," & frmData. Grid2. Cell
(5, 6). Text
        Added_Element. appendChild Added_Node
        Set Added_Node = xmlDOMDocument. CreateNode(NODE_ELEMENT, "ES4", "")
        Added_Node. Text = "," & frmData. Grid2. Cell(6, 4). Text & "," & frmData. Grid2. Cell
(6, 6). Text
        Added_Element. appendChild Added_Node
    '比降断面间距
    Set Added_Element = xmlDOMDocument. CreateNode(NODE_ELEMENT, "SD", "")
    Added_Element. Text = frmData. Text5
    Root_Node. appendChild Added_Element
    '附注数据——断面位置,铅鱼重 QYZ,水面情况,相应单沙 PSC,输沙率线点比 QSLP
    Set Added_Element = xmlDOMDocument. CreateNode(NODE_ELEMENT, "MC", "")
    Added_Element. Text = frmData. Combo10. Text & "," & frmData. Text6. Text
```

```
Root_Node. appendChild Added_Element
Set Added_Element = xmlDOMDocument. CreateNode(NODE_ELEMENT, "QYZ", "")
Added_Element. Text = frmData. txtQYZ. Text
Root_Node. appendChild Added_Element
Set Added_Element = xmlDOMDocument. CreateNode(NODE_ELEMENT, "PSC", "")
Added_Element. Text = frmData. txtSC. Text
Root_Node. appendChild Added_Element
Set Added_Element = xmlDOMDocument. CreateNode(NODE_ELEMENT, "QSLP", "")
Added_Element. Text = frmData. txtQSLP. Text
Root_Node. appendChild Added_Element
'备注
Set Added_Element = xmlDOMDocument. CreateNode(NODE_ELEMENT, "ANN", "")
Added_Element. Text = frmData. Text7. Text
Root_Node. appendChild Added_Element
'流量号数
Set Added_Element = xmlDOMDocument. CreateNode(NODE_ELEMENT, "QNUM", "")
Added_Element. Text = frmData. Text1(5). Text
Root_Node. appendChild Added_Element
msg = frmData. Combo14. Text & "," & _
    frmData. Combo13. Text & "," & frmData. Combo12. Text & "," & _
    frmData. Combo11. Text
Set Added_Element = xmlDOMDocument. CreateNode(NODE_ELEMENT, "CN", "")
Added_Element. Text = msg
Root_Node. appendChild Added_Element
'输沙率号数
Set Added_Element = xmlDOMDocument. CreateNode(NODE_ELEMENT, "QSNUM", "")
Added_Element. Text = frmData. Text1(6). Text
Root_Node. appendChild Added_Element
'单沙号数
Set Added_Element = xmlDOMDocument. CreateNode(NODE_ELEMENT, "SNUM", "")
Added_Element. Text = frmData. Text1(7). Text
Root_Node. appendChild Added_Element
Set Added_Element = xmlDOMDocument. CreateNode(NODE_ELEMENT, "UNIT", "")
Added_Element. Text = ""
Root_Node. appendChild Added_Element
'测沙仪器形式
Set Added_Element = xmlDOMDocument. CreateNode(NODE_ELEMENT, "SPT", "")
Added_Element. Text = frmData. Combo15. Text
Root_Node. appendChild Added_Element
'断沙测验方法
Set Added_Element = xmlDOMDocument. CreateNode(NODE_ELEMENT, "QSW", "")
Added_Element. Text = frmData. Text10. Text
Root_Node. appendChild Added_Element
```

```
'单沙测验方法
Set Added_Element = xmlDOMDocument. CreateNode( NODE_ELEMENT, "CSW", "")
Added_Element. Text = frmData. Text11. Text
Root_Node. appendChild Added_Element
'含沙量输沙率单位
Set Added_Element = xmlDOMDocument. CreateNode( NODE_ELEMENT, "CSU", "")
Added_Element. Text = intFileCSU
Root_Node. appendChild Added_Element
Set Added_Element = xmlDOMDocument. CreateNode( NODE_ELEMENT, "ISC", "")
Added_Element. Text = ""
Root_Node. appendChild Added_Element
    Set Added_Node = xmlDOMDocument. CreateNode( NODE_ELEMENT, "ISC1", "")
    Added_Node. Text = ""
    Added_Element. appendChild Added_Node
    Set Added_Node = xmlDOMDocument. CreateNode( NODE_ELEMENT, "ISC2", "")
    Added_Node. Text = ""
    Added_Element. appendChild Added_Node
Set Added_Element = xmlDOMDocument. CreateNode( NODE_ELEMENT, "LSC", "")
Added_Element. Text = ""
Root_Node. appendChild Added_Element
    Set Added_Node = xmlDOMDocument. CreateNode( NODE_ELEMENT, "ISCI", "")
    Added_Node. Text = ""
    Added_Element. appendChild Added_Node
    Set Added_Node = xmlDOMDocument. CreateNode( NODE_ELEMENT, "ISCI", "")
    Added_Node. Text = ""
    Added_Element. appendChild Added_Node
    Set Added_Node = xmlDOMDocument. CreateNode( NODE_ELEMENT, "ISCI", "")
    Added_Node. Text = ""
    Added_Element. appendChild Added_Node
    Set Added_Node = xmlDOMDocument. CreateNode( NODE_ELEMENT, "ISCI", "")
    Added_Node. Text = ""
    Added_Element. appendChild Added_Node
    Set Added_Node = xmlDOMDocument. CreateNode( NODE_ELEMENT, "ISCI", "")
    Added_Node. Text = ""
    Added_Element. appendChild Added_Node
    Set Added_Node = xmlDOMDocument. CreateNode( NODE_ELEMENT, "SSDP", "")
    Added_Node. Text = ""
    Added_Element. appendChild Added_Node
    Set Added_Node = xmlDOMDocument. CreateNode( NODE_ELEMENT, "CN", "")
    Added_Node. Text = ""
    Added_Element. appendChild Added_Node
'测点流速系数
Dim xmlDOM As DOMDocument    'xml 文档
```

```
        Set xmlDOM = New DOMDocument
        blnLoadXML = xmlDOM. Load( App. Path & " \ControlData\PointModulus.
XML" )
        If blnLoadXML Then
            Dim AddRoot As IXMLDOMElement              '定义 XML 根节点
            Dim AddNode As IXMLDOMNode         '新添加的节点
            Set AddRoot = xmlDOM. documentElement      '给 XML 根节点赋值
            '测点流速系数
            Set Added_Element = xmlDOMDocument. CreateNode( NODE_ELEMENT, "PM", "" )
            Set Added_Element = AddRoot
            Root_Node. appendChild Added_Element
        Else
            '测点流速系数
            Set Added_Element = xmlDOMDocument. CreateNode( NODE_ELEMENT, "PM", "" )
            Added_Element. Text = ""
            Root_Node. appendChild Added_Element
        End If
        Set xmlDOM = Nothing
    '边坡流速系数
        Set xmlDOM = New DOMDocument
        blnLoadXML = xmlDOM. Load( App. Path & " \ControlData\BorderModulus. XML" )
        If blnLoadXML Then
            Set AddRoot = xmlDOM. documentElement      '给 XML 根节点赋值
            Set Added_Element = xmlDOMDocument. CreateNode( NODE_ELEMENT, "BM", "" )
            Set Added_Element = AddRoot
            Root_Node. appendChild Added_Element
        Else
            Set Added_Element = xmlDOMDocument. CreateNode( NODE_ELEMENT, "BM", "" )
            Added_Element. Text = ""
            Root_Node. appendChild Added_Element
        End If
        Set xmlDOM = Nothing
        Set Added_Element = xmlDOMDocument. CreateNode( NODE_ELEMENT, "IS", "" )
        Added_Element. Text = ""
        Root_Node. appendChild Added_Element
            Set Added_Node = xmlDOMDocument. CreateNode( NODE_ELEMENT, "ISI", "" )
            Added_Node. Text = ""
            Added_Element. appendChild Added_Node
xmlDOMDocument. save (strFileName)
ReleaseXMLObjects xmlDOMDocument
End Function
'读取控制数据 CP1
Function ReadCP1( ByVal strFileName As String) As Integer
```

```
Dim xmlDoc As DOMDocument             '定义 XML 文档
Dim blnLoadXML As Boolean             '加载 XML 成功
Set xmlDoc = New DOMDocument
blnLoadXML = xmlDoc.Load(strFileName)
If Not blnLoadXML Then
'   MsgBox "加载不成功,请检查文件" & strFileName
    ReadCP1 = 255
    Exit Function
End If
Dim root As IXMLDOMElement            '定义 XML 根节点
Dim sssNode As IXMLDOMNode                '第二级单个节点
Set root = xmlDoc.documentElement     '给 XML 根节点赋值
Set sssNode = root.selectSingleNode("CP1")
ReadCP1 = CInt(sssNode.Text)
ReleaseXMLObjects xmlDoc
'CP1,是否测输沙率:测者记为 1,不测记为 0。
'CP2,水位数据来源:自记直读记为 1,人工录入记为 0。
'CP3,挟带系数标志:流量数据中附带流速系数者记为 1(建议挟带),否则记为 0。目前该项已由本系统设为默认值 1。
'CP4,水位数据读入标志:水位数据已经读入并附加到流量测验数据中者记为 1,否则记为 0。【返回】
End Function
'加载输沙率测验数据
Function LoadQsTestedData(ByVal strFileName As String) As Boolean
Dim xmlDoc As DOMDocument             '定义 XML 文档
Dim blnLoadXML As Boolean             '加载 XML 成功
Dim st As Integer
Dim st2 As Integer
Dim st3 As Integer
Dim aa As String, msg As String
Dim i As Integer, j As Integer, l As Integer
Dim varVar As Variant
Dim blnPS As Boolean
st = 0
st2 = 0
st3 = 0
Set xmlDoc = New DOMDocument
blnLoadXML = xmlDoc.Load(strFileName)
If Not blnLoadXML Then
    MsgBox "加载不成功,请检查文件" & strFileName
    Exit Function
End If
Dim root As IXMLDOMElement            '定义 XML 根节点
Set root = xmlDoc.documentElement     '给 XML 根节点赋值
```

```
Dim sssNode As IXMLDOMNode                    '第二级单个节点
Dim tssNode As IXMLDOMNode                    '第三级单个节点
Dim tstNode As IXMLDOMNode                    '第四级单个节点
'CP1,是否测输沙率:测者记为1,不测记为0。
'
'CP2,水位数据来源:自记直读记为1,人工录入记为0。
'
'CP3,挟带系数标志:流量数据中附带流速系数者记为1(建议挟带),否则记为0。目前该项已由本系统设为默认值1。
'
'CP4,水位数据读入标志:水位数据已经读入并附加到流量测验数据中者记为1,否则记为0。【返回】
Set sssNode = root.selectSingleNode("CP5")
Select Case sssNode.Text
Case "A"
    frmD.menuZDFA.Checked = True
    frmD.menuZDFByB.Checked = False
Case "B"
    frmD.menuZDFA.Checked = False
    frmD.menuZDFByB.Checked = True
End Select
    '站名
    Set sssNode = root.selectSingleNode("SN")
    msg = sssNode.Text
    varVar = Split(msg, ",")
    If UBound(varVar) > 0 Then
        frmD.cmbSTCD.Text = varVar(0)
        frmD.Combo1.Text = varVar(1)
    Else
        frmD.Combo1.Text = varVar(0)
    End If
    '开始时间
    Set sssNode = root.selectSingleNode("ST")
        Set tssNode = sssNode.selectSingleNode("ST1")
        frmD.Text1(0).Text = tssNode.Text
        Set tssNode = sssNode.selectSingleNode("ST2")
        frmD.Text1(1).Text = tssNode.Text
        Set tssNode = sssNode.selectSingleNode("ST3")
        frmD.Text1(2).Text = tssNode.Text
        Set tssNode = sssNode.selectSingleNode("ST4")
        frmD.Text1(3).Text = tssNode.Text
        Set tssNode = sssNode.selectSingleNode("ST5")
        frmD.Text1(4).Text = tssNode.Text
    '结束时间
```

```
Set sssNode = root.selectSingleNode("ET")
    Set tssNode = sssNode.selectSingleNode("ET1")
    frmD.txtET(0).Text = tssNode.Text
    Set tssNode = sssNode.selectSingleNode("ET2")
    frmD.txtET(1).Text = tssNode.Text
    Set tssNode = sssNode.selectSingleNode("ET3")
    frmD.txtET(2).Text = tssNode.Text
    Set tssNode = sssNode.selectSingleNode("ET4")
    frmD.txtET(3).Text = tssNode.Text
    Set tssNode = sssNode.selectSingleNode("ET5")
    frmD.txtET(4).Text = tssNode.Text
'天气
Set sssNode = root.selectSingleNode("WTH")
frmD.Combo9.Text = sssNode.Text
'风向
Set sssNode = root.selectSingleNode("WDM")
frmD.Combo2.Text = sssNode.Text
'风力
Set sssNode = root.selectSingleNode("WDP")
frmD.Combo3.Text = sssNode.Text
'流向
Set sssNode = root.selectSingleNode("FD")
frmD.Combo4.Text = sssNode.Text
'水温
Set sssNode = root.selectSingleNode("WT")
If sssNode Is Nothing Then
    MsgBox "目前无水温数据,请注意填写!"
Else
    frmD.txtWT.Text = sssNode.Text
End If
'流速仪
Set sssNode = root.selectSingleNode("VL")
    '流速仪总数
    Set tssNode = sssNode.selectSingleNode("Total")
    intLsys = CInt(tssNode.Text)
    intMorenLSY = intLsys
    '流速仪数据
    For i = 1 To intLsys
        Set tssNode = sssNode.selectSingleNode("VLP" & CStr(i))
        aa = tssNode.Text
        msg = aa
        aa = Replace(aa, "=", "")
        aa = Replace(aa, "n", "")
```

```
            aa = Replace(aa, " + ", "")
            aa = Replace(aa, "  ", " ")
            varVar = Split(aa, " ")
            For j = 0 To UBound(varVar)
                aryLsy(i, j) = varVar(j)
'               Debug.Print aryLsy(i, j) & "  ";
            Next
'               msg = CStr(i) & "  " & varVar(0) & " " & varVar(1) & "  V" & varVar(2) & _
'                   " = " & varVar(3) & "n + " & varVar(4) & "  " & varVar(5) & "  " & 
varVar(6)
            frmD.List1.AddItem msg
        Next
    '停表牌号
    Set sssNode = root.selectSingleNode("SCT")
    frmD.Combo6 = sssNode.Text
    '起点距计算参数
    Set sssNode = root.selectSingleNode("SDF")
        '计算方法 0 - 直读,1 - 正切,2 - 正弦定理
        Set tssNode = sssNode.selectSingleNode("SDF1")
        frmD.Combo7.ListIndex = tssNode.Text
        '符号,+ 加上本值,- 减去本值
        Set tssNode = sssNode.selectSingleNode("SDF2")
        frmD.Combo8.Text = tssNode.Text
        '加常数
        Set tssNode = sssNode.selectSingleNode("SDF3")
        frmD.Text3.Text = tssNode.Text
        '基线长
        Set tssNode = sssNode.selectSingleNode("SDF4")
        frmD.Text4.Text = tssNode.Text
    '开始水位 基本? 测流? 比降上? 比降下
    Set sssNode = root.selectSingleNode("SS")
        Set tssNode = sssNode.selectSingleNode("SS1")
        st = InStr(1, tssNode.Text, ",")
        st2 = InStr(st + 1, tssNode.Text, ",")
        frmD.Grid2.Cell(3, 2).Text = Left(tssNode.Text, st - 1)
        frmD.Grid2.Cell(3, 3).Text = Mid(tssNode.Text, st + 1, st2 - st - 1)
        frmD.Grid2.Cell(3, 6).Text = Right(tssNode.Text, Len(tssNode.Text) - st2)
        Set tssNode = sssNode.selectSingleNode("SS2")
        st = InStr(1, tssNode.Text, ",")
        st2 = InStr(st + 1, tssNode.Text, ",")
        frmD.Grid2.Cell(4, 2).Text = Left(tssNode.Text, st - 1)
        frmD.Grid2.Cell(4, 3).Text = Mid(tssNode.Text, st + 1, st2 - st - 1)
        frmD.Grid2.Cell(4, 6).Text = Right(tssNode.Text, Len(tssNode.Text) - st2)
```

```
    Set tssNode = sssNode.selectSingleNode("SS3")
    st = InStr(1, tssNode.Text, ",")
    st2 = InStr(st + 1, tssNode.Text, ",")
    frmD.Grid2.Cell(5, 2).Text = Left(tssNode.Text, st - 1)
    frmD.Grid2.Cell(5, 3).Text = Mid(tssNode.Text, st + 1, st2 - st - 1)
   frmD.Grid2.Cell(5, 6).Text = Right(tssNode.Text, Len(tssNode.Text) - st2)
    Set tssNode = sssNode.selectSingleNode("SS4")
    st = InStr(1, tssNode.Text, ",")
    st2 = InStr(st + 1, tssNode.Text, ",")
    frmD.Grid2.Cell(6, 2).Text = Left(tssNode.Text, st - 1)
    frmD.Grid2.Cell(6, 3).Text = Mid(tssNode.Text, st + 1, st2 - st - 1)
    frmD.Grid2.Cell(6, 6).Text = Right(tssNode.Text, Len(tssNode.Text) - st2)
    frmD.Refresh
'加载垂线数据
  Set sssNode = root.selectSingleNode("MD")
  Dim tsList As IXMLDOMNodeList
  Dim fk As Integer
  fk = 6
  Set tsList = sssNode.selectNodes("VD")
  For Each tstNode In tsList
      Dim List4 As IXMLDOMNodeList
      Dim Node4 As IXMLDOMNode
      Set Node4 = tstNode.selectSingleNode("VDH")
      Dim var As Variant
      var = Split(Node4.Text, ",")
      For i = 0 To 9                                '垂线号、起点距,...,水深
          frmD.Grid1.Cell(fk, i + 1).Text = var(i)
      Next
      l = fk
'      frmD.Grid1.Cell(fk, 9 + 1).Text = var(9)              '水深
      If UBound(var) = 10 Then                                 '流向偏角
          frmD.Grid1.Cell(fk, 15).Text = var(10)
      End If
      Dim List5 As IXMLDOMNodeList
      Dim Node5 As IXMLDOMNode
      blnPS = False
      If tstNode.childNodes.length > 1 Then
          Set tssNode = tstNode.selectSingleNode("VPD")
          Set List5 = tssNode.selectNodes("PD")
          For Each Node5 In List5
              var = Split(Node5.Text, ",")
              For j = 0 To 3                         '测点流速数据
                  frmD.Grid1.Cell(fk, j + 11).Text = var(j)
```

```
                Next
                frmD. Grid1. Cell(fk, 26). Text = var(j)
                If frmD. Grid1. Cell(fk, 26). Text <> "" Then blnPS = True
                fk = fk + 1
                If frmD. Grid1. Rows < fk + 1 Then frmD. Grid1. Rows = fk + 1
            Next
            If frmD. Grid1. Cell(1, 3). IntegerValue > 0 And blnPS = False Then
                Set Node5 = tstNode. selectSingleNode("VDS")          '垂线含沙量
                frmD. Grid1. Cell(1, 28). Text = Node5. Text
            End If
            If List5. length = 0 Then fk = fk + 1
        Else
            fk = fk + 1
        End If
        If frmD. Grid1. Rows < fk + 1 Then frmD. Grid1. Rows = fk + 1
  Next
    frmD. Refresh
'终了水位 基本、测流、比降上、比降下
Set sssNode = root. selectSingleNode("ES")
    Set tssNode = sssNode. selectSingleNode("ES1")
    st = InStr(1, tssNode. Text, ",")
    st2 = InStr(st + 1, tssNode. Text, ",")
    frmD. Grid2. Cell(3, 4). Text = Mid(tssNode. Text, st + 1, st2 - st - 1)
    Set tssNode = sssNode. selectSingleNode("ES2")
    st = InStr(1, tssNode. Text, ",")
    st2 = InStr(st + 1, tssNode. Text, ",")
    frmD. Grid2. Cell(4, 4). Text = Mid(tssNode. Text, st + 1, st2 - st - 1)
    Set tssNode = sssNode. selectSingleNode("ES3")
    st = InStr(1, tssNode. Text, ",")
    st2 = InStr(st + 1, tssNode. Text, ",")
    frmD. Grid2. Cell(5, 4). Text = Mid(tssNode. Text, st + 1, st2 - st - 1)
    Set tssNode = sssNode. selectSingleNode("ES4")
    st = InStr(1, tssNode. Text, ",")
    st2 = InStr(st + 1, tssNode. Text, ",")
    frmD. Grid2. Cell(6, 4). Text = Mid(tssNode. Text, st + 1, st2 - st - 1)
'比降断面间距
Set sssNode = root. selectSingleNode("SD")
frmD. Text5. Text = sssNode. Text
'附注数据——断面位置,铅鱼重,水面情况
Set sssNode = root. selectSingleNode("MC")
varVar = Split(sssNode. Text, ",")
frmD. Combo10. Text = varVar(0)
frmD. Text6 = varVar(1)
```

```
    Set sssNode = root.selectSingleNode("QYZ")
    frmD.txtQYZ.Text = sssNode.Text
    Set sssNode = root.selectSingleNode("PSC")
    frmD.txtSC.Text = sssNode.Text
    Set sssNode = root.selectSingleNode("QSLP")
    frmD.txtQSLP.Text = sssNode.Text
    Set sssNode = root.selectSingleNode("SPT")
    If Not sssNode Is Nothing Then frmD.Combo15.Text = sssNode.Text
    Set sssNode = root.selectSingleNode("ANN")
    frmD.Text7.Text = sssNode.Text
    Set sssNode = root.selectSingleNode("QNUM")
    frmD.Text1(5).Text = sssNode.Text
    Set sssNode = root.selectSingleNode("CN")
    msg = sssNode.Text
    var = Split(msg, ",")
    frmD.Combo14.Text = var(0)
    frmD.Combo13.Text = var(1)
    frmD.Combo12.Text = var(2)
    frmD.Combo11.Text = var(3)
    Set sssNode = root.selectSingleNode("QSNUM")
    frmD.Text1(6).Text = sssNode.Text
    Set sssNode = root.selectSingleNode("SNUM")
    frmD.Text1(7).Text = sssNode.Text
    Set sssNode = root.selectSingleNode("QSW")
    If Not sssNode Is Nothing Then frmD.Text10.Text = sssNode.Text
    Set sssNode = root.selectSingleNode("CSW")
    If Not sssNode Is Nothing Then frmD.Text11.Text = sssNode.Text
    Set sssNode = root.selectSingleNode("CSU")
    If Not sssNode Is Nothing Then
        intFileCSU = CInt(sssNode.Text)
        If intFileCSU = 0 Then
            frmD.Grid1.Cell(1, 26).Text = "含沙量(kg/m3)"
            frmD.Grid1.Cell(1, 30).Text = "部分输沙率(t/s)"
        ElseIf intFileCSU = 1 Then
            frmD.Grid1.Cell(1, 26).Text = "含沙量(g/m3)"
            frmD.Grid1.Cell(1, 30).Text = "部分输沙率(kg/s)"
        Else
            frmD.Grid1.Cell(1, 26).Text = "含沙量(kg/m3)"
            frmD.Grid1.Cell(1, 30).Text = "部分输沙率(kg/s)"
        End If
    End If
With frmD.Grid1
    For i = 1 To 4
```

```
            .Column(i).Alignment = cellCenterCenter
        Next
        For i = 8 To 13
            .Column(i).Alignment = cellCenterCenter
        Next
    End With
    ReleaseXMLObjects xmlDoc
    End Function
    '加载流量测验数据——为补充输沙率数据
    Function LoadRQTestedData(ByVal strFileName As String) As Boolean
    Dim xmlDoc As DOMDocument                    '定义 XML 文档
    Dim blnLoadXML As Boolean                   '加载 XML 成功
    Dim st As Integer
    Dim st2 As Integer
    Dim st3 As Integer
    Dim aa As String, msg As String
    Dim i As Integer, j As Integer
    Dim varVar As Variant
    Dim ir As Integer
    ir = 2
    st = 0
    st2 = 0
    st3 = 0
    Set xmlDoc = New DOMDocument
    blnLoadXML = xmlDoc.Load(strFileName)
    If Not blnLoadXML Then
        MsgBox "加载不成功,请检查文件" & strFileName
        Exit Function
    End If
    Dim root As IXMLDOMElement                   '定义 XML 根节点
    Set root = xmlDoc.documentElement       '给 XML 根节点赋值
    Dim sssNode As IXMLDOMNode                   '第二级单个节点
    Dim tssNode As IXMLDOMNode                   '第三级单个节点
    Dim tstNode As IXMLDOMNode                   '第四级单个节点
    'CP1,是否测输沙率:测者记为 1,不测记为 0。
    '
    'CP2,水位数据来源:自记直读记为 1,人工录入记为 0。
    '
    'CP3,挟带系数标志:流量数据中附带流速系数者记为 1(建议挟带),否则记为 0。目前该项已由本系统设为默认值 1。
    '
    'CP4,水位数据读入标志:水位数据已经读入并附加到流量测验数据中者记为 1,否则记为 0。【返回】
    Set sssNode = root.selectSingleNode("CP5")
```

```
Select Case sssNode. Text
Case "A"
    frmD. menuZDFA. Checked = True
    frmD. menuZDFByB. Checked = False
'    frmD. menuZDFByD. Checked = False
Case "B"
    frmD. menuZDFA. Checked = False
    frmD. menuZDFByB. Checked = True
'    frmD. menuZDFByD. Checked = False
Case "D"
    frmD. menuZDFA. Checked = False
    frmD. menuZDFByB. Checked = False
'    frmD. menuZDFByD. Checked = True
End Select    '站名
    '站名
    Set sssNode = root. selectSingleNode("SN")
    msg = sssNode. Text
    varVar = Split(msg, ",")
    If UBound(varVar) > 0 Then
        frmD. cmbSTCD. Text = varVar(0)
        frmD. Combo1. Text = varVar(1)
    Else
        frmD. Combo1. Text = varVar(0)
    End If
    '开始时间
    Set sssNode = root. selectSingleNode("ST")
        Set tssNode = sssNode. selectSingleNode("ST1")
        frmD. Text1(0). Text = tssNode. Text
        Set tssNode = sssNode. selectSingleNode("ST2")
        frmD. Text1(1). Text = tssNode. Text
        Set tssNode = sssNode. selectSingleNode("ST3")
        frmD. Text1(2). Text = tssNode. Text
        Set tssNode = sssNode. selectSingleNode("ST4")
        frmD. Text1(3). Text = tssNode. Text
        Set tssNode = sssNode. selectSingleNode("ST5")
        frmD. Text1(4). Text = tssNode. Text
    '结束时间
    Set sssNode = root. selectSingleNode("ET")
        Set tssNode = sssNode. selectSingleNode("ET1")
        frmD. txtET(0). Text = tssNode. Text
        Set tssNode = sssNode. selectSingleNode("ET2")
        frmD. txtET(1). Text = tssNode. Text
        Set tssNode = sssNode. selectSingleNode("ET3")
```

```
        frmD.txtET(2).Text = tssNode.Text
        Set tssNode = sssNode.selectSingleNode("ET4")
        frmD.txtET(3).Text = tssNode.Text
        Set tssNode = sssNode.selectSingleNode("ET5")
        frmD.txtET(4).Text = tssNode.Text
'天气
Set sssNode = root.selectSingleNode("WTH")
frmD.Combo9.Text = sssNode.Text
'风向
Set sssNode = root.selectSingleNode("WDM")
frmD.Combo2.Text = sssNode.Text
'风力
Set sssNode = root.selectSingleNode("WDP")
frmD.Combo3.Text = sssNode.Text
'流向
Set sssNode = root.selectSingleNode("FD")
frmD.Combo4.Text = sssNode.Text
'流速仪
Set sssNode = root.selectSingleNode("VL")
    '流速仪总数
    Set tssNode = sssNode.selectSingleNode("Total")
    intLsys = CInt(tssNode.Text)
    intMorenLSY = intLsys
    '流速仪数据
    For i = 1 To intLsys
        Set tssNode = sssNode.selectSingleNode("VLP" & CStr(i))
        aa = tssNode.Text
        msg = aa
        aa = Replace(aa, "=", "")
        aa = Replace(aa, "n", "")
        aa = Replace(aa, "+", "")
        aa = Replace(aa, "  ", " ")
        varVar = Split(aa, " ")
        For j = 0 To UBound(varVar)
            aryLsy(i, j) = varVar(j)
        Next
        frmD.List1.AddItem msg
    Next
'停表牌号
Set sssNode = root.selectSingleNode("SCT")
frmD.Combo6 = sssNode.Text
'起点距计算参数
Set sssNode = root.selectSingleNode("SDF")
```

```
    '计算方法 0 - 直读,1 - 正切,2 - 正弦定理
    Set tssNode = sssNode.selectSingleNode("SDF1")
    i = CInt(tssNode.Text)
    If i < 0 Then i = 0
    frmD.Combo7.ListIndex = i
    If i > 0 Then
        '符号, + 加上本值, - 减去本值
        Set tssNode = sssNode.selectSingleNode("SDF2")
        frmD.Combo8.Text = tssNode.Text
        '加常数
        Set tssNode = sssNode.selectSingleNode("SDF3")
        frmD.Text3.Text = tssNode.Text
        '基线长
        Set tssNode = sssNode.selectSingleNode("SDF4")
        frmD.Text4.Text = tssNode.Text
    End If
'开始水位 基本? 测流? 比降上? 比降下
Set sssNode = root.selectSingleNode("SS")
    Set tssNode = sssNode.selectSingleNode("SS1")
    st = InStr(1, tssNode.Text, ",")
    st2 = InStr(st + 1, tssNode.Text, ",")
    frmD.Grid2.Cell(3, 2).Text = Left(tssNode.Text, st - 1)
    frmD.Grid2.Cell(3, 3).Text = Mid(tssNode.Text, st + 1, st2 - st - 1)
    frmD.Grid2.Cell(3, 6).Text = Right(tssNode.Text, Len(tssNode.Text) - st2)
    Set tssNode = sssNode.selectSingleNode("SS2")
    st = InStr(1, tssNode.Text, ",")
    st2 = InStr(st + 1, tssNode.Text, ",")
    frmD.Grid2.Cell(4, 2).Text = Left(tssNode.Text, st - 1)
    frmD.Grid2.Cell(4, 3).Text = Mid(tssNode.Text, st + 1, st2 - st - 1)
    frmD.Grid2.Cell(4, 6).Text = Right(tssNode.Text, Len(tssNode.Text) - st2)
    Set tssNode = sssNode.selectSingleNode("SS3")
    st = InStr(1, tssNode.Text, ",")
    st2 = InStr(st + 1, tssNode.Text, ",")
    frmD.Grid2.Cell(5, 2).Text = Left(tssNode.Text, st - 1)
    frmD.Grid2.Cell(5, 3).Text = Mid(tssNode.Text, st + 1, st2 - st - 1)
    frmD.Grid2.Cell(5, 6).Text = Right(tssNode.Text, Len(tssNode.Text) - st2)
    Set tssNode = sssNode.selectSingleNode("SS4")
    st = InStr(1, tssNode.Text, ",")
    st2 = InStr(st + 1, tssNode.Text, ",")
    frmD.Grid2.Cell(6, 2).Text = Left(tssNode.Text, st - 1)
    frmD.Grid2.Cell(6, 3).Text = Mid(tssNode.Text, st + 1, st2 - st - 1)
    frmD.Grid2.Cell(6, 6).Text = Right(tssNode.Text, Len(tssNode.Text) - st2)
    frmD.Refresh
```

```
'加载垂线数据
        Set sssNode = root.selectSingleNode("MD")
        Dim tsList As IXMLDOMNodeList
        Dim fk As Integer
        fk = 6
        Set tsList = sssNode.selectNodes("VD")
        For Each tstNode In tsList
            Dim List4 As IXMLDOMNodeList
            Dim Node4 As IXMLDOMNode
            Set Node4 = tstNode.selectSingleNode("VDH")
            Dim var As Variant
            var = Split(Node4.Text, ",")
'            For i = 0 To 3
                frmD.Grid1.Cell(fk, 0 + 1).Text = var(0)          '垂线号
                frmD.Grid1.Cell(fk, 1 + 1).Text = var(1)          '垂线号
                frmD.Grid1.Cell(fk, 2 + 1 + 2).Text = var(2)          '起点距
                frmD.Grid1.Cell(fk, 3 + 1 + 2).Text = var(3)          '测深时间
'           Next
            frmD.Grid1.Cell(fk, 7 + 1 + 2).Text = var(7)             '水深
            If UBound(var) = 8 Then                                 '流向偏角
                frmD.Grid1.Cell(fk, 13 + 2).Text = var(8)
            End If
            Dim List5 As IXMLDOMNodeList
            Dim Node5 As IXMLDOMNode
            Set List5 = tstNode.selectNodes("PD")
            For Each Node5 In List5
                var = Split(Node5.Text, ",")
                For j = 0 To 3                        '测点流速数据
                    frmD.Grid1.Cell(fk, j + 9 + 2).Text = var(j)
               Next
                fk = fk + 1
                If frmD.Grid1.Rows < fk + 1 Then frmD.Grid1.Rows = fk + 1
            Next
            If List5.length = 0 Then fk = fk + 1
            If frmD.Grid1.Rows < fk + 1 Then frmD.Grid1.Rows = fk + 1
        Next
         frmD.Refresh
    '终了水位 基本、测流、比降上、比降下
    Set sssNode = root.selectSingleNode("ES")
        Set tssNode = sssNode.selectSingleNode("ES1")
        st = InStr(1, tssNode.Text, ",")
        st2 = InStr(st + 1, tssNode.Text, ",")
        frmD.Grid2.Cell(3, 4).Text = Mid(tssNode.Text, st + 1, st2 - st - 1)
```

```
        Set tssNode = sssNode.selectSingleNode("ES2")
        st = InStr(1, tssNode.Text, ",")
        st2 = InStr(st + 1, tssNode.Text, ",")
        frmD.Grid2.Cell(4, 4).Text = Mid(tssNode.Text, st + 1, st2 - st - 1)
        Set tssNode = sssNode.selectSingleNode("ES3")
        st = InStr(1, tssNode.Text, ",")
        st2 = InStr(st + 1, tssNode.Text, ",")
        frmD.Grid2.Cell(5, 4).Text = Mid(tssNode.Text, st + 1, st2 - st - 1)
        Set tssNode = sssNode.selectSingleNode("ES4")
        st = InStr(1, tssNode.Text, ",")
        st2 = InStr(st + 1, tssNode.Text, ",")
        frmD.Grid2.Cell(6, 4).Text = Mid(tssNode.Text, st + 1, st2 - st - 1)
    '比降断面间距
    Set sssNode = root.selectSingleNode("SD")
    frmD.Text5.Text = sssNode.Text
    '附注数据——断面位置,铅鱼重,水面情况
    Set sssNode = root.selectSingleNode("MC")
    varVar = Split(sssNode.Text, ",")
    frmD.Combo10.Text = varVar(0)
    frmD.Text6 = varVar(1)
    Set sssNode = root.selectSingleNode("ANN")
    frmD.Text7.Text = sssNode.Text
    Set sssNode = root.selectSingleNode("QNUM")
    frmD.Text1(5).Text = sssNode.Text
    Set sssNode = root.selectSingleNode("CN")
    msg = sssNode.Text
    var = Split(msg, ",")
    frmD.Combo14.Text = var(0)
    frmD.Combo13.Text = var(1)
    frmD.Combo12.Text = var(2)
    frmD.Combo11.Text = var(3)
With frmD.Grid1
    For i = 1 To 4
        .Column(i).Alignment = cellCenterCenter
    Next
    For i = 8 To 13
        .Column(i).Alignment = cellCenterCenter
    Next
End With
ReleaseXMLObjects xmlDoc
End Function
```

6.8.3 水位数据处理模块

水位数据处理模块包括流量测验开始、终了水位数据查询、存储以及 b′Vm 加权法相应

水位及算数据读写。设计时应区分水位数据来源。人工观测水位时,水位数据直接键入;采用数字式自记水位计的,其数据可直接从数据库读取。

水位数据直接存储在流量或输沙率测验数据的 XML 文档中。

```
Option Explicit
Public EquivalentStage As String        '相应水位
Public strEquivalentStage As String       '相应水位
Public lngNum As Long
'  v ----表示测速垂线的...
Private vdt(1 To 40) As String
Private vSLineNumber(1 To 40) As String
Private vZeroDistance(1 To 40) As String
Private vLineDistance(0 To 40) As String
Private PartWidth(1 To 40) As String         'b'
Private vTime(1 To 40) As Double              'vTime(i) = val(dt(i))
Private vStage(1 To 40) As Double            'G
Private svStage(1 To 40) As String            'G
Private strVm(1 To 40) As String
Private bVm(1 To 40) As Double                'b'Vm
Private bVmG(1 To 40) As Double               'b'VmG
Private sumbVm As Double
Private sumbVmG As Double
Private EnabledLineNumber As Integer
Private stepLong As Single
Private txtarray, startArray, wtdarray, toparray
Private sbVm(1 To 40) As String
Private sbVmG(1 To 40) As String
Private SsumbVm As String, SsumbVmG As String, sEquivalentStage As String
Dim msg As String
Dim Times(240) As Double         '测流过程中的时间水位节点
Dim Stage(240) As Double
Dim t7() As String
Dim t8() As String
Dim Years(240) As Integer
Dim Months(240) As Integer
Dim Days(240) As Integer
Dim Hours(240) As Integer
Dim Minutes(240) As Integer
Dim Distance() As String
Dim Yqg(240) As Double
Dim Dayt(240) As Double
Dim s1 As String
Dim yearDigit As Integer
```

```
Dim Msgc As String
Dim Msgd As String
Dim Msgr As String
'Public msgObj As Object
'Const leftDis = 5
'本过程输出以字串数组存在的内容－－－－－填表
Sub PrtStageHead()
Dim msg As Integer
msg = ZHanMing + " 站相应水位计算表"
End Sub
Sub prtData()
Dim j As Integer, k As Integer
Dim moveFlags As Integer
j = 0: k = 0
For i = 1 To EnabledLineNumber
  If UCase(vSLineNumber(i)) = "Y" Then vSLineNumber(i) = "右水边"
  If UCase(vSLineNumber(i)) = "Z" Then vSLineNumber(i) = "左水边"
  If UCase(vSLineNumber(i)) = "S" Then vSLineNumber(i) = "水边"
  moveFlags = i \ 16
  j = j + 1
  If vLineDistance(j) < > 0 Then
    txtarray = Array(vLineDistance(j))
  End If
  If Val(vSLineNumber(i)) < > 0 Then
    k = k + 1
    txtarray = Array(PartWidth(k), strVm(k), svStage(k), sbVm(k), sbVmG(k))
  End If
Next
End Sub
Sub subEquivalentStage()
Dim valCxi As Double
Dim booleanMsg As Boolean
Dim intSub As Integer
On Error Resume Next
frmRunDialog.Label1 = "正在计算相应水位,请稍候!"
frmRunDialog.Refresh
j = 0
For i = 1 To cscx              '选取测速垂线的垂线号、起点距、测深时间
  valCxi = Val(cx(i))
  If valCxi = 0 Or valCxi > 100 Then
    j = j + 1
    If valCxi > 100 Then
     vSLineNumber(j) = Val(Right(cx(i), 2))
```

```
      k = k + 1
      vTime(k) = Hour(dt(i)) + Minute(dt(i)) / 60
    Else
      vSLineNumber(j) = cx(i)
    End If
    vZeroDistance(j) = sqd(i)
  End If
Next
EnabledLineNumber = j
valCxi = vTime(1)                                   '以下插补测速时间的水位
For i = 2 To vxs                        'vxs 是测速垂线数
  If vTime(i) > valCxi Then valCxi = vTime(i)
Next
If valCxi > = 23 Then
    For i = 1 To vxs                        'vxs 是测速垂线数  ,假设一次测流时间不超过 11 小时
        If vTime(i) < = 11 Then
            vTime(i) = vTime(i) + 24
        End If
    Next
End If
For i = 2 To lngNum
  If Times(i) < Times(i - 1) Then
    Times(i) = Times(i) + 24
  End If
Next
For i = 1 To vxs                                '插补测速时间的水位     j = 1
    Do
        j = j + 1
        booleanMsg = (vTime(i) > = Times(j - 1)) And (vTime(i) < = Times(j))
    Loop Until booleanMsg Or j = lngNum
    If booleanMsg Then
        If Times(j) - Times(j - 1) < > 0 Then
            vStage(i) = Stage(j - 1) + (Stage(j) - Stage(j - 1)) * (vTime(i) _
                        - Times(j - 1)) / (Times(j) - Times(j - 1))
            vStage(i) = vStage(i) + 5 * 10 ^ (Int(Log(vStage(i)) / Log(10)) - 14)
            vStage(i) = Round(vStage(i), 2)
        Else
            booleanMsg = Times(j) - Times(j - 1)
            Exit For
        End If
    Else
    End If
Next
```

```
If booleanMsg Then
    j = 0
    For i = 2 To EnabledLineNumber          '计算间距
      j = j + 1
      If Val(vSLineNumber(i - 1)) <> 0 Or Val(vSLineNumber(i)) <> 0 Then
        vLineDistance(j) = Abs(vZeroDistance(i) - vZeroDistance(i - 1))
      Else
        vLineDistance(j) = 0                '滩区宽度记为0
      End If
        If Abs(vLineDistance(j) >= 100) Then
            vLineDistance(j) = Format(Round(vLineDistance(j)), "#####0")
        Else
            vLineDistance(j) = Format(vLineDistance(j), "#####0.0")
        End If
    Next
    '计算部分宽
    j = 0
    For i = 1 To EnabledLineNumber - 1
        If vLineDistance(i) <> 0 And vLineDistance(i + 1) <> 0 Then
            j = j + 1
            If vLineDistance(i - 1) <> 0 And vLineDistance(i + 2) <> 0 Then
                PartWidth(j) = vLineDistance(i) / 2 + vLineDistance(i + 1) / 2
            ElseIf vLineDistance(i - 1) = 0 And vLineDistance(i + 2) <> 0 Then
                PartWidth(j) = vLineDistance(i) + vLineDistance(i + 1) / 2
            ElseIf vLineDistance(i - 1) <> 0 And vLineDistance(i + 2) = 0 Then
                PartWidth(j) = vLineDistance(i) / 2 + vLineDistance(i + 1)
            End If
            If Abs(PartWidth(j) >= 100) Then
                PartWidth(j) = Format(Round(PartWidth(j)), "######0")
            Else
                PartWidth(j) = Format(PartWidth(j), "#####0.0")
            End If
        End If
    Next
    sumbVm = 0
    sumbVmG = 0
    For i = 1 To vxs
      EquivalentStage = vStage(i) - 10 * Int(Mig / 10)
      bVm(i) = Round(PartWidth(i) * vm(i), 2)
      bVmG(i) = Round(bVm(i) * EquivalentStage, 2)
      sumbVm = sumbVm + bVm(i)
      sumbVmG = sumbVmG + bVmG(i)
    Next
```

```
        EquivalentStage = 10 * Int(Mig / 10) + Round(sumbVmG / sumbVm, 2)
        'msg = Left(ll1, Len(ll1) - 4)
        SaveEquivalentStageData msg
        SaveEquivalentStageExcel msg
    Else
        MsgBox "水位数据不全或测深时间错误,请检查数据!"
    End If
End Sub
Sub SaveEquivalentStageExcel(ByVal FileNames As String)
'把相应水位数据写入文本文件.xls----equivalentstage
Dim subZmsg As String
Dim filenumber As Integer
Dim strvSlineNumber As String
Dim strvZeroDistance As String
Dim strMsg As String
Dim strStage As String
Dim strBvm As String
Dim strBvmg As String
Dim intNumber As Integer
FileNames = App.Path & "\Equivalent\" & nf & Format(cc, "0000") & ".eqs"
Set exlMRApp = New Excel.Application
exlMRApp.Workbooks.Open App.Path & "\Equivalent\Xysw.xlt"
'exlMRApp.Visible = True
With exlMRApp.Workbooks(1).Worksheets(1)
    .Cells(1, 6) = ZHanMing
    strvZeroDistance = snf &"年"& syf &" 月"& r1 &"日"& st11 &"时"& st12 &"分至"& r2 _
            &"日"& st21 &"时"& st22 &"分(平均"& rp &"日 "& stt1 &"时"& stt2 &"分)"
    .Cells(2, 3) = strvZeroDistance
    filenumber = 3
    intNumber = 0
    For i = 1 To EnabledLineNumber
        filenumber = filenumber + 1
        If LCase(vSLineNumber(i)) = "y" Then
            vSLineNumber(i) = "右岸"
        ElseIf LCase(vSLineNumber(i)) = "z" Then
            vSLineNumber(i) = "左岸"
        End If
        .Cells(filenumber, intNumber + 1) = "'" & vSLineNumber(i)          '垂线号
        .Cells(filenumber, intNumber + 2) = "'" & vZeroDistance(i)         '起点距
        If filenumber = 19 Then
            filenumber = 3
            intNumber = 9
        End If
```

```
    Next
    filenumber = 3
    intNumber = 0
    For i = 1 To EnabledLineNumber - 1
        filenumber = filenumber + 1
        If vLineDistance(i) <> 0 Then
            .Cells(filenumber, intNumber + 3) = "'" & vLineDistance(i)                  '部分宽
        End If
        If filenumber = 19 Then
            filenumber = 3
             intNumber = 9
        End If
    Next
    filenumber = 3
    intNumber = 0
    i = 0
    j = 0
    subZmsg = "9999"
    Do
        i = i + 1
        filenumber = filenumber + 1
       If Val(vSLineNumber(i)) > 0 Then
            j = j + 1
            .Cells(filenumber, intNumber + 4) = "'" & PartWidth(j)
            .Cells(filenumber, intNumber + 5) = "'" & svm(j)
            msg = Format(vStage(j), "###0.00")
            If Left(msg, Len(msg) - 2) <> subZmsg Then
                subZmsg = Left(msg, Len(msg) - 2)
            Else
                msg = Right(msg, 2)
            End If
            .Cells(filenumber, intNumber + 6) = "'" & msg
            .Cells(filenumber, intNumber + 7) = "'" & Format(bVm(j), "###0.00")
            .Cells(filenumber, intNumber + 8) = "'" & Format(bVmG(j), "####0.00")
            If filenumber = 19 Then
                filenumber = 3
                intNumber = 9
            End If
        Else
          subZmsg = "9999"
        End If
    Loop Until i = EnabledLineNumber
    filenumber = 20
```

```
            .Cells(filenumber, 3) = "'" & sumbVm
            .Cells(filenumber, 8) = "'" & sumbVmG
            .Cells(filenumber, 14) = "'" & EquivalentStage
        filenumber = 22
            .Cells(filenumber, 17) = cc
    End With
    On Error Resume Next
    msg = App.Path & "\Equivalent\" & nf & Format(cc, "0000") & ".xls"                    'CurDir
    Kill msg
    exlMRApp.Workbooks(1).SaveAs msg
    exlMRApp.Workbooks.Close
    Set exlMRApp = Nothing
    exlMRApp.Quit
    End Sub
    Sub SaveEquivalentStageData(ByVal FileNames As String)
    '把相应水位数据写入文本文件.eqs----equivalentstage
    Dim filenumber As Integer
    Dim strvSlineNumber As String
    Dim strvZeroDistance As String
    Dim strMsg As String
    Dim strStage As String
    Dim strBvm As String
    Dim strBvmg As String
    Dim intNumber As Integer
    FileNames = App.Path & "\Equivalent\" & nf & Format(cc, "0000") & ".eqs"
    filenumber = FreeFile
    Open FileNames For Output As #filenumber
    strvZeroDistance = snf & "," & syf & "," & r1 & "," & st11 & "," & st12 & "," & r2 _
              & "," & st21 & "," & st22 & "," & rp & "," & stt1 & "," & stt2
    Print #filenumber, strvZeroDistance
    strvSlineNumber = EnabledLineNumber
    strvZeroDistance = ""
    For i = 1 To EnabledLineNumber
      strvSlineNumber = strvSlineNumber & "," & vSLineNumber(i)
      strvZeroDistance = strvZeroDistance & vZeroDistance(i) & ","
    Next
    Print #filenumber, strvSlineNumber
    Print #filenumber, Left(strvZeroDistance, Len(strvZeroDistance) - 1)
    strvSlineNumber = ""
    For i = 1 To EnabledLineNumber - 1
      strvSlineNumber = strvSlineNumber & vLineDistance(i) & ","
    Next
    Print #filenumber, Left(strvSlineNumber, Len(strvSlineNumber) - 1)
```

```
strvSlineNumber = vxs
strvZeroDistance = ""
For i = 1 To vxs
  intNumber = intNumber + 1
  If svm(intNumber) = "" Then intNumber = intNumber + 1
  strvSlineNumber = strvSlineNumber & "," & dt(i)
  strvZeroDistance = strvZeroDistance & svm(intNumber) & ","
  strMsg = strMsg & PartWidth(i) & ","
  msg = LTrim(str(vStage(i) * 100))
  If msg = "0" Then msg = "000"
  msg = Left(msg, Len(msg) - 2) & "." & Right(msg, 2)
  strStage = strStage & msg & ","
  msg = LTrim(str(bVm(i) * 100))
  If msg = "0" Then msg = "000"
  msg = Left(msg, Len(msg) - 2) & "." & Right(msg, 2)
  strBvm = strBvm & msg & ","
  msg = LTrim(str(bVmG(i) * 100))
  If msg = "0" Then msg = "000"
  msg = Left(msg, Len(msg) - 2) & "." & Right(msg, 2)
  strBvmg = strBvmg & msg & ","
Next
Print #filenumber, strvSlineNumber
Print #filenumber, Left(strvZeroDistance, Len(strvZeroDistance) - 1)
Print #filenumber, Left(strMsg, Len(strMsg) - 1)
Print #filenumber, Left(strStage, Len(strStage) - 1)
Print #filenumber, Left(strBvm, Len(strBvm) - 1)
Print #filenumber, Left(strBvmg, Len(strBvmg) - 1)
  msg = LTrim(str(sumbVm * 100))
  If msg = "0" Then msg = "000"
  msg = Left(msg, Len(msg) - 2) & "." & Right(msg, 2)
  Print #filenumber, msg
  msg = LTrim(str(sumbVmG * 100))
  If msg = "0" Then msg = "000"
  msg = Left(msg, Len(msg) - 2) & "." & Right(msg, 2)
  Print #filenumber, msg
  msg = LTrim(str(EquivalentStage * 100))
  If msg = "0" Then msg = "000"
  msg = Left(msg, Len(msg) - 2) & "." & Right(msg, 2)
  strEquivalentStage = msg
  Print #filenumber, msg
'Print #fileNumber, sumbVm & "," & sumbVmG & "," & EquivalentStage
Print #filenumber, cc
Close #filenumber
```

```
msg = FileNames
End Sub
Sub readEquivalentStageData(ByVal FileName As String)
'读出相应水位数据.eqs - - - - equivalentstage
Dim filenumber As Integer
Dim strvSlineNumber As String
Dim strvZeroDistance As String
Dim strMsg As String
Dim strStage As String
Dim strBvm As String
Dim strBvmg As String
FileName = FileName & ".eqs"
filenumber = FreeFile
Open FileName For Input As #filenumber
Input #filenumber, snf, syf, r1, st11, st12, r2, st21, st22, rp, stt1, stt2
Input #filenumber, EnabledLineNumber
For i = 1 To EnabledLineNumber
  Input #filenumber, vSLineNumber(i)
Next
For i = 1 To EnabledLineNumber
  Input #filenumber, vZeroDistance(i)
Next
For i = 1 To EnabledLineNumber - 1
  Input #filenumber, vLineDistance(i)
Next
Input #filenumber, strvSlineNumber
For i = 1 To strvSlineNumber
  Input #filenumber, vdt(i)
Next
For i = 1 To strvSlineNumber
  Input #filenumber, strVm(i)
Next
For i = 1 To strvSlineNumber
  Input #filenumber, PartWidth(i)
Next
For i = 1 To strvSlineNumber
  Input #filenumber, svStage(i)
Next
For i = 1 To strvSlineNumber
  Input #filenumber, sbVm(i)
Next
For i = 1 To strvSlineNumber
  Input #filenumber, sbVmG(i)
```

```
Next
Input #filenumber, SsumbVm, SsumbVmG, sEquivalentStage, scc
Close #filenumber
PrtStageHead
prtData
End Sub
Function GetLevelFolder( ) As String
Dim gstrWinDir As String
Dim gstrWinSysDir As String
Dim strMsg As String, msg As String
'把本程序的路径写入"Hydrologicalsys. txt"
On Error Resume Next
    gstrWinDir = GetWindowsDir( )
    gstrWinSysDir = GetWindowsSysDir( )
Open gstrWinDir & "Hydrologicalsys. ini" For Input As #111
msg = ""
strMsg = ""
i = 0
Do
  Line Input #111, msg
  If msg < > "" Then
    If InStr( msg, "ZZ = " ) = 0 Then
    Else
      GetLevelFolder = Right( msg, Len( msg) - 3)
      i = 1000
    End If
  End If
Loop Until i = 1000 Or EOF(111)
Close #111
End Function
Public Sub xiangyingshuiwei( )
  Dim s1 As String
  Dim sbd As String
  Dim sbx As String
  Dim sdd As String
  Dim sdx As String
  Dim dyf As String
  Dim ThereIs As Boolean
  On Error Resume Next
  If r2 < r1 Then
    dyf = Right( str( yf + 101) , 2)
  Else
    dyf = Right( str( yf + 100) , 2)
```

```
    End If
    sbd = Right(str(nf + 10000), 4) & " - " & Right(str(yf + 100), 2) _
          & " - " & Right(str(r1 + 100), 2)
    sdd = Right(str(nf + 10000), 4) & " - " & dyf & " - " & Right(str(r2 + 100), 2)
    sbx = Format(st11, "00") & ":" & Format(st12, "00")
    sdx = Format(st21, "00") & ":" & Format(st22, "00")
    Datas sbd, sbx, sdd, sdx, ThereIs
    If ThereIs Then
      DataComple
    End If
    If ThereIs Then
      glbBoolean = True
    Else
      glbBoolean = False
    End If
End Sub
Sub Datas(ByVal sbd As String, ByVal sbx As String, ByVal sdd As String, _
          ByVal sdx As String, ByRef ThereIs As Boolean)              'duchu shuju
Dim msg As String
Dim t0 As String
Dim t9 As String
Dim ct7 As Integer
Dim ct9 As Boolean
Dim ct10 As Boolean
Dim ms As String
Dim Msgc As String
Dim Msgd As String
Dim Msgr As String
Dim strSC As String, strS As String
Dim fi As Long
Dim bDate As String
Dim dateMsg As String
Dim num As Long
Dim cn As ADODB.Connection
Dim rs As ADODB.Recordset
Dim strConnect As String, sql As String, s1 As String
'On Error Resume Next
On Error GoTo 0
msg = GetLevelFolder()
  Open msg & "\lingdian.txt" For Input As #11
  Line Input #11, msg
  Input #11, strSC
  Input #11, Msgc
```

```
        Input #11, Msgd
        Input #11, Msgr
        Close #11
        s1 = strSC
          strConnect = "Provider = Microsoft. Jet. OLEDB. 4. 0;Data Source = " & Msgd
          Set cn = New ADODB. Connection
          Set rs = New ADODB. Recordset
          cn. ConnectionString = strConnect
          cn. Open
          'rs. Index = "Idx"
          sql = "SELECT * FROM " & Msgr & " WHERE 仪器号 ="" & s1 $ & "" AND 日期 > =""  &
sbd & "" AND 日期 < ="" & sdd & "" ORDER BY 日期,时间"
          rs. Open sql, cn, adOpenStatic, adLockOptimistic
          If err. Number = 0 Then
             If rs. RecordCount > 0 Then
                   fi = rs. RecordCount
                   strS = sbd + " " + sbx
                   t0 = sdd + " " + sdx
                   ReDim Distance(fi) As String
                   ReDim t7(fi) As String
                   ReDim t8(fi) As String
                   rs. MoveFirst
                   t9 = rs. fields(1) + " " + rs. fields(2)
                   Do While t9 < strS And Not rs. EOF
                      t9 = rs. fields(1) + " " + rs. fields(2)
                      rs. MoveNext
                   Loop
                   If Not rs. BOF Then rs. MovePrevious
                   fj = 0
                   msg = rs. fields(1) & " " & rs. fields(2)
                   If msg > = strS And msg < = t0 Then
                      t7(fj) = rs. fields(1)        '("日期")
                      t8(fj) = rs. fields(2)        '("时间")
                      Distance(fj) = str(rs. fields(3))  '("观测值"))
                   End If
                   dateMsg = t7(0) + " " + t8(0)
                   DoEvents
                   Do While t9 < t0 And Not rs. EOF
                         If fj Mod 20 = 0 Then DoEvents
                         fj = fj + 1
                         t7(fj) = rs. fields(1)        '("日期")
                         t8(fj) = rs. fields(2)        '("时间")
                         Distance(fj) = str(rs. fields(3))  '("观测值"))
```

```
                t9 = t7(fj) + " " + t8(fj)
                rs.MoveNext
            Loop
            num = fj
            ReDim Preserve Distance(fj) As String
            ReDim Preserve t7(fj) As String
            ReDim Preserve t8(fj) As String
        Else
            fj = 0: num = fj
            ReDim Distance(fj) As String
            ReDim t7(fj) As String
            ReDim t8(fj) As String
        End If
    End If
    rs.Close
    cn.Close
  lngNum = fj
  ThereIs = (lngNum > 0)
End Sub
Sub DataComple()
Dim SingleMsg As Double
Dim strMsg As String
On Error Resume Next
For i = 1 To lngNum
  Years(i) = Year(t7(i))
  Months(i) = Month(t7(i))
  Days(i) = Day(t7(i))
  Hours(i) = Hour(t8(i))
  Minutes(i) = Minute(t8(i))
  Stage(i) = Val(Distance(i))
  Times(i) = Hours(i) + Minutes(i) / 60
Next i
Call Elevations(lngNum, s1, t7, t8, Yqg)
For i = 1 To lngNum
  Stage(i) = Yqg(i) - Stage(i)
  Dayt(i) = Days(i) * 100 + Times(i)
Next i
msg = GetLevelFolder()
Open msg & "\llStage\level.txt" For Append As #66
Open msg & "\llStage\singel.txt" For Output As #67
Print #66, nf; "年"; yf; "月"; r1; "日"
Print #67, nf; "年"; yf; "月"; r1; "日"
msg = nf & "," & yf & "," & r1 & vbCrLf
```

```
For i = 1 To lngNum
  DoEvents
  strMsg = t8(i) & "," & str(Round(Stage(i), 2))
  Print #66, Tab(3); strMsg
  Print #67, Tab(3); Times(i) & "," & str(Round(Stage(i), 2))
    msg = msg & Times(i) & "," & str(Round(Stage(i), 2)) & vbCrLfNext
Close #66, #67
strESData = msg & "ESEnd"
Mag = Stage(1): Mig = Stage(1)      'queding shuiwei zuobiao
For i = 2 To lngNum
  If i < lngNum Then
    If Abs(Stage(i) - (Stage(i - 1) + Stage(i + 1)) / 2) > 1 Then
      Stage(i) = (Stage(i - 1) + Stage(i + 1)) / 2
    End If
  End If
  If Mag < Stage(i) Then Mag = Stage(i)
  If Mig > Stage(i) Then Mig = Stage(i)
Next i
End Sub
Sub Elevations(Number As Long, NO_Apparatus As String, _
    DateArray As Variant, TimeArray As Variant, Elevation)
  Dim ApparatusProof(300, 2) As String
  Dim CurrentDT As String
  Dim lastDate As String, lastTime As String
  Dim EndSign As Boolean
  Dim j As Integer
  'On Error Resume Next
  On Error GoTo 0
  Proof ApparatusProof, NO_Apparatus, DateArray(1), _
    TimeArray(1), DateArray(Number), TimeArray(Number)
  For i = 1 To Number
    CurrentDT = DateArray(i) & TimeArray(i)
    EndSign = False
    j = 0
    Do
      j = j + 1
      If CurrentDT >= ApparatusProof(j, 1) Then
        Elevation(i) = ApparatusProof(j, 2)
        EndSign = True
      End If
    Loop Until EndSign Or j = 300
  Next i
End Sub
```

```
Sub Proof(TimeElevation As Variant, _
  firstNO As Variant, firstDate As Variant, firstTime As Variant, _
  lastDate As Variant, lastTime As Variant)
  Dim EndSign As Boolean                    '从数据库读取考证数据
  Dim CurrentDT As String
  Dim dBase As Data
  Dim bDate As String, sDate As String, sbd As String, sdd As String
  Dim fi As Long, fj As Long
Dim msg As String, strS As String, strE As String
Dim t9 As String
Dim cn As ADODB. Connection
Dim rs As ADODB. Recordset
Dim strConnect As String, sql As String
'On Error Resume Next
sbd = bDate
sdd = sDate
If yearDigit = 1 Then
  sbd = Right(sbd, 7)
  sdd = Right(sdd, 7)
ElseIf yearDigit = 2 Then
  sbd = Right(sbd, 8)
  sdd = Right(sdd, 8)
End If
msg = Left(Msgd, InStrRev(Msgd, "\")) & "KZB. mdb"
strConnect = "Provider = Microsoft. Jet. OLEDB. 4. 0;Data Source = " & msg
Set cn = New ADODB. Connection
Set rs = New ADODB. Recordset
cn. ConnectionString = strConnect
cn. Open
sql = "SELECT * FROM " & "KZB" & " WHERE 仪器号 = "" & s1 $ & "" ORDER BY 起用日期,起
用时间"
rs. Open sql, cn, adOpenStatic, adLockOptimistic
If rs. RecordCount > 0 Then
    rs. MoveLast
    If Len(firstDate) < 10 Then firstDate = "20" & firstDate
    If Len(lastDate) < 10 Then lastDate = "20" & lastDate
    msg = firstNO & " " & lastDate & " " & lastTime
    EndSign = False
    If msg < rs. fields(0) & " " & rs. fields("起用日期") & " " & rs. fields("起用时间") Then
      rs. MovePrevious
    End If
    i = 0
    Do
```

```
        If Not rs. BOF Then
            CurrentDT = rs. fields("起用日期") & rs. fields("起用时间")
            i = i + 1
            TimeElevation(i, 1) = CurrentDT
            TimeElevation(i, 2) = rs. fields("仪器高")
            If CurrentDT < = firstDate & firstTime Then
              EndSign = True
            End If
            If Not EndSign Then rs. MovePrevious
        Else
          EndSign = True
        End If
    Loop Until EndSign
End If
rs. Close
cn. Close
End Sub
Sub ReadEStageData(subFileNumber As Integer)
Dim msg As String
i = 0
Line Input #subFileNumber, msg
Do Until EOF(subFileNumber)
    Input #subFileNumber, msg
    If IsNumeric(msg) Then
        i = i + 1
        Times(i) = msg
        Input #subFileNumber, Stage(i)
    End If
Loop
lngNum = i
Mag = Stage(1): Mig = Stage(1)       'queding shuiwei zuobiao
For i = 2 To lngNum
  If Mag < Stage(i) Then Mag = Stage(i)
  If Mig > Stage(i) Then Mig = Stage(i)
Next i
End Sub
```

6.8.4 流量、输沙率综合计算制表模块

流量、输沙率综合计算制表模块实际应当包括若干模块组。设计时可以将流量计算模块组、输沙率计算模块组合并处理。这些模块组还包括测验成果数据的读取模块,数据合理性、正确性、完整性检查模块。

```
Option Explicit
```

```
'Dim nwzh As String
Public intEquivalentStage As Integer      '相应水位计算标志
Public strESData As String                '水位读取
Public intBZan As Integer
Public dblC As Double
'Public dblMinDis As Double                '最小起点距
'Public dblMaxDis As Double                '最大起点距
Public dblSMK As Double                   '临时水面宽
Public strZDF As String                   '起点距格式(有效数字)标志 A 全部 0.1,B 依据水面宽,D
依据起点距
Public blnReportSend As Boolean           '拟电标志
Public strHICD As String                  '水情信息编码
Public strHIT As String                   '测流时间
Dim blnIsNew As Boolean
Dim r As Integer
Dim iCL(120) As Integer
Function prtljsToExcel(ByVal strFileName As String)
intBZan = 0
u = 0
If ReadCP1(strFileName) = 0 Then          '要打开的是流量数据文件
    CountQToExcel strFileName
Else                                      '输沙率文件
    CountQsToExcel strFileName
End If
End Function
'读取数据并计算流量
Function CountQToExcel(ByVal strFileName As String)
Dim m As Double, mds As Double, mdv As Double
Dim iOL As Integer
Dim intThan As Integer
Dim SDint As Integer
Dim msg0 As String
Dim lxl As Integer
Dim intJU  As Integer
Dim xdl, xhl, lsl, dc
Dim tq, sdtv As String, scxv As String
Dim ll2 $, tdt $, qw, dtw, hiw, biw, mx, bi $, w1, sc $, w2
Dim cei, ceci, yr, wy1, wy2, wy01 $, wy02 $, wy3, sy4, sy5, sy6, sy16
Dim wy4, wy5, wy6, wy7, wy8, wy9, wy10, wy11, wy12, wy13 $, wy14, wy15
Dim bws, yrr, swy3, swy, swy4, swy15   ', ys, rsyrf,
Dim vi As Integer
Dim endFlags As Boolean
Dim DBoolean  As String
```

```
'Dim strFileName As String
Dim pn As Integer
Dim blnLastLine As Boolean
Dim iVTI(120) As Integer  'Vertical type identification 垂线类型标识
Dim quantityData1(10) As Long
Dim quantityData2(10) As Double
Dim quantityData3(10) As Long
Dim quantityData4(10) As Double
Dim quantityData5(10) As Long
Dim quantityData6(10) As Double
Dim quantityData7(10) As Long
Dim QNumber As Integer
Dim bt As String
Dim filenumber As Integer
Dim shuishi As Integer
Dim intmsg As Integer
Dim strMsg As String
Dim blnStart As Boolean
Dim blnEnd As Boolean
Dim intDW As Integer
Dim fi As Integer
Dim blnSB As Boolean                    '已进行边坡计算
Dim msg As String
Dim fMsg As String                  '通用局部变量
Dim varVar As Variant               '通用局部变量
Dim intDStart As Integer            '起点距起始方向
Dim strSN As String                 '当前站名
Dim strSTCD As String               '当前测站编码
Dim intvltotal As Integer          '流速仪个数
Dim SDF_Way As Integer                '起点距计算方法
Dim SDF_Sign As String              '起点距计算符号
Dim SDF_Constant As Double          '起点距计算加常数
Dim iHi As Integer                  '测深垂线数
Dim iLx As Integer                  '测速垂线数
Dim iPN As Integer                  '测速点数
Dim xmlDoc As DOMDocument             '定义 XML 文档
Dim blnLoadXML As Boolean           '加载 XML 成功
Dim root As IXMLDOMElement            '定义 XML 根节点
Dim sssNode As IXMLDOMNode                '第二级单个节点
Dim tssNode As IXMLDOMNode                '第三级单个节点
Dim fssNode As IXMLDOMNode                '第四级单个节点
Dim wssNode As IXMLDOMNode                '第五级单个节点
Dim sssNodeList As IXMLDOMNodeList        '元素列表
```

```
Set xmlDoc = New DOMDocument
blnLoadXML = xmlDoc. Load( strFileName)
Set root = xmlDoc. documentElement    '给 XML 根节点赋值
setMdiStatusBar frmMDIForm. StatusBar1, 1, "正在读取控制数据"
ReDim intSLPointNumber(120)
Set sssNode = root. selectSingleNode("CP1")    '是否输沙率标志
intIsQsFlags = CInt(sssNode. Text)
Set sssNode = root. selectSingleNode("CP2")    '有否水位数据标志
intLevelFriquent = CInt(sssNode. Text)
Set sssNode = root. selectSingleNode("CP3")    '是否携带各种流速系数标志
intSchlepModulus = CInt(sssNode. Text)
Set sssNode = root. selectSingleNode("CP4")    '起点距方向标志
intDStart = CInt(sssNode. Text)
Set sssNode = root. selectSingleNode("CP5")    '起点距格式标志
strZDF = sssNode. Text
Set sssNode = root. selectSingleNode("SN")     '站名信息
msg = sssNode. Text
varVar = Split(msg, ",")
If UBound(varVar) > 0 Then
    strSTCD = varVar(0)
    strSN = varVar(1)
    ZHanMing = varVar(1)
Else
    strSN = varVar(0)
    ZHanMing = varVar(0)
End If
Set sssNode = root. selectSingleNode("ST")     '开始时间组
Set tssNode = sssNode. selectSingleNode("ST1")     '开始时间 - 年
nf = CInt(tssNode. Text)
Set tssNode = sssNode. selectSingleNode("ST2")     '开始时间 - 月
yf = CInt(tssNode. Text)
Set tssNode = sssNode. selectSingleNode("ST3")     '开始时间 - 日
r1 = CInt(tssNode. Text)
Set tssNode = sssNode. selectSingleNode("ST4")     '开始时间 - 时
t1 = CInt(tssNode. Text)
Set tssNode = sssNode. selectSingleNode("ST5")     '开始时间 - 分
t1 = t1 + CInt(tssNode. Text) / 100
Set sssNode = root. selectSingleNode("ET")         '结束时间组
Set tssNode = sssNode. selectSingleNode("ET1")     '开始时间 - 年
'nf = CInt(tssNode. Text)
Set tssNode = sssNode. selectSingleNode("ET2")     '开始时间 - 月
'yf = CInt(tssNode. Text)
Set tssNode = sssNode. selectSingleNode("ET3")     '开始时间 - 日
```

```
r2 = CInt(tssNode.Text)
Set tssNode = sssNode.selectSingleNode("ET4")     '开始时间－时
t2 = CInt(tssNode.Text)
Set tssNode = sssNode.selectSingleNode("ET5")     '开始时间－分
t2 = t2 + CInt(tssNode.Text) / 100
Set sssNode = root.selectSingleNode("WTH")     '天气
tq = sssNode.Text
Set sssNode = root.selectSingleNode("WDM")     '风向
sfx = sssNode.Text
Set sssNode = root.selectSingleNode("WDP")     '风力
sfx = sfx & sssNode.Text
Set sssNode = root.selectSingleNode("FD")     '流向
strFlowAngle = sssNode.Text
Set sssNode = root.selectSingleNode("VL")     '流速仪
Set tssNode = sssNode.selectSingleNode("Total")     '流速仪数量
intvltotal = CInt(tssNode.Text)
intYiqishu = intvltotal
For i = 1 To intvltotal
    msg = "VLP" & CStr(i)
    Set tssNode = sssNode.selectSingleNode(msg)     '逐个读取流速仪数据
    fMsg = tssNode.Text
    fMsg = Replace(fMsg, "=", "")
    fMsg = Replace(fMsg, "n", "")
    fMsg = Replace(fMsg, "+", "")
    fMsg = Replace(fMsg, "  ", " ")
    varVar = Split(fMsg, " ")
    For j = 0 To UBound(varVar)
        strLsy(i, j) = varVar(j)
    Next
Next
Set sssNode = root.selectSingleNode("SCT")     '停表牌号
stbh = sssNode.Text
Set sssNode = root.selectSingleNode("SDF")     '起点距公式
Set tssNode = sssNode.selectSingleNode("SDF1")     '计算方法
i = CInt(tssNode.Text)
If i < 0 Then i = 0
SDF_Way = i
If i > 0 Then
    Set tssNode = sssNode.selectSingleNode("SDF2")     '计算符号
    SDF_Sign = tssNode.Text
    Set tssNode = sssNode.selectSingleNode("SDF3")     '计算常数
    SDF_Constant = CDbl(tssNode.Text)
End If
```

```
Set sssNode = root.selectSingleNode("SS")        '开始水位
Set tssNode = sssNode.selectSingleNode("SS1")        '基本水尺
fMsg = tssNode.Text
varVar = Split(fMsg, ",")
strPn1 = varVar(0): strPg1 = varVar(1): strPld1 = varVar(2)
Set tssNode = sssNode.selectSingleNode("SS2")        '测流断面
fMsg = tssNode.Text
varVar = Split(fMsg, ",")
strCn1 = varVar(0): strCg1 = varVar(1): strCld1 = varVar(2)
Set tssNode = sssNode.selectSingleNode("SS3")        '比降上断面
fMsg = tssNode.Text
varVar = Split(fMsg, ",")
strUn1 = varVar(0): strUg1 = varVar(1): strUld1 = varVar(2)
Set tssNode = sssNode.selectSingleNode("SS4")        '比降下断面
fMsg = tssNode.Text
varVar = Split(fMsg, ",")
strLn1 = varVar(0): strLg1 = varVar(1): strLld1 = varVar(2)
Set sssNode = root.selectSingleNode("ES")        '终了水位
Set tssNode = sssNode.selectSingleNode("ES1")        '基本水尺
fMsg = tssNode.Text
varVar = Split(fMsg, ",")
strPn2 = varVar(0): strPg2 = varVar(1): strPld2 = varVar(2)
Set tssNode = sssNode.selectSingleNode("ES2")        '测流断面
fMsg = tssNode.Text
varVar = Split(fMsg, ",")
strCn2 = varVar(0): strCg2 = varVar(1): strCld2 = varVar(2)
Set tssNode = sssNode.selectSingleNode("ES3")        '比降上断面
fMsg = tssNode.Text
varVar = Split(fMsg, ",")
strUn2 = varVar(0): strUg2 = varVar(1): strUld2 = varVar(2)
Set tssNode = sssNode.selectSingleNode("ES4")        '比降下断面
fMsg = tssNode.Text
varVar = Split(fMsg, ",")
strLn2 = varVar(0): strLg2 = varVar(1): strLld2 = varVar(2)
'dblMinDis = 1000000#
'dblMaxDis = -1000000#
setMdiStatusBar frmMDIForm.StatusBar1, 1, "正在读取垂线数据"
iHi = 0: iLx = 0: iPN = 0
Dim tssNodeList As IXMLDOMNodeList                '定义节点列表
Set sssNode = root.selectSingleNode("MD")          '选择垂线数据节点
If sssNode.childNodes.length > 0 Then              '有垂线数据
    Set tssNodeList = sssNode.selectNodes("VD")    '获得垂线数据列表
    If tssNodeList.length > 0 Then                 '垂线数大于0
```

```
            For Each fssNode In tssNodeList                          '逐个垂线节点处理
                iHi = iHi + 1                                        '测深垂线计数
                If fssNode.childNodes.length <= 1 Then               '测深垂线
                    Set wssNode = fssNode.selectSingleNode("VDH") '垂线数据
                    msg = wssNode.Text
                    HLResolve msg, iHi, iLx, iVTI()                   '解析垂线测深数据
                Else
                    iLx = iLx + 1                            '测速垂线计数
                    Set wssNode = fssNode.selectSingleNode("VDH") '垂线数据
                    msg = wssNode.Text
                    HLResolve msg, iHi, iLx, iVTI()                   '解析垂线测深数据
                    Dim fssNodeList As IXMLDOMNodeList
                    Set fssNodeList = fssNode.selectNodes("PD")
                    For Each wssNode In fssNodeList
                        iPN = iPN + 1                        '测速点计数
                        intSLPointNumber(iLx) = intSLPointNumber(iLx) + 1
                        PVResolve wssNode.Text, intSLPointNumber(iLx) '解析测点测速数据
                    Next
                    SpeedCompositor iHi, iLx
                End If
            Next
        End If
    End If
    cscx = iHi
    ds = iPN: dc = iPN                                                          '测点数
    vxs = iLx                                                     '测速垂线数
    setMdiStatusBar frmMDIForm.StatusBar1, 1, "正在读取辅助数据"
    Set sssNode = root.selectSingleNode("SD")       '比降断面间距
    strLocation(2) = sssNode.Text
    Set sssNode = root.selectSingleNode("MC")       '附注数据
    varVar = Split(sssNode.Text, ",")
    strComparatively_Location = varVar(0)        '断面位置
    If InStr(strComparatively_Location, "基上") = 0 _
            And InStr(strComparatively_Location, "基下") = 0 Then
        strComparatively_Location = "基本水尺断面"
    Else
        strComparatively_Location = strComparatively_Location & varVar(1) & "m"
    End If
    Set sssNode = root.selectSingleNode("ANN")      '其他说明
    strRemark = sssNode.Text
    Set sssNode = root.selectSingleNode("QNUM")     '流量测次
    If Len(sssNode.Text) > 0 Then cc = sssNode.Text
    Set sssNode = root.selectSingleNode("CN")     '签名
```

```
varVar = Split(sssNode.Text, ",")
For i = 0 To UBound(varVar)
    strUnderWrite(i) = varVar(i)
Next
'If intSchlepModulus Then
    Set tssNode = root.selectSingleNode("PM")          '测点流速系数
    i = 0
    Set sssNode = tssNode.selectSingleNode("PMI00")   '水面系数
    If sssNode.childNodes.length > 0 Then             '有水面系数数据
        Set sssNodeList = sssNode.selectNodes("PMI")   '获得水面系数数据列表
        For Each fssNode In sssNodeList               '逐个节点处理
            varVar = Split(fssNode.Text, ",")
            dblPM(i, 0) = 1000 * CDbl(0#) + CDbl(varVar(0))
            dblPM(i, 1) = CDbl(varVar(1))
            strPointModulus(i, 0) = "0.0"
            strPointModulus(i, 1) = varVar(0)
            strPointModulus(i, 2) = varVar(1)
            i = i + 1
        Next
    End If
    Set sssNode = tssNode.selectSingleNode("PMI02")   '0.2 系数
    If sssNode.childNodes.length > 0 Then             '有垂线数据
        Set sssNodeList = sssNode.selectNodes("PMI")   '获得垂线数据列表
        For Each fssNode In sssNodeList               '逐个垂线节点处理
            varVar = Split(fssNode.Text, ",")
            dblPM(i, 0) = 1000 * CDbl(0.2) + CDbl(varVar(0))
            dblPM(i, 1) = CDbl(varVar(1))
            strPointModulus(i, 0) = "0.2"
            strPointModulus(i, 1) = varVar(0)
            strPointModulus(i, 2) = varVar(1)
            i = i + 1
        Next
    End If
    Set sssNode = tssNode.selectSingleNode("PMI05")   '0.5 系数
    If sssNode.childNodes.length > 0 Then             '有垂线数据
        Set sssNodeList = sssNode.selectNodes("PMI")   '获得垂线数据列表
        For Each fssNode In sssNodeList               '逐个垂线节点处理
            varVar = Split(fssNode.Text, ",")
            dblPM(i, 0) = 1000 * CDbl(0.5) + CDbl(varVar(0))
            dblPM(i, 1) = CDbl(varVar(1))
            strPointModulus(i, 0) = "0.5"
            strPointModulus(i, 1) = varVar(0)
            strPointModulus(i, 2) = varVar(1)
```

```
            i = i + 1
        Next
    End If
    Set sssNode = tssNode. selectSingleNode("PMI06")    '0.5 系数
    If sssNode. childNodes. length > 0 Then              '有垂线数据
        Set sssNodeList = sssNode. selectNodes("PMI")     '获得垂线数据列表
        For Each fssNode In sssNodeList                   '逐个垂线节点处理
            varVar = Split(fssNode. Text, ",")
            dblPM(i, 0) = 1000 * CDbl(0.6) + CDbl(varVar(0))
            dblPM(i, 1) = CDbl(varVar(1))
            strPointModulus(i, 0) = "0.6"
            strPointModulus(i, 1) = varVar(0)
            strPointModulus(i, 2) = varVar(1)
            i = i + 1
        Next
    End If
    Set sssNode = root. selectSingleNode("BM")          '边坡流速系数
    Set tssNode = sssNode. selectSingleNode("BM1")      '水面流速系数
    varVar = Split(tssNode. Text, ",")
    strBorderModulus(0, 0) = varVar(0)
    strBorderModulus(0, 1) = varVar(1)
    strBorderModulus(0, 2) = Val(varVar(2))
    Set tssNode = sssNode. selectSingleNode("BM2")      '水面流速系数
    varVar = Split(tssNode. Text, ",")
    strBorderModulus(1, 0) = varVar(0)
    strBorderModulus(1, 1) = varVar(1)
    strBorderModulus(1, 2) = Val(varVar(2))
    Set tssNode = sssNode. selectSingleNode("BM3")      '水面流速系数
    varVar = Split(tssNode. Text, ",")
    strBorderModulus(2, 0) = varVar(0)
    strBorderModulus(2, 1) = varVar(1)
    strBorderModulus(2, 2) = Val(varVar(2))
    Set tssNode = sssNode. selectSingleNode("BM4")      '水面流速系数
    varVar = Split(tssNode. Text, ",")
    strBorderModulus(3, 0) = varVar(0)
    strBorderModulus(3, 1) = varVar(1)
    strBorderModulus(3, 2) = Val(varVar(2))
    Set tssNode = sssNode. selectSingleNode("BM5")      '水面流速系数
    varVar = Split(tssNode. Text, ",")
    strBorderModulus(4, 0) = varVar(0)
    strBorderModulus(4, 1) = varVar(1)
    strBorderModulus(4, 2) = Val(varVar(2))
'End If
```

```
ReleaseXMLObjects xmlDoc
setMdiStatusBar frmMDIForm. StatusBar1, 1, "正在进行垂线数据排序"
DoEvents
HVLineCompositor iLx, iVTI()                                    '垂线排序
dblSMK = 0                                                      '初步计算水面宽
For i = 2 To cscx
    If IsNumeric(cx(i)) = True Then
        '是测深垂线
        m = Abs(qd(i) - qd(i - 1))
        dblSMK = dblSMK + m
    Else
        If IsNumeric(cx(i - 1)) = True Then
            m = Abs(qd(i) - qd(i - 1))
            dblSMK = dblSMK + m
        End If
    End If
Next
SaveSpeed iLx                                                   '存储各测点流速数据
setMdiStatusBar frmMDIForm. StatusBar1, 1, "正在进行流量数据分析计算"
DoEvents
On Error GoTo 0
If dblBorderDistance(0) < dblBorderDistance(1) Then             'And strBorderModulus(4, 2)
    intThan = 0
Else
    intThan = 1
End If
stq = tq                                                        '天气处理
Select Case tq
Case 7
    stq = "雨"
Case 8
    stq = "阴"
Case 9
    stq = "晴"
End Select
t3# = Int(t1) + (t1 - Int(t1)) / 0.6                            '时间处理
t4# = Int(t2) + (t2 - Int(t2)) / 0.6
If t4# > t3# Then
    r2 = r1
    rp = r1
    m = t3# / 2 + t4# / 2
ElseIf t4# < t3# And (t3# + t4#) / 2 < 24 Then
    r2 = r1 + 1
```

```
        rp = r1
        m = (t3# + t4# + 24) / 2
    Else                                    'If t4# < t3# And (t3# + t4#) > = 24 Then
        r2 = r1 + 1
        rp = r2
        m = (t3# + t4# - 24) / 2
    End If
    stt1 = Int(m) + Int((m - Int(m)) * 0.6 + 0.405)
    stt2 = Round(((m - Int(m)) * 60)) Mod 60
    i = DayOfMonth(nf, yf)                                  'r2
    If r2 > i Then
        r2 = 1
        yf = yf + 1
        If yf > 12 Then
            yf = 1
            nf = nf + 1
        End If
    End If
    If rp > i Then                                          '平均日期
        rp = 1
    End If
    st11 = Int(t1) + Int((t1 - Int(t1)) + 0.405)
    st12 = Round((t1 - Int(t1)) * 100) Mod 60
    st21 = Int(t2) + Int((t2 - Int(t2)) + 0.405)
    st22 = Round((t2 - Int(t2)) * 100) Mod 60
    snf = LTrim $(str $(nf))                            '年、月、日转换为串
    syf = LTrim $(str $(yf))
    sr1 = LTrim $(str $(r1))
    sr2 = LTrim $(str $(r2))
    glbBoolean = False
    EquivalentStage = 0
    If intEquivalentStage = 0 Then          '读水位数据
        setMdiStatusBar frmMDIForm. StatusBar1, 1, "正在读取水位数据"
        Close #filenumber
        xiangyingshuiwei
        If Not glbBoolean Then
            msg = MsgBox("因数据不存在,不能计算相应水位。是否人工录入水位数据?", vbYesNo)
            If msg = vbYes Then
                frmStageInput. Show 1
            End If
        End If
    Else
    '    ReadEStageData filenumber
```

```
        Close #filenumber
        glbBoolean = True
    End If
    setMdiStatusBar frmMDIForm.StatusBar1, 1, "正在进行流量计算"
    DoEvents
    If cx$(1) = "左岸" Then                                     '设置终止标志
        sjs = "右岸"
    ElseIf cx$(1) = "右岸" Then
        sjs = "左岸"
    ElseIf LCase(cx$(1)) = "y" Then
        sjs = "z"
    ElseIf LCase(cx$(1)) = "z" Then
        sjs = "y"
    End If
    '水面宽、面积、死水面积、流量置零
    b = 0
    a = 0
    asa = 0
    qz = 0
    For i = 1 To 120                                            '部分面积置0
      ba(i) = 0
    Next
    pn = 1
    nvaq = 0
    u = 0: n = 1: iv = 0: ix = 0                                ': k = k0: c = c
    vx = 0.1
    vi = 0
    i = 1
    blnIsNew = True
    intBN = 0
    blnLastLine = True
    vt$(intBN) = dt$(i)
    vc$(intBN) = Right$(cx$(i), 2)
    vdd(intBN) = qd(i)
    intBN = intBN + 1
    intLineNumeric = 0
    kv = BorderModulus(h(i))                                        '获得边坡系数
    Do
        i = i + 1: j = i - 1
        If strZDF = "B" Then
            If dblSMK > 99.94 Then
                sqd(i) = Format$(qd(i), "######0")
            ElseIf dblSMK > 4.9499 Then
```

```
                sqd(i) = Format $(qd(i), "######0.0")
            Else
                sqd(i) = Format $(qd(i), "######0.00")
            End If
        ElseIf strZDF = "A" Then
            sqd(i) = Format $(qd(i), "######0.0")
        End If
        qd(i) = sqd(i)
'       If Val(cx(j)) = 0 Or h(j) = 0 Then                          '边坡垂线
'           blnIsNew = True
'       ElseIf Val(cx(j)) > 0 Then
'           blnIsNew = False
'       End If
    If Val(cx(i)) = 0 Or h(i) = 0 Then        '边坡垂线
        blnIsNew = True                      '从水边开始新的一股或一块滩地
        vt $(intBN) = dt $(i)
        vc $(intBN) = Right $(cx $(i), 2)
        vdd(intBN) = qd(i)
        intBN = intBN + 1
        kv = BorderModulus(h(i))
        If Val(cx(j)) < > 0 Then                         '上一条垂线不是边坡
            d(j) = Abs(qd(i) - qd(j))                           '计算间距
            iOL = DPrecision(d(j))
            strD(j) = funDAE(d(j), iOL \ 10, iOL Mod 10, 1, intCW)
            d(j) = strD(j)
            b = b + d(j)                                        '累计河宽
            m = h(i) / 2 + h(j) / 2                         '垂线间平均水深
            iOL = HPrecision(m)
            sph(j) = funDAE(m, iOL \ 10, iOL Mod 10, 1, intCW)
            ph(j) = sph(j)
            m = d(j) * ph(j)                                            '垂线间部分面积
            iOL = APrecision(m)
            sda(j) = funDAE(m, iOL \ 10, iOL Mod 10, 1, intCW)
            da(j) = sda(j)
            m = ba(n) + da(j)
            iOL = APrecision(m)
            sba(n) = funDAE(m, iOL \ 10, iOL Mod 10, 1, intCW)
            ba(n) = sba(n)
            If vm(ix) = 0 Then                     '上一测速垂线流速为0(死水)
                asa = asa + ba(n)
                a = a + ba(n)
            Else
'                kv = BorderModulus(h(i))
```

```
                    m = vm(ix) * kv
                    iOL = VPrecision(m)
                    sbv(nvaq) = funDAE(m, iOL \ 10, iOL Mod 10, 1, intCW)
                    bv(nvaq) = sbv(nvaq)
                    m = bv(nvaq) * ba(n)
                    iOL = QPrecision(m)
                    sq(nvaq) = funDAE(m, iOL \ 10, iOL Mod 10, 1, intCW)
                    q(nvaq) = sq(nvaq)
                    qz = qz + q(nvaq)
                    a = a + ba(n)
                    nvaq = nvaq + 1
                End If
                n = n + 1
            Else
                '两个水边间的滩区
            End If
'           blnLastLine = True
        Else
            '计算面积
            d(j) = Abs(qd(i) - qd(j))
            m = d(j)
            iOL = DPrecision(m)
            strD(j) = funDAE(m, iOL \ 10, iOL Mod 10, 1, intCW)
            d(j) = strD(j)
            b = b + d(j)
            m = h(i) / 2 + h(j) / 2
            iOL = HPrecision(m)
            sph(j) = funDAE(m, iOL \ 10, iOL Mod 10, 1, intCW)
            ph(j) = sph(j)
            m = d(j) * ph(j)
            iOL = APrecision(m)
            sda(j) = funDAE(m, iOL \ 10, iOL Mod 10, 1, intCW)
            da(j) = sda(j)
            ba(n) = ba(n) + da(j)
            If Val(cx(i)) > 100 Then                              '本垂线测速
                m = ba(n)
                iOL = APrecision(m)
                sba(n) = funDAE(m, iOL \ 10, iOL Mod 10, 1, intCW)
                ba(n) = sba(n)
                pn = pn + 1: ix = ix + 1: l = ix - 1
                For di = 0 To intSLPointNumber(ix) - 1
                    u = u + 1: iv = iv + 1
                    sv(u) = CountPointVelocity(xh(u), dblCSLS(u), strLsy(intLSYNumber(u), 4), strLsy
```

```
(intLSYNumber(u), 5), _
                    strLsy(intLSYNumber(u), 6))
        v(u) = sv(u)
    Next
    Select Case intSLPointNumber(ix)
    Case 1
        di = 0
        KPoint = 0
        fi = 0
        Do
            fi = fi + 1
            If xd(u) > strPointModulus(di, 0) Then
                di = di + 1
            Else
                If xd(u) = strPointModulus(di, 0) And v(u) > strPointModulus(di, 1) Then
                    di = di + 1
                ElseIf xd(u) = strPointModulus(di, 0) Then
                    KPoint = strPointModulus(di, 2)
                End If
            End If
        Loop Until KPoint > 0 Or fi > 1000
        If fi > 1000 Then KPoint = 1
        If lx(ix) > 10 Then
            m = v(u) * Cos(lx(ix) * 3.1415926 / 180)
            m = funDAE(m, iOL \ 10, iOL Mod 10, 1, intCW)
        Else
            m = v(u)
        End If
        m = m * KPoint
    Case 2
        If lx(ix) > 10 Then
            mds = Cos(lx(ix) * 3.1415926 / 180)
            m = v(u - 1) * mds
            mdv = funDAE(m, iOL \ 10, iOL Mod 10, 1, intCW)
            m = v(u) * mds
            m = funDAE(m, iOL \ 10, iOL Mod 10, 1, intCW)
            m = (mdv + m) / 2
        Else
            m = (v(u - 1) + v(u)) / 2
        End If
    Case 3
        If lx(ix) > 10 Then
            mds = Cos(lx(ix) * 3.1415926 / 180)
```

```
            m = v(u - 2) * mds
            mdv = funDAE(m, iOL \ 10, iOL Mod 10, 1, intCW)
            m = v(u - 1) * mds
            mdv = mdv + funDAE(m, iOL \ 10, iOL Mod 10, 1, intCW)
            m = v(u) * mds
            mdv = mdv + funDAE(m, iOL \ 10, iOL Mod 10, 1, intCW)
            m = mdv / 3
        Else
            m = (v(u - 2) + v(u - 1) + v(u)) / 3
        End If
    Case 5
        If lx(ix) > 10 Then
            mds = Cos(lx(ix) * 3.1415926 / 180)
            m = v(u - 4) * mds
            mdv = 1 * funDAE(m, iOL \ 10, iOL Mod 10, 1, intCW)
            m = v(u - 3) * mds
            mdv = mdv + 3 * funDAE(m, iOL \ 10, iOL Mod 10, 1, intCW)
            m = v(u - 2) * mds
            mdv = mdv + 3 * funDAE(m, iOL \ 10, iOL Mod 10, 1, intCW)
            m = v(u - 1) * mds
            mdv = mdv + 2 * funDAE(m, iOL \ 10, iOL Mod 10, 1, intCW)
            m = v(u) * mds
              mdv = mdv + 1 * funDAE(m, iOL \ 10, iOL Mod 10, 1, intCW)
            m = mdv / 10
        Else
            m = (v(u - 4) + 3 * v(u - 3) + 3 * v(u - 2) + 2 * v(u - 1) + v(u)) / 10
        End If
    Case Else
        MsgBox "抱歉！非标准测点,本系统无法处理。"
    End Select
    iOL = VPrecision(m)
    svm(ix) = funDAE(m, iOL \ 10, iOL Mod 10, 1, intCW)
    vm(ix) = svm(ix)
    If vm(ix) = 0 Then kv = strBorderModulus(4, 1)            '垂线为死水边
    If Val(cx(j)) = 0 Or blnIsNew = True Then     '新一股水流或者上一垂线是水边
        If vm(ix) = 0 Then                        '本垂线流速=0
            asa = asa + ba(n)                     '死水累计
            a = a + ba(n)                         '总面积累计
        Else
            m = vm(ix) * kv               '本垂线为第一条测速垂线
            '
            iOL = VPrecision(m)
            sbv(nvaq) = funDAE(m, iOL \ 10, iOL Mod 10, 1, intCW)
```

```
                bv(nvaq) = sbv(nvaq)
                m = bv(nvaq) * ba(n)
                iOL = QPrecision(m)
                sq(nvaq) = funDAE(m, iOL \ 10, iOL Mod 10, 1, intCW)
                q(nvaq) = sq(nvaq)
                qz = qz + q(nvaq)
'                blnIsNew = False
                a = a + ba(n)
                nvaq = nvaq + 1
            End If
        ElseIf vm(l) = 0 And vm(ix) = 0 Then    '上一垂线和本垂线流速都是0
            asa = asa + ba(n)                   '死水累计
            a = a + ba(n)                       '总面积累计
        Else
            If vm(ix) <> 0 Then
                If vm(l) <> 0 Then              '畅流
                    m = (vm(ix) + vm(l)) / 2    '平均流速
                Else
                    m = vm(ix) * strBorderModulus(4, 1) '上一垂线为死水边
                End If
            Else                                '本垂线为死水边上一线非死水
                m = vm(l) * strBorderModulus(4, 1)
            End If
            iOL = VPrecision(m)
            sbv(nvaq) = funDAE(m, iOL \ 10, iOL Mod 10, 1, intCW)
            bv(nvaq) = sbv(nvaq)
            m = bv(nvaq) * ba(n)
            iOL = QPrecision(m)
            sq(nvaq) = funDAE(m, iOL \ 10, iOL Mod 10, 1, intCW)
            q(nvaq) = sq(nvaq)
            qz = qz + q(nvaq)
            a = a + ba(n)
            nvaq = nvaq + 1
        End If
        vt$(intBN) = dt$(i)
        vc$(intBN) = Right$(cx$(i), 2)
        vdd(intBN) = qd(i)
        intBN = intBN + 1
        vi = vi + 1
        n = n + 1
        blnIsNew = False                        '新的一股水流开始失效
    End If
End If
```

```
Loop Until cx(i) = sjs
r = i: X = n - 1
m = a                                                   '水道断面面积
iOL = APrecision(m)
saz = funDAE(m, iOL \ 10, iOL Mod 10, 1, intCW)
a = saz
m = qz                                                  '断面流量
iOL = QPrecision(m)
sqz = funDAE(m, iOL \ 10, iOL Mod 10, 1, intCW)
qz = sqz
m = qz / a
iOL = VPrecision(m)
svp = funDAE(m, iOL \ 10, iOL Mod 10, 1, intCW)
vp = svp
'End If
If asa < > 0 Then
    m = asa
    iOL = APrecision(m)
    sasa = funDAE(m, iOL \ 10, iOL Mod 10, 1, intCW)
    asa = sasa                                          ' sishui mianji
Else
  sasa = ""
End If
iOL = DPrecision(b)
sb = funDAE(b, iOL \ 10, iOL Mod 10, 1, intCW)
b = sb
m = a / b                                               '平均水深
iOL = HPrecision(m)
sphz = funDAE(m, iOL \ 10, iOL Mod 10, 1, intCW)
phz = sphz                              'pingjun shuishen
For i = 1 To r
    iOL = HPrecision(h(i))
    sh(i) = funDAE(h(i), iOL \ 10, iOL Mod 10, 1, intCW)        '垂线水深串
Next i
For i = 1 To u
  sxd(i) = Format(Round(xd(i), 1), "0.0")                       '测点水深串
    iOL = QPrecision(dblCSLS(i))
  sls(i) = funDAE(dblCSLS(i), iOL \ 10, iOL Mod 10, 1, intCW)
Next i
If vxs = u Then                                                 '一点法的位置
  For i = 1 To u
    If sxd(i) = "0.0" Then dc0 = dc0 + 1
    If sxd(i) = "0.2" Then dc2 = dc2 + 1
```

```
      If sxd(i) = "0.5" Then dc5 = dc5 + 1
      If sxd(i) = "0.6" Then dc6 = dc6 + 1
    Next i
    sdc = "0.6"
    i = dc6
    If i < dc0 Then i = dc0: sdc = "0.0"
    If i < dc2 Then i = dc2: sdc = "0.2"
    If i < dc5 Then i = dc5: sdc = "0.5"
  Else
    sdc = LTrim $(str $(u))                          '常测法或选点法的点数
  End If
  vd = 0: svd = ""                                     '挑选最大测点流速
  For i = 1 To u
    If v(i) > vd Then
      vd = v(i)
      svd = sv(i)
    End If
  Next
  hd = 0: shd = ""                                      '挑选最大水深
  For i = 1 To r
      If h(i) > hd Then
          hd = h(i)
          shd = sh(i)
      End If
  Next
    n = n - 1: dti = 0: li = 0
  On Error GoTo errStage
  m = (Val(strPg1) + Val(strPld1) + Val(strPg2) + Val(strPld2)) / 2      '基本水位
  iOL = ZPrecision(m)
  strPg = funDAE(m, iOL \ 10, iOL Mod 10, 1, intCW)
  gp = Val(strPg)
  strPg = Right(Space(6) & strPg, 7)
  m = Val(strPg1)
  strPg1 = funDAE(m, 6, 2, 1, intCW)
  m = Val(strPg2): strPg2 = funDAE(m, 6, 2, 1, intCW)
  m = Val(strPld1): strPld1 = funDAE(m, 6, 2, 1, intCW)
  m = Val(strPld2): strPld2 = funDAE(m, 6, 2, 1, intCW)
  sbj = ""
  scl = ""
  If Len(strCn1) > 0 Then
      m = (Val(strCg1) + Val(strCld1) + Val(strCg2) + Val(strCld2)) / 2      '基本水位
      strCg = funDAE(m, 6, 2, 1, intCW)
      strCg = Right(Space(6) & strCg, 7)
```

```
        m = Val(strCg1): strCg1 = funDAE(m, 6, 2, 1, intCW)
        m = Val(strCg2): strCg2 = funDAE(m, 6, 2, 1, intCW)
        m = Val(strCld1): strCld1 = funDAE(m, 6, 2, 1, intCW)
        m = Val(strCld2): strCld2 = funDAE(m, 6, 2, 1, intCW)
    End If
    If Len(strUn1) > 0 Then
        m = (Val(strUg1) + Val(strUld1) + Val(strUg2) + Val(strUld2)) / 2          '基本水位
        strUg = funDAE(m, 6, 2, 1, intCW)
        strUg = Right(Space(6) & strUg, 7)
        m = Val(strUg1): strUg1 = funDAE(m, 6, 2, 1, intCW)
        m = Val(strUg2): strUg2 = funDAE(m, 6, 2, 1, intCW)
        m = Val(strUld1): strUld1 = funDAE(m, 6, 2, 1, intCW)
        m = Val(strUld2): strUld2 = funDAE(m, 6, 2, 1, intCW)
    End If
    If Len(strLn1) > 0 Then
        m = (Val(strLg1) + Val(strLld1) + Val(strLg2) + Val(strLld2)) / 2          '基本水位
        strLg = funDAE(m, 6, 2, 1, intCW)
        strLg = Right(Space(6) & strLg, 7)
        m = Val(strLg1): strLg1 = funDAE(m, 6, 2, 1, intCW)
        m = Val(strLg2): strLg2 = funDAE(m, 6, 2, 1, intCW)
        m = Val(strLld1): strLld1 = funDAE(m, 6, 2, 1, intCW)
        m = Val(strLld2): strLld2 = funDAE(m, 6, 2, 1, intCW)
    End If
    If Len(strUn1) > 0 And Len(strLn1) > 0 Then
        m = 10000! * (strUg - strLg) / strLocation(2)
        If strUg - strLg > = 0.2 Then
            sbj = funDAE(m, 3, 3, 1, intCW)
        Else
            sbj = funDAE(m, 3, 3, 1, intCW)
        End If
    ElseIf Len(strUn1) > 0 Then
        m = 10000! * (strUg - strPg) / strLocation(2)
        If strUg - strPg > = 0.2 Then
            sbj = funDAE(m, 3, 3, 1, intCW)
        Else
            sbj = funDAE(m, 3, 3, 1, intCW)
        End If
    ElseIf Len(strLn1) > 0 Then
        m = 10000! * (strPg - strLg) / strLocation(2)
        If strPg - strLg > = 0.2 Then
            sbj = funDAE(m, 3, 3, 1, intCW)
        Else
            sbj = funDAE(m, 3, 3, 1, intCW)
```

```
        End If
    End If
    If Len(strUn1) > 0 Or Len(strLn1) > 0 Then
        bj = sbj
        m = (bj / 10000) ^ (1 / 2) * phz ^ (2 / 3) / vp
        scl = Format(Round(m, 3), "##0.000")
    End If
    '-------------------------------------
    ysh = 1 + Fix((r + u - (pn - 1) - 12) / 18 + 0.949)
    If glbBoolean Then
        setMdiStatusBar frmMDIForm.StatusBar1, 1, "正在计算相应水位"
        DoEvents
        subEquivalentStage                          '计算相应水位
    End If
    If blnReportSend = False Then
      Pbflags = False
    Else
        Pbflags = True
        bt = Format(yf, "00") & Format(r1, "00") & Format(stt1, "00") & Format(stt2, "00")
        If strPg1 > strPg2 Then
          shuishi = 4
        ElseIf strPg1 < strPg2 Then
          shuishi = 5
        Else
          shuishi = 6
        End If
        If EquivalentStage = 0 Then
          If IsNumeric(strPg) Then EquivalentStage = strPg
        End If
        On Error Resume Next
        msg = "H" & " " & ZhanHao & " " & bt & " Z " & Trim(EquivalentStage) _
              & " ZS " & CStr(shuishi) & " Q " & sqz & " QS 3" & " AC " & saz & " AS 2 NN"
        strHICD = msg
        strHIT = CStr(nf) & " 年 " & CStr(yf) & " 月 " & CStr(r1) & "日" & _
                 stt1 & " 时 " & stt2 & "分"
    End If
    blnStart = False
    'ZhanmingSub                                          '获得站名
    vi = 0
    setMdiStatusBar frmMDIForm.StatusBar1, 1, "正在制表"
    DoEvents
    msg = App.Path & "\Effort\Mdb\Quantity.xlt"
    If intIsQsFlags Then
```

```
        msg = App.Path & "\Effort\Mdb\Qs.xlt"
        lxl = 1
        intSNumber = 0
        intBN = 0
    End If
    msg0 = App.Path & "\Effort\Quantity1.xlt"
    FileCopy msg, msg0
    Set exlMRApp = New Excel.Application
    exlMRApp.Workbooks.Open (msg0)
    '         exlMRApp.Visible = True
    n = 0: u = 1: i = 0: j = 0
    ix = 0: nvaq = 0: nAera = 0: pn = 0
    intStartLine = 1
    WriteTableHead intStartLine
    blnStart = False
    Do
        i = i + 1: vx = 0.1
        If Val(dt$(i)) <> 0 Then tdt$ = Left$(dt$(i), 2)
        sc = WaterSide(cx(i))
        If Val(cx$(i)) < 100 Then                                    '测深垂线
            If Val(cx$(i)) = 0 Or Val(sh(i)) = 0 Then                '水边
                WriteNotSpeedLine intStartLine
                If InStr(LCase(cx(i)), "右") <> 0 Or InStr(LCase(cx(i)), "左") <> 0 Then
                  blnStart = Not blnStart
                   If blnStart Then               'Is start water side
                      j = j + 1
                      WritePhDj intStartLine
                      If Val(cx$(i + 1)) < 100 Then                  '下一垂线不测速
                          writeSda intStartLine                                'Print da
                      Else                                           '下一垂线测速
                          nAera = nAera + 1
                          writeSba intStartLine
                          If vm(pn + 1) <> 0 Then                    '岸边非死水
                              writeSvbSq intStartLine
                              nvaq = nvaq + 1
                          End If
                          If qd(i + 1) = dblSD(lxl) Then WritePsPqs intStartLine  '下一垂线测沙
                      End If
                      intStartLine = intStartLine + 2
                      mx = mx + 1
                      mxPage True
                   Else
'                     终止岸边
```

```
                intStartLine = intStartLine + 2
                mx = mx + 1
                mxPage False, False
            End If
        Else
            If Val(cx $(i + 1)) < 100 Then              '下一垂线不测速
                mxPage False, False
                If Val(cx(i + 1)) = 0 Then              '下一垂线是水边
                    intStartLine = intStartLine + 2
                    mxPage True
'                       exlMRApp.Visible = True
'                       WriteNotSpeedLine intStartLine
'                       intStartLine = intStartLine + 2
                Else
                    '下一垂线不测速
                    j = j + 1
                    WritePhDj intStartLine                              'Print area data
                    writeSda intStartLine
                    intStartLine = intStartLine + 2
                    mx = mx + 1
                    mxPage True
'                       exlMRApp.Visible = True
                End If
            Else
                '测速
                j = j + 1
                WritePhDj intStartLine                              'Print area data
                nAera = nAera + 1
                writeSba intStartLine
                If vm(pn + 1) <> 0 Then
                    writeSvbSq intStartLine
                    nvaq = nvaq + 1
                End If
                If qd(i + 1) = dblSD(lxl) Then WritePsPqs intStartLine  '下一垂线测沙
                intStartLine = intStartLine + 2
                mx = mx + 1
                mxPage True
            End If
        End If
        blnLastLine = False
    Else                                                    '测深垂线
        WriteNotSpeedLine intStartLine                      'Print speed line
        j = j + 1
```

```
    WritePhDj intStartLine                          'Print average profundity of water
and space between
    writeSda intStartLine
    If Val(cx $(i + 1)) < 100 Then
        If Val(cx $(i + 1)) = 0 Or Val(sh(i + 1)) = 0 Then        '下一垂线是水边
            nAera = nAera + 1
            writeSba intStartLine
            If blnLastLine = True Then
                If vm(pn) < > 0 Then
                    writeSvbSq intStartLine                 'There is a speed line before this line
                    nvaq = nvaq + 1
                End If
                If dblSD(lxl - 1) < > "" Then WritePsPqs intStartLine
            Else
            End If
            intStartLine = intStartLine + 2
            mx = mx + 1
            mxPage True
        Else
            intStartLine = intStartLine + 2
            mx = mx + 1
            mxPage True
        End If
    Else
        '下一垂线测速
        nAera = nAera + 1
        writeSba intStartLine
        If blnLastLine = True Then
            If vm(pn) < > 0 Or vm(pn + 1) < > 0 Then
                writeSvbSq intStartLine
                nvaq = nvaq + 1
            End If
        Else
            If vm(pn + 1) < > 0 Then
                writeSvbSq intStartLine
                nvaq = nvaq + 1
            End If
        End If
        If qd(i + 1) = dblSD(lxl) Then WritePsPqs intStartLine
        intStartLine = intStartLine + 2
        mx = mx + 1
        mxPage True
    End If
```

```
        End If
        'intStep = intStep + 1
    Else                                          '测速垂线
        blnLastLine = True
        '本垂线测速
       WriteNotSpeedLine intStartLine                        'Print speed line
        pn = pn + 1
        vi = vi + 1                                                   '测速垂线号加 1
        If lx(pn) <> 0 Then WriteLx pn, intStartLine          'Print speed line
        WriteSvm pn, intStartLine                              'Print speed line
        If qd(i) = dblSD(lxl) Then
            WriteLineSends intStartLine, lxl
        End If
        SDint = 0
        Select Case intSLPointNumber(vi)                 'sxd(u)
        Case 1
            ui = 0
            writeSpeedPoint u, intStartLine
            u = u + 1
            intStartLine = intStartLine + 2
                mx = mx + 1
                mxPage False, ui + 1 < intSLPointNumber(vi)
            If qd(i) = dblSD(lxl) Then
                intSNumber = intSNumber + 1
            End If
        Case 2
            For ui = 0 To 1
                writeSpeedPoint u, intStartLine
                u = u + 1
                If qd(i) = dblSD(lxl) Then
                    If intCSLPN(lxl) > 1 Then
                        WritePointSends intStartLine, intSNumber
                        intSNumber = intSNumber + 1
                        SDint = SDint + 1
                    End If
                End If
                intStartLine = intStartLine + 2
                mx = mx + 1
                mxPage False, ui + 1 < intSLPointNumber(vi)
            Next
            If qd(i) = dblSD(lxl) Then
                If SDint = 0 Then
                    intSNumber = intSNumber + 1
```

```
            End If
        End If
    Case 3
        For ui = 0 To 2
            writeSpeedPoint u, intStartLine
            u = u + 1
            If qd(i) = dblSD(lxl) Then
                If intCSLPN(lxl) > 1 Then
                    WritePointSends intStartLine, intSNumber
                    intSNumber = intSNumber + 1
                    SDint = SDint + 1
                End If
            End If
            intStartLine = intStartLine + 2
            mx = mx + 1
            mxPage False, ui + 1 < intSLPointNumber(vi)
        Next
        If qd(i) = dblSD(lxl) Then
            If SDint = 0 Then
                intSNumber = intSNumber + 1
            End If
        End If
    Case 5
        For ui = 0 To 4
            writeSpeedPoint u, intStartLine
            u = u + 1
            If qd(i) = dblSD(lxl) Then
                If intCSLPN(lxl) > 1 Then
                    WritePointSends intStartLine, intSNumber
                    intSNumber = intSNumber + 1
                    SDint = SDint + 1
                End If
            End If
            intStartLine = intStartLine + 2
            mx = mx + 1
            mxPage False, ui + 1 < intSLPointNumber(vi)
        Next
        If qd(i) = dblSD(lxl) Then
            If SDint = 0 Then
                intSNumber = intSNumber + 1
            End If
        End If
    End Select
```

```
        intStartLine = intStartLine - 2            '多加1,退回
        j = j + 1
        sc = WaterSide(cx(i))
        WritePhDj intStartLine
        If qd(i) = dblSD(lxl) Then lxl = lxl + 1
        If Val(cx $(i + 1)) < 100 Then                              '下一垂线不测速
          If Val(cx $(i + 1)) = 0 Or Val(sh(i + 1)) = 0 Then
'下一垂线是水边
                nAera = nAera + 1
                writeSba intStartLine
                If vm(pn) < > 0 Then
                    writeSvbSq intStartLine
                    nvaq = nvaq + 1
                End If
                If lxl > 1 Then
                    If dblSD(lxl - 1) < > "" Then WritePsPqs intStartLine
                End If
            Else
                writeSda intStartLine
            End If
        Else
            '下一垂线测速
            nAera = nAera + 1
            writeSba intStartLine
            If vm(pn) = 0 And vm(pn + 1) = 0 Then
            Else
                writeSvbSq intStartLine
                nvaq = nvaq + 1
            End If
            If qd(i + 1) = dblSD(lxl) Then WritePsPqs intStartLine
        End If
        intStartLine = intStartLine + 2
        mx = mx + 1
        mxPage True
    End If
Loop Until i > = r Or LCase(cx(i)) = sjs
If r < = 20 Then WriteTongJi
Close #2
With exlMRApp. Workbooks(1). Worksheets(1)
    . Range("A21:AX25"). Font. Name = "宋体"
    . Range("A1:A1"). Select
End With
setMdiStatusBar frmMDIForm. StatusBar1, 1, "正在保存记载计算表"
```

```
i = InStrRev(strFileName, "\")
msg = Left(strFileName, i)
msg = msg & CStr(nf) & Format(cc, "0000") & ".xls"                                    'CurDir
On Error Resume Next
Kill msg
exlMRApp.Workbooks(1).SaveAs msg
exlMRApp.Workbooks.Close
Set exlMRApp = Nothing
exlMRApp.Quit
On Error GoTo 0
msg = Format(t1, "#0.00")
st1 = Left(msg, Len(msg) - 3) & ":" & Right(msg, 2)
msg = Format(t2, "#0.00")
st2 = Left(msg, Len(msg) - 3) & ":" & Right(msg, 2)
On Error Resume Next
    syf = yf 'IIf(Val(wy1) = yf, "", yf)
    srr = r1 'IIf(Val(wy2) = r1, "", r1)
    swzh = strComparatively_Location
'   If swzh = sy4 Then swzh = """"
    sdcf1 = "流速仪"
    sdcf2 = vxs & "/" & sdc
'   sdcf = sdcf1 & sdcf2
    msg = Format(EquivalentStage, "###0.00")
'   If Int(EquivalentStage) = wy6 Then msg = Right$(msg, 2)
'cc = Format(cc, "0000")
msg = cc & "," & syf & "," & srr & "," & st1 & "," & st2 & "," & swzh & "," _
        & sdcf1 & "," & sdcf2 & "," & msg & "," & sqz & "," & saz & "," & _
        svp & "," & svd & "," & sb & "," & sphz & "," & shd & "," & sbj & _
        "," & scl & "," & sbzh
fMsg = App.Path & "\Data\" & strSTCD & "\Q1G.XML"
SaveQ1G fMsg, snf, cc, msg
setMdiStatusBar frmMDIForm.StatusBar1, 1, "计算保存完毕"
Exit Function
errStage:
    If err.Number = 13 Then
        MsgBox "开始或终了水位数据错,请校对!"
    End If
ObjectErrHandle:
    If err.Number = 438 Then
      Resume Next
    ElseIf err = 380 Then
      'Err.Raise 380
      Resume Next
```

```
        End If
    End Function
    Sub WritePhDj(ByVal intStartLine As Integer)
        Dim intSub As Integer
        Dim sstr As String
        'If intStartLine > 41 Then
        '      intSub = intStartLine
        'Else
            intSub = intStartLine + 1
        'End If
    '     If intSub = 32 Then intSub = intSub + 18
    '     If (intSub - 86) Mod 47 = 0 Then intSub = intSub + 11
    '     Select Case intSub
    '     Case 86, 133, 180, 227
        If sph(j) = "" Then j = j + 1                              '平均水深和间距
        If strZDF = "B" Then
            If dblSMK > 99.94 Then
                sstr = Format $(d(j), "######0")
            ElseIf dblSMK > 4.9499 Then
                sstr = Format $(d(j), "######0.0")
            Else
                sstr = Format $(d(j), "######0.00")
            End If
        ElseIf strZDF = "A" Then
            sstr = Format $(d(j), "######0.0")
        End If
        With exlMRApp.Worksheets(1)
            .Cells(intSub, 32) = "'" & sph(j)
            .Cells(intSub, 35) = "'" & sstr
        End With
    End Sub
```

6.8.5 流量、输沙率综合制表公共模块组设计方法

流量、输沙率综合制表过程中,许多写入部分是可以共用的,通过模块共用,提高计算结果的一致性,提高软件开发效率,提高软件代码的可读性、可维护性。

本模块组应主要包括测速垂线数据输出、非测速垂线数据输出,测沙垂线数据输出、非测沙垂线数据输出等模块组设计。

有无流量偏角观测的垂线数据输出设计模块也可以划入该模块组。

测点流速计算输出模块设计应注意流向偏角改正,垂线平均流速数据输出应包括垂线流速系数及水面平均流速在同一单元格输出的方法。

```
    Sub WriteNotSpeedLine(ByVal intStartLine As Integer)
        Dim intSub As Integer
```

```
    'If intStartLine > 41 Then
    '    intSub = intStartLine + 1
    'Else
        intSub = intStartLine
    'End If
    With exlMRApp.Worksheets(1)                                  '测深数据
        .Cells(intSub, 1) = sc
        .Cells(intSub, 2) = sx
        If strZDF = "B" Then
            If dblSMK > 99.94 Then
                sqd(i) = Format$(qd(i), "######0")
            ElseIf dblSMK > 4.9499 Then
                sqd(i) = Format$(qd(i), "######0.0")
            Else
                sqd(i) = Format$(qd(i), "######0.00")
            End If
        ElseIf strZDF = "A" Then
            sqd(i) = Format(qd(i), "######0.0")
        End If
        .Cells(intSub, 4) = "'" & sqd(i)
        .Cells(intSub, 8) = "'" & dt$(i)
        .Cells(intSub, 16) = "'" & sh(i)
    End With
'    exlMRApp.Visible = True
End Sub
Sub WriteLx(ByVal pn As Integer, ByVal intStartLine As Integer)
    Dim intSub As Integer
    'If intStartLine > 41 Then
    '    intSub = intStartLine + 1
    'Else
        intSub = intStartLine
    'End If
    With exlMRApp.Worksheets(1)                                  '流向偏角
        .Cells(intSub, 24) = "'" & Format(lx(pn), "##0")
    End With
End Sub
Sub WriteSvm(ByVal pn As Integer, ByVal intStartLine As Integer)
    Dim intSub As Integer
    'If intStartLine > 41 Then
    '    intSub = intStartLine + 1
    'Else
        intSub = intStartLine
    'End If
```

```
    With exlMRApp. Worksheets(1)                            '垂线平均流速
        . Cells(intSub, 28) = "'" & svm(pn)
    End With
End Sub
Sub writeSpeedPoint(ByVal u As Integer, ByVal intStartLine As Integer)
    Dim intSub As Integer
    'If intStartLine > 41 Then
    '    intSub = intStartLine + 1
    'Else
        intSub = intStartLine
    'End If
    With exlMRApp. Worksheets(1)                                    '测点数据
        . Cells(intSub, 18) = "'" & sxd(u)
        . Cells(intSub, 19) = "'" & intLSYNumber(u)
        . Cells(intSub, 21) = "'" & xh(u)
        . Cells(intSub, 23) = "'" & sls(u)
        . Cells(intSub, 25) = "'" & sv(u)
    End With
End Sub
Sub writeSda(ByVal intStartLine As Integer)
    Dim intSub As Integer
    'If intStartLine > 41 Then
    '    intSub = intStartLine
    'Else
        intSub = intStartLine + 1
    'End If
    With exlMRApp. Worksheets(1)                          '测深垂线间部分面积
        . Cells(intSub, 37) = "'" & sda(j)
    End With
End Sub
Sub writeSba(ByVal intStartLine As Integer)
    Dim intSub As Integer
    'If intStartLine > 41 Then
    '    intSub = intStartLine
    'Else
        intSub = intStartLine + 1
    'End If
    With exlMRApp. Worksheets(1)                          '测速垂线间部分面积
        . Cells(intSub, 39) = "'" & sba(nAera)
    End With
End Sub
Sub writeSvbSq(ByVal intStartLine As Integer)
    Dim intSub As Integer
```

```
    'If intStartLine > 41 Then
    '     intSub = intStartLine
    'Else
        intSub = intStartLine + 1
    'End If
    With exlMRApp. Worksheets(1)                                    '部分平均流速和部分流量
        . Cells(intSub, 30) = "'" & sbv(nvaq)
        . Cells(intSub, 41) = "'" & sq(nvaq)
    End With
End Sub
Function CountPointVelocity(ByVal iXh As Long, ByVal iLs As Double, ByVal KConstant As Double, _
    ByVal CConstant As Double, subMsg As String) As String
    Dim cdv As Double                                               '计算测点流速
    Dim subLong As Long
    Dim sublong2 As Long, iOL As Integer
    If Len(subMsg) < 3 Then
        MsgBox "流速仪参数错"
        Exit Function
    End If
    subLong = Left(subMsg, InStr(subMsg, "/") - 1)
    sublong2 = Right(subMsg, Len(subMsg) - InStr(subMsg, "/"))
    cdv = KConstant * iXh / iLs * subLong / sublong2 + CConstant
    If iXh = 0 Then cdv = 0
    iOL = VPrecision(cdv)
    CountPointVelocity = funDAE(cdv, iOL \ 10, iOL Mod 10, 1, intCW)
End Function
Function WaterSide(ByVal cxh As String) As String
    If InStr(LCase(cxh), "y") < > 0 Or InStr(LCase(cxh), "右") < > 0 Then
        sc = "右"
        sx = "岸"
    ElseIf InStr(LCase(cxh), "z") < > 0 Or InStr(LCase(cxh), "左") < > 0 Then
        'cx $(60) = " 左岸"
        sc = "左"
        sx = "岸"
    ElseIf LCase(cxh) = "s" Or InStr(LCase(cxh), "水边") < > 0 Then
        sc = "水"
        sx = "边 "
    End If
  If Val(cxh) > 0 And Val(cxh) < 100 Then
    sc = Right("   " & cxh, 2)
    sx = ""
  ElseIf Val(cxh) > = 100 And Val(cxh) < 1000 Then
    sc = " " & Left $(cxh, 1)
```

```
    sx = Right("   " & Val(Right $(cxh, 2)), 2)
  ElseIf Val(cxh) > 1000 And Val(cxh) < 10000 Then
    sc = Left $(cxh, 2)
    sx = Right("   " & Val(Right $(cxh, 2)), 2)
  ElseIf Val(cxh) > 10000 Then
    sc = Left $(cxh, 2)
    sx = Right("   " & Val(Right $(cxh, 2)), 2)
  End If
  WaterSide = sc
End Function
'查找字符串
Function InStrCount(ByVal Source As String, ByVal Search As String) As Long
  InStrCount = Len(Replace(Source, Search, Search & " * ")) - Len(Source)
End Function
Function HLResolve(msg As String, iLi As Integer, iLx As Integer, iVTI() As Integer)
Dim varVar As Variant
varVar = Split(msg, ",")
If intIsQsFlags Then
    '取得垂线号
        If IsNumeric(varVar(0)) Then
        If varVar(1) = "" Then
            cx(iLi) = CStr(CInt(varVar(0)))
            iVTI(iLi) = 0                                                   '测深垂线 -0
        Else
            cx(iLi) = CStr(CInt(varVar(0)) * 100 + CInt(varVar(1)))     '测速垂线
            iVTI(iLi) = 1                                                   '测速垂线 -1
            If IsNumeric(varVar(2)) Then
                iCN = iCN + 1
                dblSD(iCN) = varVar(4)                                   '测沙垂线起点距
                iCL(iLi) = varVar(2)
                iVTI(iLi) = 2                                            '测沙垂线 -2
            End If
        End If
    Else
        cx(iLi) = varVar(0) & varVar(1)
        iVTI(iLi) = 9                                                       '水边 -9
    End If
    sqd(iLi) = varVar(4)
    qd(iLi) = CDbl(sqd(iLi))
    dt $(iLi) = varVar(5)
    h(iLi) = CDbl(varVar(9))
    If UBound(varVar) = 10 Then
        If IsNumeric(varVar(10)) Then lx(iLx) = varVar(10)
```

```
    End If
    Else
        '取得垂线号
        If IsNumeric(varVar(0)) Then
            If varVar(1) = "" Then
                cx(iLi) = CStr(CInt(varVar(0)))
                iVTI(iLi) = 0                                              '测深垂线-0
            Else
                cx(iLi) = CStr(CInt(varVar(0)) * 100 + CInt(varVar(1)))
                iVTI(iLi) = 1                                              '测速垂线-1
            End If
        Else
            cx(iLi) = varVar(0) & varVar(1)
            iVTI(iLi) = 9                                                  '水边-9
        End If
        sqd(iLi) = varVar(2)
        qd(iLi) = CDbl(sqd(iLi))
        dt $(iLi) = varVar(3)
        h(iLi) = CDbl(varVar(7))
        If UBound(varVar) = 8 Then
            If IsNumeric(varVar(8)) Then lx(iLx) = varVar(8)
        End If
    End If
    If InStr(cx(iLi), "左") <> 0 Or InStr(cx(iLi), "z") <> 0 Or InStr(cx(iLi), "右") <> 0 Or InStr(cx
(iLi), "y") <> 0 Then
        dblBorderDistance(intBZan) = qd(iLi)
        intBZan = intBZan + 1
    End If
    End Function
    Function PVResolve(msg As String, iLpn As Integer, Optional ByVal iss As Integer = 0, _
                    Optional ByVal iHi As Integer = 0) As Integer
    Dim varVar As Variant
    varVar = Split(msg, ",")
    PSpeed(iLpn, 0) = varVar(0)
    PSpeed(iLpn, 1) = varVar(1)
    PSpeed(iLpn, 2) = varVar(2)
    PSpeed(iLpn, 3) = varVar(3)
    If iss = 1 Then                                  '测点含沙量数据
        iCLP = iCLP + 1                              '垂线上测沙点数
        iCPN = iCPN + 1                              '含沙量个数
        strQsData(iCPN, 0) = sqd(iHi)                                '测沙起点距
        strQsData(iCPN, 1) = varVar(0)               '垂线综合方法,包括垂线混合、积深等
        strQsData(iCPN, 2) = varVar(4)                            '垂线含沙量
```

```
'       strSpeedDistance(di) = qdDigit(strQsData(di, 0)) & strQsData(di, 1) '起点距+相对位置
'       di = di + 1
End If
End Function
Sub SpeedCompositor(ByVal iH As Integer, ByVal pn As Integer)
    Dim intIdw As Integer                                   '垂线上各测点流速排序
    Dim intJDW As Integer
    Dim intKDW As Integer
    Dim strMsg As String
    If intSLPointNumber(pn) > 1 Then
        For intIdw = 1 To intSLPointNumber(pn) - 1
            For intJDW = intIdw + 1 To intSLPointNumber(pn)
                If PSpeed(intIdw, 0) > PSpeed(intJDW, 0) Then
                    For intKDW = 0 To 3
                        strMsg = PSpeed(intIdw, intKDW)
                        PSpeed(intIdw, intKDW) = PSpeed(intJDW, intKDW)
                        PSpeed(intJDW, intKDW) = strMsg
                    Next
                End If
            Next
        Next
    End If
    varSpeed(pn) = PSpeed()
    strSpeedDistance(pn) = qd(iH)
    blnStart = False
End Sub
Sub SaveSpeed(pn As Integer)
    Dim intIdw As Integer                                   '记入测点流速排序
    Dim intJDW As Integer
    Dim intKDW As Integer
    Dim strMsg As String
For intIdw = 1 To pn
    For vi = 1 To intSLPointNumber(intIdw)
        For intKDW = 0 To 3
            PSpeed(vi, intKDW) = varSpeed(intIdw)(vi, intKDW)
        Next
    Next
    If intSLPointNumber(intIdw) = 1 Then
        u = u + 1
        xd(u) = PSpeed(1, 0)
        intLSYNumber(u) = PSpeed(1, 1)
        xh(u) = PSpeed(1, 2)
        dblCSLS(u) = PSpeed(1, 3)
```

```
        Else
            For intJDW = 1 To intSLPointNumber(intIdw)
                u = u + 1
                xd(u) = PSpeed(intJDW, 0)
                intLSYNumber(u) = PSpeed(intJDW, 1)
                xh(u) = PSpeed(intJDW, 2)
                dblCSLS(u) = PSpeed(intJDW, 3)
            Next
        End If
    Next
    blnStart = False
    End Sub
    Sub HVLineCompositor(pn As Integer, iVTI() As Integer)                '垂线排序-按起点距
        Dim intIdw As Integer                                   '垂线排序交换 strBorderModulus(i, 2)
        Dim intJDW As Integer
        Dim intKDW As Integer
        Dim strMsg As String
        Dim intThan As Integer
        If dblBorderDistance(0) < dblBorderDistance(1) Then            'And strBorderModulus(4, 2)
            intThan = 0
        Else
            intThan = 1
        End If
    For intIdw = 1 To cscx - 1                    '排序垂线数据
    '      Debug.Print cx(intIdw), qd(intIdw), dt(intIdw), h(intIdw)
        For intJDW = intIdw + 1 To cscx
            If (Val(qd(intIdw)) > Val(qd(intJDW))) + intThan Then
                DataSwap cx(intIdw), cx(intJDW)
                DataSwap qd(intIdw), qd(intJDW)
                DataSwap dt(intIdw), dt(intJDW)
                DataSwap h(intIdw), h(intJDW)
                DataSwap iVTI(intIdw), iVTI(intJDW)
            End If
        Next
    Next
    For intIdw = 1 To pn - 1                      '排序测点流速数据
        For intJDW = intIdw + 1 To pn
            If (Val(strSpeedDistance(intIdw)) > Val(strSpeedDistance(intJDW))) + intThan Then
                DataSwap varSpeed(intIdw), varSpeed(intJDW)
                DataSwap lx(intIdw), lx(intJDW)
                DataSwap intSLPointNumber(intIdw), intSLPointNumber(intJDW)
            End If
        Next
```

```
Next
'For intIdw = 1 To pn
'     Debug.Print cx(intIdw), qd(intIdw), dt(intIdw), h(intIdw)
'Next
intLn1 = 0
intLn2 = 0
For intIdw = 1 To cscx                          '排序含沙量数据
    If Val(cx(intIdw)) > 0 Then
        intLn1 = intLn1 + 1
        If Val(cx(intIdw)) > 100 Then
            intLn2 = intLn2 + 1
            cx(intIdw) = Format(intLn1, "##") + Format(intLn2, "00")
        Else
            cx(intIdw) = Format(intLn1, "##")
        End If
    End If
Next
End Sub
Sub subSends(msg As String, di As Long, PorD As Integer)                      '含沙量数据分割
    Dim intDW As Integer
    Dim intJDW As Integer
    Dim strSubMsg As String
    If PorD = 1 Then
        intDW = InStr(msg, ",")
        strSubMsg = Left(msg, intDW - 1)
        strQsData(di, 0) = strSubMsg
        intJDW = intDW + 1
        intDW = InStr(intJDW, msg, ",")
        strQsData(di, 1) = Mid(msg, intJDW, intDW - intJDW)
        strQsData(di, 2) = Right(msg, Len(msg) - intDW)
    Else
        intDW = InStr(msg, ",")
        strSubMsg = Left(msg, intDW - 1)
        strSSData(di, 0) = strSubMsg
        intJDW = intDW + 1
        intDW = InStr(intJDW, msg, ",")
        strSSData(di, 1) = Mid(msg, intJDW, intDW - intJDW)
        strSSData(di, 2) = Right(msg, Len(msg) - intDW)
    End If
End Sub
Function qdDigit(subMsg As String) As String
    If InStr(subMsg, "-") = 0 Then
        qdDigit = "000000" & subMsg
```

```
            If InStr(qdDigit, ".") = 0 Then
                qdDigit = qdDigit & ".0"
            Else
                If InStr(qdDigit, ".") < Len(qdDigit) Then
                    qdDigit = qdDigit & "0"
                End If
            End If
            qdDigit = Right(qdDigit, 8)
        Else
            qdDigit = Right(subMsg, Len(subMsg) - 1)
            qdDigit = "000000" & qdDigit
            If InStr(qdDigit, ".") = 0 Then
                qdDigit = qdDigit & ".0"
            Else
                If InStr(qdDigit, ".") < Len(qdDigit) Then
                    qdDigit = qdDigit & "0"
                End If
            End If
            qdDigit = "-" & Right(qdDigit, 8)
        End If
End Function
Sub LineSends(intEndVar As Integer)
Dim m As Double, iOL As Integer
    For intStep = 1 To intEndVar
        m = strQsData(di, 2) * v(j)
        iOL = SPrecision(m)
        strSQSdata(di) = funDAE(m, iOL \ 10, iOL Mod 10, 1, intCW)
        j = j + 1
        di = di + 1
    Next
End Sub
Function PQSdata(ByVal PQS_Qdata As String, ByVal LPCdata As String)
Dim m As Double, iOL As Integer
    m = Val(LPCdata) * PQS_Qdata * 1000 ^ (intFileCSU \ 2 - 1)
    iOL = SPrecision(m)
    PQSdata = funDAE(m, iOL \ 10, iOL Mod 10, 1, intCW)
    'strZQs = Val(strZQs) + PQSdata
End Function
Sub WriteLevelF(strCn1 As String, strCn2 As String, strCg1 As String, strCg2 As String, strCg As String)
If LCase(strCn1) <> "no" Then
    With exlMRApp.Worksheets(1)
        If strCn1 = strCn2 Then
            wap $ = strCn1
```

```
            Else
                wap $ = strCn1 '& "/" & strCn2
            End If
            .Cells(intStartLine, 27) = "'" & wap $
            .Cells(intStartLine, 30) = "'" & strCg1
            .Cells(intStartLine, 34) = "'" & strCg2
            If strCld1 = strCld2 Then
                wap $ = strCld1
            Else
                wap $ = strCld1 ' & "/" & strCld2
            End If
            .Cells(intStartLine, 37) = "'" & wap $
            .Cells(intStartLine, 41) = "'" & strCg
        End With
    End If
    End Sub
    Sub WriteLevel(strCn1 As String, strCn2 As String, strCg1 As String, strCg2 As String, strCg As String)
    If LCase(strCn1) <> "no" Then
        With exlMRApp.Worksheets(1)
            If strCn1 = strCn2 Then
                wap $ = strCn1
            Else
                wap $ = strCn1 ' & "/" & strCn2
            End If
            .Cells(intStartLine, 32) = wap $
            .Cells(intStartLine, 38) = strCg1
            .Cells(intStartLine, 43) = strCg2
            If strCld1 = strCld2 Then
                wap $ = strCld1
            Else
                wap $ = strCld1 ' & "/" & strCld2
            End If
            .Cells(intStartLine, 46) = "'" & wap $
            .Cells(intStartLine, 49) = "'" & strCg
        End With
    End If
    End Sub
    Sub mxPage(Optional ByVal blnIsPart As Boolean, Optional bln As Boolean = False)
        If intStartLine = 33 Then                    '第一页
            If blnIsPart Then                        '是部分计算
                WriteTongJi
                CopyTable1 intStartLine
                intStartLine = intStartLine + 1
```

```
            WriteTableHead intStartLine
        Else
            If bln Then                                '测点未完
                WriteTongJi
                CopyTable1 intStartLine
                intStartLine = intStartLine + 1
                WriteTableHead intStartLine
            End If
        End If
    ElseIf intStartLine > 60 Then
        If (intStartLine + 2 - 42) Mod 47 = 0 Then
            If blnIsPart Then                              '是部分计算
                intStartLine = intStartLine + 2
                CopyTable1 intStartLine
                intStartLine = intStartLine + 1
                WriteTableHead intStartLine
            Else
                If bln Then                                '测点未完
                    intStartLine = intStartLine + 2
                    CopyTable1 intStartLine
                    intStartLine = intStartLine + 1
                    WriteTableHead intStartLine
                End If
            End If
        End If
    End If
End Sub
Public Function BorderModulus(hs As Variant)
    SmallHOfBorder = 0                                         '边坡系数选择
    If hs > SmallHOfBorder Then
        If cx(i) = "左岸" Or LCase(cx(i)) = "z" Then
            If strBorderModulus(2, 2) = 1 Or strBorderModulus(2, 2) = 3 Then
                BorderModulus = strBorderModulus(2, 1)
            Else
                Select Case strBorderModulus(0, 2)
                Case 1, 3
                    BorderModulus = strBorderModulus(0, 1)
                Case Else
                    BorderModulus = InputBorderModulus()
                End Select
            End If
        ElseIf cx(i) = "右岸" Or LCase(cx(i)) = "y" Then
            If strBorderModulus(2, 2) = 2 Or strBorderModulus(2, 2) = 3 Then
```

```
                BorderModulus = strBorderModulus(2, 1)
            Else
                Select Case strBorderModulus(0, 2)
                Case 2, 3
                    BorderModulus = strBorderModulus(0, 1)
                Case Else
                    BorderModulus = InputBorderModulus()
                End Select
            End If
        Else
            BorderModulus = strBorderModulus(2, 1)
        End If
    Else
        If cx(i) = "左岸" Or LCase(cx(i)) = "z" Then
            If strBorderModulus(3, 2) = 1 Or strBorderModulus(3, 2) = 3 Then
                BorderModulus = strBorderModulus(3, 1)
            Else
                Select Case strBorderModulus(1, 2)
                Case 1, 3
                    BorderModulus = strBorderModulus(1, 1)
                Case Else
                    BorderModulus = InputBorderModulus()
                End Select
            End If
        ElseIf cx(i) = "右岸" Or LCase(cx(i)) = "y" Then
            If strBorderModulus(3, 2) = 2 Or strBorderModulus(3, 2) = 3 Then
                BorderModulus = strBorderModulus(3, 1)
            Else
                Select Case strBorderModulus(1, 2)
                Case 2, 3
                    BorderModulus = strBorderModulus(1, 1)
                Case Else
                    BorderModulus = InputBorderModulus()
                End Select
            End If
        Else
            BorderModulus = strBorderModulus(3, 1)
        End If
    End If
End Function
Function InputBorderModulus() As String                          '缺少边坡系数时的输入
Dim msg As String
    msg = "边坡系数库中没有合适的岸边系数。" & vbCrLf _
```

```
        & "请你输入“" & cx(i) & " ”水深为" & sh(i) & "时的边坡系数。" _
        & vbCrLf & "并请你在本次流量计算完毕后及时修改“边坡系数库”"
    msg = InputBox(msg, "缺少边坡系数", "0.7")
    If IsNumeric(msg) Then
      InputBorderModulus = msg
    Else
        msg = MsgBox("对不起,你的操作不符合要求!" & vbCrLf & "系统将采用默认的系数 0.70
计算。" _
            & vbCrLf & "如果你不满意,你可以修改边坡系数库后重算。")
        InputBorderModulus = "0.70"
    End If
End Function
```

6.8.6 流量、输沙率计算模块

流量、输沙率计算模块组,包括读取各垂线测验原始数据、计算各测点、各垂线的流速、水深数据,并计算流量、输沙率及其统计数据,将相关数据输出生成标准报表、实测流量成果数据文件,并可直接生成实测流量成果表电算整编数据文件、实测输沙率成果表电算数据文件。电算数据文件格式应符合北方片水文资料整汇编软件数据结构要求和南方片水文资料整编软件数据结构要求。

流量记载表、输沙率记载表、实测流量成果表、实测输沙率成果表均应生成 Excel 报表文件。

```
Function CountQsToExcel(ByVal strFileName As String)
Dim m As Double
Dim iOL As Integer
Dim intThan As Integer
Dim SDint As Integer
Dim msg0 As String
Dim lxl As Integer
Dim intJU   As Integer
Dim xdl, xhl, lsl, dc
Dim tq, sdtv As String, scxv As String
Dim ll2 $, tdt $, qw, dtw, hiw, biw, mx, bi $, w1, sc $, w2
Dim cei, ceci, yr, wy1, wy2, wy01 $, wy02 $, wy3, sy4, sy5, sy6, sy16
Dim wy4, wy5, wy6, wy7, wy8, wy9, wy10, wy11, wy12, wy13 $, wy14, wy15
Dim bws, yrr, swy3, swy, swy4, swy15    ', ys, rsyrf,
Dim vi As Integer
Dim endFlags As Boolean
Dim DBoolean   As String
'Dim strFileName As String
Dim pn As Integer
Dim blnLastLine As Boolean
Dim blnLastV As Boolean
```

```
Dim blnLastS As Boolean
Dim iVTI(120) As Integer  'Vertical type identification 垂线类型标识
Dim quantityData1(10) As Long
Dim quantityData2(10) As Double
Dim quantityData3(10) As Long
Dim quantityData4(10) As Double
Dim quantityData5(10) As Long
Dim quantityData6(10) As Double
Dim quantityData7(10) As Long
Dim QNumber As Integer
Dim bt As String
Dim filenumber As Integer
Dim shuishi As Integer
Dim intmsg As Integer
Dim strMsg As String
Dim blnStart As Boolean
Dim blnEnd As Boolean
Dim intDW As Integer
Dim fi As Integer
Dim blnSB As Boolean                    '已进行边坡计算
Dim msg As String
'输沙率计算变量定义
Dim isse As Integer                     '垂线含沙量 1,测点含沙量 0
Dim fMsg As String                      '通用局部变量
Dim varVar As Variant                   '通用局部变量
Dim intDStart As Integer                '起点距起始方向
Dim strSN As String                     '当前站名
Dim strSTCD As String                   '当前测站编码
Dim intvltotal As Integer               '流速仪个数
Dim SDF_Way As Integer                  '起点距计算方法
Dim SDF_Sign As String                  '起点距计算符号
Dim SDF_Constant As Double              '起点距计算加常数
Dim iHi As Integer                      '测深垂线数
Dim iLx As Integer                      '测速垂线数
Dim iPN As Integer                      '测速点数
Dim xmlDoc As DOMDocument               '定义 XML 文档
Dim blnLoadXML As Boolean               '加载 XML 成功
Set xmlDoc = New DOMDocument
blnLoadXML = xmlDoc.Load(strFileName)
Dim root As IXMLDOMElement              '定义 XML 根节点
Set root = xmlDoc.documentElement       '给 XML 根节点赋值
Dim sssNode As IXMLDOMNode              '第二级单个节点
Dim tssNode As IXMLDOMNode              '第三级单个节点
```

```
Dim fssNode As IXMLDOMNode                        '第四级单个节点
Dim wssNode As IXMLDOMNode                        '第五级单个节点
Dim sssNodeList As IXMLDOMNodeList                '元素列表
setMdiStatusBar frmMDIForm.StatusBar1, 1, "正在读取控制数据"
ReDim intSLPointNumber(120)
iCN = 0
iCPN = 0
Set sssNode = root.selectSingleNode("CP1")    '是否输沙率标志
intIsQsFlags = CInt(sssNode.Text)
Set sssNode = root.selectSingleNode("CP2")    '有否水位数据标志
intLevelFriquent = CInt(sssNode.Text)
Set sssNode = root.selectSingleNode("CP3")    '是否携带各种流速系数标志
intSchlepModulus = CInt(sssNode.Text)
Set sssNode = root.selectSingleNode("CP4")    '起点距方向标志
intDStart = CInt(sssNode.Text)
Set sssNode = root.selectSingleNode("CP5")    '起点距格式标志
strZDF = sssNode.Text
Set sssNode = root.selectSingleNode("SN")     '站名信息
msg = sssNode.Text
varVar = Split(msg, ",")
If UBound(varVar) > 0 Then
    strSTCD = varVar(0)
    strSN = varVar(1)
    ZHanMing = varVar(1)
Else
    strSN = varVar(0)
    ZHanMing = varVar(0)
End If
Set sssNode = root.selectSingleNode("ST")     '开始时间组
'strST = sssNode.Text
Set tssNode = sssNode.selectSingleNode("ST1")     '开始时间-年
nf = CInt(tssNode.Text)
Set tssNode = sssNode.selectSingleNode("ST2")     '开始时间-月
yf = CInt(tssNode.Text)
Set tssNode = sssNode.selectSingleNode("ST3")     '开始时间-日
r1 = CInt(tssNode.Text)
Set tssNode = sssNode.selectSingleNode("ST4")     '开始时间-时
t1 = CInt(tssNode.Text)
Set tssNode = sssNode.selectSingleNode("ST5")     '开始时间-分
t1 = t1 + CInt(tssNode.Text) / 100
Set sssNode = root.selectSingleNode("ET")         '结束时间组
Set tssNode = sssNode.selectSingleNode("ET1")     '结束时间-年
'nf = CInt(tssNode.Text)
```

```
Set tssNode = sssNode.selectSingleNode("ET2")      '结束时间-月
'yf = CInt(tssNode.Text)
Set tssNode = sssNode.selectSingleNode("ET3")      '结束时间-日
r2 = CInt(tssNode.Text)
Set tssNode = sssNode.selectSingleNode("ET4")      '结束时间-时
t2 = CInt(tssNode.Text)
Set tssNode = sssNode.selectSingleNode("ET5")      '结束时间-分
t2 = t2 + CInt(tssNode.Text) / 100
Set sssNode = root.selectSingleNode("WTH")      '天气
tq = sssNode.Text
Set sssNode = root.selectSingleNode("WDM")      '风向
sfx = sssNode.Text
Set sssNode = root.selectSingleNode("WDP")      '风力
sfx = sfx & sssNode.Text
Set sssNode = root.selectSingleNode("FD")      '流向
strFlowAngle = sssNode.Text
Set sssNode = root.selectSingleNode("WT")      '水温
If sssNode Is Nothing Then
    MsgBox "目前无水温数据,请注意填写!"
Else
    strWT = sssNode.Text
End If
Set sssNode = root.selectSingleNode("VL")      '流速仪
Set tssNode = sssNode.selectSingleNode("Total")      '流速仪数量
intvltotal = CInt(tssNode.Text)
intYiqishu = intvltotal
For i = 1 To intvltotal
    msg = "VLP" & CStr(i)
    Set tssNode = sssNode.selectSingleNode(msg)      '逐个读取流速仪数据
    fMsg = tssNode.Text
    fMsg = Replace(fMsg, "=", "")
    fMsg = Replace(fMsg, "n", "")
    fMsg = Replace(fMsg, "+", "")
    fMsg = Replace(fMsg, "  ", " ")
    varVar = Split(fMsg, " ")
    For j = 0 To UBound(varVar)
        strLsy(i, j) = varVar(j)
    Next
Next
Set sssNode = root.selectSingleNode("SCT")      '停表牌号
stbh = sssNode.Text
Set sssNode = root.selectSingleNode("SDF")      '起点距公式
Set tssNode = sssNode.selectSingleNode("SDF1")      '计算方法
```

```
i = CInt(tssNode.Text)
If i < 0 Then i = 0
SDF_Way = i
If i > 0 Then
    Set tssNode = sssNode.selectSingleNode("SDF2")    '计算符号
    SDF_Sign = tssNode.Text
    Set tssNode = sssNode.selectSingleNode("SDF3")    '计算常数
    SDF_Constant = CDbl(tssNode.Text)
End If
Set sssNode = root.selectSingleNode("SS")    '开始水位
    Set tssNode = sssNode.selectSingleNode("SS1")    '基本水尺
    fMsg = tssNode.Text
    varVar = Split(fMsg, ",")
    strPn1 = varVar(0): strPg1 = varVar(1): strPld1 = varVar(2)
    Set tssNode = sssNode.selectSingleNode("SS2")    '测流断面
    fMsg = tssNode.Text
    varVar = Split(fMsg, ",")
    strCn1 = varVar(0): strCg1 = varVar(1): strCld1 = varVar(2)
    Set tssNode = sssNode.selectSingleNode("SS3")    '比降上断面
    fMsg = tssNode.Text
    varVar = Split(fMsg, ",")
    strUn1 = varVar(0): strUg1 = varVar(1): strUld1 = varVar(2)
    Set tssNode = sssNode.selectSingleNode("SS4")    '比降下断面
    fMsg = tssNode.Text
    varVar = Split(fMsg, ",")
    strLn1 = varVar(0): strLg1 = varVar(1): strLld1 = varVar(2)
Set sssNode = root.selectSingleNode("ES")    '终了水位
    Set tssNode = sssNode.selectSingleNode("ES1")    '基本水尺
    fMsg = tssNode.Text
    varVar = Split(fMsg, ",")
    strPn2 = varVar(0): strPg2 = varVar(1): strPld2 = varVar(2)
    Set tssNode = sssNode.selectSingleNode("ES2")    '测流断面
    fMsg = tssNode.Text
    varVar = Split(fMsg, ",")
    strCn2 = varVar(0): strCg2 = varVar(1): strCld2 = varVar(2)
    Set tssNode = sssNode.selectSingleNode("ES3")    '比降上断面
    fMsg = tssNode.Text
    varVar = Split(fMsg, ",")
    strUn2 = varVar(0): strUg2 = varVar(1): strUld2 = varVar(2)
    Set tssNode = sssNode.selectSingleNode("ES4")    '比降下断面
    fMsg = tssNode.Text
    varVar = Split(fMsg, ",")
    strLn2 = varVar(0): strLg2 = varVar(1): strLld2 = varVar(2)
```

```
'dblMinDis = 1000000
'dblMaxDis = -1000000
setMdiStatusBar frmMDIForm.StatusBar1, 1, "正在读取垂线数据"
iHi = 0: iLx = 0: iPN = 0: di = 0
Dim tssNodeList As IXMLDOMNodeList                    '定义节点列表
Set sssNode = root.selectSingleNode("MD")           '选择垂线数据节点
If sssNode.childNodes.length > 0 Then               '有垂线数据
    Set tssNodeList = sssNode.selectNodes("VD") '获得垂线数据列表
    If tssNodeList.length > 0 Then                  '垂线数大于0
        For Each fssNode In tssNodeList             '逐个垂线节点处理
            iHi = iHi + 1                           '测深垂线计数
            If fssNode.childNodes.length <= 1 Then  '测深垂线
                Set wssNode = fssNode.selectSingleNode("VDH") '垂线数据
                msg = wssNode.Text
                HLResolve msg, iHi, iLx, iVTI()            '解析垂线测深数据
            Else
                iLx = iLx + 1                       '测速垂线计数
                Set wssNode = fssNode.selectSingleNode("VDH") '垂线数据
                msg = wssNode.Text
                HLResolve msg, iHi, iLx, iVTI()            '解析垂线测深数据
                If fssNode.childNodes.length = 3 Then                          '垂线含沙量
                    Set wssNode = fssNode.selectSingleNode("VDS") '含沙量数据
                    intCLW(iCN) = 0                                            '垂线综合法
                    intCSLPN(iCN) = 0
                    iZLN = iZLN + 1            '综合法垂线数递增
                    iCPN = iCPN + 1            '含沙总数递增
'                    dblSD(iCN) = qd(iHi)
                    strQsData(iCPN, 0) = sqd(iHi)                              '测沙起点距
                    strQsData(iCPN, 1) = "9.0"                     '垂线综合方法,包括垂线
混合、积深等
                    strQsData(iCPN, 2) = wssNode.Text                                       '
垂线含沙量
'                    strSpeedDistance(di) = qdDigit(strQsData(di, 0)) & strQsData(di, 1) '起点距
+相对位置
'                    di = di + 1
                    isse = 0
                Else
                    If iCL(iHi) > 0 Then
                        '测点含沙量
'                        Set wssNode = fssNode.selectSingleNode("VPD") '含沙量数据
'                        Set tssNodeList = wssNode.selectNodes("PD") '获得垂线数据列表
'                        If tssNodeList.length > 0 Then                         '垂线数大于0
'                            Dim pNode As IXMLDOMNode
```

```
'                           For Each pNode In tssNodeList             '逐个垂线节点处理
                    isse = 1
                Else
                    '非测沙垂线
                    isse = 0
                End If
            End If
            iCLP = 0
            Dim fssNodeList As IXMLDOMNodeList
            Dim pNode As IXMLDOMNode
            Set wssNode = fssNode.selectSingleNode("VPD") '含沙量数据
            Set fssNodeList = wssNode.selectNodes("PD")
            For Each pNode In fssNodeList
                iPN = iPN + 1                       '测速点计数
                intSLPointNumber(iLx) = intSLPointNumber(iLx) + 1
                PVResolve pNode.Text, intSLPointNumber(iLx), isse, iHi '解析测点测速数据
            Next
            If iCLP > 0 Then
                intCLW(iCN) = iCLP      '垂线点数>0
                intCSLPN(iCN) = iCLP
            End If
            SpeedCompositor iHi, iLx
        End If
    Next
  End If
End If
cscx = iHi
ds = iPN: dc = iPN                                                          '测点数
vxs = iLx                                                                   '测速垂线数
intBN = iCN             '测沙垂线数
intSNumber = iCPN                 '垂线含沙量及测点含沙量个数
intCnumber = i                    '单沙个数
setMdiStatusBar frmMDIForm.StatusBar1, 1, "正在读取辅助数据"
Set sssNode = root.selectSingleNode("SD")       '比降断面间距
strLocation(2) = sssNode.Text
Set sssNode = root.selectSingleNode("MC")       '附注数据
varVar = Split(sssNode.Text, ",")
strComparatively_Location = varVar(0)        '断面位置
If InStr(strComparatively_Location, "基上") = 0 _
        And InStr(strComparatively_Location, "基下") = 0 Then
    strComparatively_Location = "基本水尺断面"
Else
    strComparatively_Location = strComparatively_Location & varVar(1) & "m"
```

```
End If
Set sssNode = root.selectSingleNode("ANN")   '其他说明
strRemark = sssNode.Text
Set sssNode = root.selectSingleNode("QNUM")   '流量测次
If Not sssNode Is Nothing Then cc = sssNode.Text
Set sssNode = root.selectSingleNode("QSNUM")   '输沙率测次
If Not sssNode Is Nothing Then QsCC = sssNode.Text
Set sssNode = root.selectSingleNode("SNUM")   '含沙量测次
If Not sssNode Is Nothing Then SandCC = sssNode.Text
Set sssNode = root.selectSingleNode("CN")   '签名
varVar = Split(sssNode.Text, ",")
For i = 0 To UBound(varVar)
    strUnderWrite(i) = varVar(i)
Next
'If intSchlepModulus Then
    Set tssNode = root.selectSingleNode("PM")          '测点流速系数
    i = 0
    Set sssNode = tssNode.selectSingleNode("PMI00")    '水面系数
    If sssNode.childNodes.length > 0 Then              '有水面系数数据
        Set sssNodeList = sssNode.selectNodes("PMI")       '获得水面系数数据列表
        For Each fssNode In sssNodeList                 '逐个节点处理
            varVar = Split(fssNode.Text, ",")
            dblPM(i, 0) = 1000 * CDbl(0#) + CDbl(varVar(0))
            dblPM(i, 1) = CDbl(varVar(1))
            strPointModulus(i, 0) = "0.0"
            strPointModulus(i, 1) = varVar(0)
            strPointModulus(i, 2) = varVar(1)
            i = i + 1
        Next
    End If
    Set sssNode = tssNode.selectSingleNode("PMI02")    '0.2 系数
    If sssNode.childNodes.length > 0 Then              '有垂线数据
        Set sssNodeList = sssNode.selectNodes("PMI")      '获得垂线数据列表
        For Each fssNode In sssNodeList                 '逐个垂线节点处理
            varVar = Split(fssNode.Text, ",")
            dblPM(i, 0) = 1000 * CDbl(0.2) + CDbl(varVar(0))
            dblPM(i, 1) = CDbl(varVar(1))
            strPointModulus(i, 0) = "0.2"
            strPointModulus(i, 1) = varVar(0)
            strPointModulus(i, 2) = varVar(1)
            i = i + 1
        Next
    End If
```

```
Set sssNode = tssNode.selectSingleNode("PMI05")    '0.5 系数
If sssNode.childNodes.length > 0 Then               '有垂线数据
    Set sssNodeList = sssNode.selectNodes("PMI")     '获得垂线数据列表
    For Each fssNode In sssNodeList                 '逐个垂线节点处理
        varVar = Split(fssNode.Text, ",")
        dblPM(i, 0) = 1000 * CDbl(0.5) + CDbl(varVar(0))
        dblPM(i, 1) = CDbl(varVar(1))
        strPointModulus(i, 0) = "0.5"
        strPointModulus(i, 1) = varVar(0)
        strPointModulus(i, 2) = varVar(1)
        i = i + 1
    Next
End If
Set sssNode = tssNode.selectSingleNode("PMI06")    '0.5 系数
If sssNode.childNodes.length > 0 Then               '有垂线数据
    Set sssNodeList = sssNode.selectNodes("PMI")     '获得垂线数据列表
    For Each fssNode In sssNodeList                 '逐个垂线节点处理
        varVar = Split(fssNode.Text, ",")
        dblPM(i, 0) = 1000 * CDbl(0.6) + CDbl(varVar(0))
        dblPM(i, 1) = CDbl(varVar(1))
        strPointModulus(i, 0) = "0.6"
        strPointModulus(i, 1) = varVar(0)
        strPointModulus(i, 2) = varVar(1)
        i = i + 1
    Next
End If
Set sssNode = root.selectSingleNode("BM")          '边坡流速系数
Set tssNode = sssNode.selectSingleNode("BM1")      '水面流速系数
varVar = Split(tssNode.Text, ",")
strBorderModulus(0, 0) = varVar(0)
strBorderModulus(0, 1) = varVar(1)
strBorderModulus(0, 2) = Val(varVar(2))
Set tssNode = sssNode.selectSingleNode("BM2")      '水面流速系数
varVar = Split(tssNode.Text, ",")
strBorderModulus(1, 0) = varVar(0)
strBorderModulus(1, 1) = varVar(1)
strBorderModulus(1, 2) = Val(varVar(2))
Set tssNode = sssNode.selectSingleNode("BM3")      '水面流速系数
varVar = Split(tssNode.Text, ",")
strBorderModulus(2, 0) = varVar(0)
strBorderModulus(2, 1) = varVar(1)
strBorderModulus(2, 2) = Val(varVar(2))
Set tssNode = sssNode.selectSingleNode("BM4")      '水面流速系数
```

```
        varVar = Split(tssNode.Text, ",")
        strBorderModulus(3, 0) = varVar(0)
        strBorderModulus(3, 1) = varVar(1)
        strBorderModulus(3, 2) = Val(varVar(2))
        Set tssNode = sssNode.selectSingleNode("BM5")      '水面流速系数
        varVar = Split(tssNode.Text, ",")
        strBorderModulus(4, 0) = varVar(0)
        strBorderModulus(4, 1) = varVar(1)
        strBorderModulus(4, 2) = Val(varVar(2))
    'End If
    If intIsQsFlags Then
        Set sssNode = root.selectSingleNode("PSC")   '相应单样含沙量
        If Not sssNode Is Nothing Then strPscC = sssNode.Text
        Set sssNode = root.selectSingleNode("QSLP")    '输沙率测线/测点
        If Not sssNode Is Nothing Then pXianDianBi = sssNode.Text
        Set sssNode = root.selectSingleNode("SPT")   '测沙仪器形式
        If Not sssNode Is Nothing Then pSYiQiXingShi = sssNode.Text
        Set sssNode = root.selectSingleNode("QSW")    '断沙测验方法
        If Not sssNode Is Nothing Then pChuiXianCeFa = sssNode.Text
        Set sssNode = root.selectSingleNode("CSW")    '单沙测验方法
        If Not sssNode Is Nothing Then pDanShaCeFa = sssNode.Text
        Set sssNode = root.selectSingleNode("CSU")   '含沙量输沙率单位
        If Not sssNode Is Nothing Then
            intFileCSU = CInt(sssNode.Text)
        End If
    End If
    '      <SPT>横式</SPT>
    '      <QSW>选点</QSW>
    '      <CSW>主流边一线垂线混合</CSW>
    '      <CSU>0</CSU>
    ReleaseXMLObjects xmlDoc
    setMdiStatusBar frmMDIForm.StatusBar1, 1, "正在进行垂线数据排序"
    HVLineCompositor iLx, iVTI()                                                   '垂线排序
    dblSMK = 0                                      '初步计算水面宽
    For i = 2 To cscx
        If IsNumeric(cx(i)) = True Then                                           '是测深垂线
            m = Abs(qd(i) - qd(i - 1))
            dblSMK = dblSMK + m
        Else
            If IsNumeric(cx(i - 1)) = True Then
                m = Abs(qd(i) - qd(i - 1))
                dblSMK = dblSMK + m
            End If
```

```
    End If
Next
SaveSpeed iLx                                                    '存储各测点流速数据
On Error GoTo 0
    If dblBorderDistance(0) < dblBorderDistance(1) Then          'And strBorderModulus(4, 2)
        intThan = 0
    Else
        intThan = 1
    End If
If intIsQsFlags Then
    pNishadanWei = "0"
' CPrecision    funDAE      被处理数据;有效位数; 最多小数位数  源数精度  进位方式
    m = strPscC
    iOL = CPrecision(m)
    strPscC = funDAE(m, iOL \ 10, iOL Mod 10, 1, intCW)
End If
setMdiStatusBar frmMDIForm.StatusBar1, 1, "正在进行流量数据分析计算"
stq = tq                                                         '天气处理
Select Case tq
Case 7
    stq = "雨"
Case 8
    stq = "阴"
Case 9
    stq = "晴"
End Select
t3# = Int(t1) + (t1 - Int(t1)) / 0.6                             '时间处理
t4# = Int(t2) + (t2 - Int(t2)) / 0.6
If t4# > t3# Then
    r2 = r1
    rp = r1
    m = t3# / 2 + t4# / 2
ElseIf t4# < t3# And (t3# + t4#) / 2 < 24 Then
    r2 = r1 + 1
    rp = r1
    m = (t3# + t4# + 24) / 2
Else
'If t4# < t3# And (t3# + t4#) >= 24 Then
    r2 = r1 + 1
    rp = r2
    m = (t3# + t4# - 24) / 2
End If
stt1 = Int(m) + Int((m - Int(m)) * 0.6 + 0.405)
```

```
stt2 = Round(((m - Int(m)) * 60)) Mod 60
i = DayOfMonth(nf, yf)                                          'r2
If r2 > i Then
    r2 = 1
    yf = yf + 1
    If yf > 12 Then
        yf = 1
        nf = nf + 1
    End If
End If
If rp > i Then                                                  '平均日期
    rp = 1
End If
st11 = Int(t1) + Int((t1 - Int(t1)) + 0.405)
st12 = Round((t1 - Int(t1)) * 100) Mod 60
st21 = Int(t2) + Int((t2 - Int(t2)) + 0.405)
st22 = Round((t2 - Int(t2)) * 100) Mod 60
snf = LTrim $(str $(nf))                                        '年、月、日转换为串
syf = LTrim $(str $(yf))
sr1 = LTrim $(str $(r1))
sr2 = LTrim $(str $(r2))
glbBoolean = False
EquivalentStage = 0
If intEquivalentStage = 0 Then          '读水位数据
    Close #filenumber
    setMdiStatusBar frmMDIForm.StatusBar1, 1, "正在读取水位数据"
    xiangyingshuiwei
    If Not glbBoolean Then
        msg = MsgBox("因数据不存在,不能计算相应水位。是否人工录入水位数据?", vbYesNo)
        If msg = vbYes Then
            frmStageInput.Show 1
        End If
    End If
'    '添加相应水位标志
'    If strESData <> "" And Len(strESData) > 20 Then
'        msg = frmInput.txtBrowse.Text
Else
'    ReadEStageData filenumber
    Close #filenumber
    glbBoolean = True
End If
setMdiStatusBar frmMDIForm.StatusBar1, 1, "正在进行流量计算"
If cx $(1) = "左岸" Then                                          '设置终止标志
```

```
        sjs = "右岸"
    ElseIf cx $(1) = "右岸" Then
        sjs = "左岸"
    ElseIf LCase(cx $(1)) = "y" Then
        sjs = "z"
    ElseIf LCase(cx $(1)) = "z" Then
        sjs = "y"
    End If
    '水面宽、面积、死水面积、流量置零
    b = 0
    a = 0
    asa = 0
    qz = 0
    For i = 1 To 120                                                    '部分面积置0
      ba(i) = 0
    Next
    pn = 1
    nvaq = 0
    u = 0: n = 1: iv = 0: ix = 0                                        ': k = k0: c = c
    vx = 0.1
    vi = 0
    i = 1
    blnIsNew = True
    intBN = 0
    blnLastLine = True
    vt $(intBN) = dt $(i)
    vc $(intBN) = Right $(cx $(i), 2)
    vdd(intBN) = qd(i)
    intBN = intBN + 1
    intLineNumeric = 0
    kv = BorderModulus(h(i))                                            '获得边坡系数
    Do
        i = i + 1: j = i - 1
        If strZDF = "B" Then
            If dblSMK > 99.94 Then
                sqd(i) = Format $(qd(i), "######0")
            ElseIf dblSMK > 4.9499 Then
                sqd(i) = Format $(qd(i), "######0.0")
            Else
                sqd(i) = Format $(qd(i), "######0.00")
            End If
        ElseIf strZDF = "A" Then
            sqd(i) = Format $(qd(i), "######0.0")
```

```
        End If
        qd(i) = sqd(i)
'       If qd(i) = 702 Then Stop
    If Val(cx(i)) = 0 Or h(i) = 0 Then                              '边坡垂线
            blnSB = False
            blnIsNew = True                                  '从水边开始新的测速垂线
            vt $(intBN) = dt $(i)
            If Val(cx(i)) = 0 Then
                vc $(intBN) = Right $(cx $(i), 2)
            Else
                vc $(intBN) = "水边"
            End If
            vdd(intBN) = qd(i)
            intBN = intBN + 1
            kv = BorderModulus(h(i))
            If Val(cx(j)) <> 0 Then                            '上一条垂线不是边坡
                d(j) = Abs(qd(i) - qd(j))                             '计算间距
                iOL = DPrecision(d(j))
                strD(j) = funDAE(d(j), iOL \ 10, iOL Mod 10, 1, intCW)
                d(j) = strD(j)
                b = b + d(j)                                          '累积河宽
                m = h(i) / 2 + h(j) / 2                           '垂线间平均水深
                iOL = HPrecision(m)
                sph(j) = funDAE(m, iOL \ 10, iOL Mod 10, 1, intCW)
                ph(j) = sph(j)
                m = d(j) * ph(j)                                  '垂线间部分面积
                iOL = APrecision(m)
                sda(j) = funDAE(m, iOL \ 10, iOL Mod 10, 1, intCW)
                da(j) = sda(j)
                m = ba(n) + da(j)
                iOL = APrecision(m)
                sba(n) = funDAE(m, iOL \ 10, iOL Mod 10, 1, intCW)
                ba(n) = sba(n)
                If vm(ix) = 0 Then
                    asa = asa + ba(n)
                    a = a + ba(n)
                Else
'                    kv = BorderModulus(h(i))
                    m = vm(ix) * kv
                    iOL = VPrecision(m)
                    sbv(nvaq) = funDAE(m, iOL \ 10, iOL Mod 10, 1, intCW)
                    bv(nvaq) = sbv(nvaq)
                    m = bv(nvaq) * ba(n)
```

```
                iOL = QPrecision(m)
                sq(nvaq) = funDAE(m, iOL \ 10, iOL Mod 10, 1, intCW)
                q(nvaq) = sq(nvaq)
                qz = qz + q(nvaq)
                blnIsNew = False
                If i < cscx Then
                    If IsNumeric(cx $(i + 1)) Then
                        blnIsNew = True
                    End If
                End If
                a = a + ba(n)
                nvaq = nvaq + 1
            End If
            n = n + 1
        Else
        End If
        blnLastLine = True
    Else
        d(j) = Abs(qd(i) - qd(j))
        m = d(j)
        iOL = DPrecision(m)
        strD(j) = funDAE(m, iOL \ 10, iOL Mod 10, 1, intCW)
        d(j) = strD(j)
        b = b + d(j)
        m = h(i) / 2 + h(j) / 2
        iOL = HPrecision(m)
        sph(j) = funDAE(m, iOL \ 10, iOL Mod 10, 1, intCW)
        ph(j) = sph(j)
        m = d(j) * ph(j)
        iOL = APrecision(m)
        sda(j) = funDAE(m, iOL \ 10, iOL Mod 10, 1, intCW)
        da(j) = sda(j)
        ba(n) = ba(n) + da(j)
        If Val(cx(i)) > 100 Then
            m = ba(n)
            iOL = APrecision(m)
            sba(n) = funDAE(m, iOL \ 10, iOL Mod 10, 1, intCW)
            ba(n) = sba(n)
            pn = pn + 1: ix = ix + 1: l = ix - 1
            For di = 0 To intSLPointNumber(ix) - 1
                u = u + 1: iv = iv + 1
                sv(u) = CountPointVelocity(xh(u), dblCSLS(u), strLsy(intLSYNumber(u), 4), strLsy
(intLSYNumber(u), 5), _
```

```
            strLsy(intLSYNumber(u), 6))
        v(u) = sv(u)
    Next
    Select Case intSLPointNumber(ix)
    Case 1
        di = 0
        KPoint = 0
        fi = 0
        Do
            fi = fi + 1
            If xd(u) > strPointModulus(di, 0) Then
                di = di + 1
            Else
                If xd(u) = strPointModulus(di, 0) And v(u) > strPointModulus(di, 1) Then
                    di = di + 1
                ElseIf xd(u) = strPointModulus(di, 0) Then
                    KPoint = strPointModulus(di, 2)
                End If
            End If
        Loop Until KPoint > 0 Or fi > 1000
        If fi > 1000 Then KPoint = 1
        m = v(u) * KPoint
    Case 2
        m = (v(u - 1) + v(u)) / 2
    Case 3
        m = (v(u - 2) + v(u - 1) + v(u)) / 3
    Case 5
        m = (v(u - 4) + 3 * v(u - 3) + 3 * v(u - 2) + 2 * v(u - 1) + v(u)) / 10
    Case Else
        MsgBox "抱歉！非标准测点,本系统无法处理。"
    End Select
    If lx(ix) > 10 Then m = m * Cos(lx(ix) * 3.1415926 / 180)
    iOL = VPrecision(m)
    svm(ix) = funDAE(m, iOL \ 10, iOL Mod 10, 1, intCW)
    vm(ix) = svm(ix)
    If vm(ix) = 0 Then kv = strBorderModulus(4, 1)                              '垂线为死水边
    If vm(ix) = 0 And vm(1) = 0 Then
        asa = asa + ba(n)                                                       '死水累计
        a = a + ba(n)                                                           '总面积累计
    Else
        If vm(ix) <> 0 And blnIsNew = True Then                   '本垂线为第一调测速垂线
            m = vm(ix) * kv                                       '
        ElseIf vm(ix) <> 0 And ix = 1 Then                '本垂线为第一调测速垂线
```

```
            m = vm(ix) * kv                                         '
        ElseIf vm(ix) <> 0 And vm(l) <> 0 Then                  '畅流
            m = (vm(ix) + vm(l)) / 2                            '平均流速
        ElseIf vm(l) = 0 Then                                   '上一垂线为死水边
            m = vm(ix) * strBorderModulus(4, 1)
        ElseIf vm(ix) = 0 Then                                  '本垂线为死水边
            m = vm(l) * strBorderModulus(4, 1)
        End If
        iOL = VPrecision(m)
        sbv(nvaq) = funDAE(m, iOL \ 10, iOL Mod 10, 1, intCW)
        bv(nvaq) = sbv(nvaq)
        m = bv(nvaq) * ba(n)
        iOL = QPrecision(m)
        sq(nvaq) = funDAE(m, iOL \ 10, iOL Mod 10, 1, intCW)
        q(nvaq) = sq(nvaq)
        qz = qz + q(nvaq)
        blnIsNew = False
        a = a + ba(n)
        nvaq = nvaq + 1
    End If
    vt $(intBN) = dt $(i)
    vc $(intBN) = Right $(cx $(i), 2)
    vdd(intBN) = qd(i)
    intBN = intBN + 1
    vi = vi + 1
    n = n + 1
  End If
 End If
Loop Until cx(i) = sjs
r = i: X = n - 1
m = a                                                           '水道断面面积
iOL = APrecision(m)
saz = funDAE(m, iOL \ 10, iOL Mod 10, 1, intCW)
a = saz
m = qz                                                          '断面流量
iOL = QPrecision(m)
sqz = funDAE(m, iOL \ 10, iOL Mod 10, 1, intCW)
qz = sqz
m = qz / a
iOL = VPrecision(m)
svp = funDAE(m, iOL \ 10, iOL Mod 10, 1, intCW)
vp = svp
'End If
```

```
If asa <> 0 Then
    m = asa
    iOL = APrecision(m)
    sasa = funDAE(m, iOL \ 10, iOL Mod 10, 1, intCW)
    asa = sasa                                                  ' sishui mianji
Else
  sasa = ""
End If
iOL = DPrecision(b)
sb = funDAE(b, iOL \ 10, iOL Mod 10, 1, intCW)
b = sb
m = a / b                                                         '平均水深
iOL = HPrecision(m)
sphz = funDAE(m, iOL \ 10, iOL Mod 10, 1, intCW)
phz = sphz                              'pingjun shuishen
For i = 1 To r
    iOL = HPrecision(h(i))
    sh(i) = funDAE(h(i), iOL \ 10, iOL Mod 10, 1, intCW)          '垂线水深串
Next i
For i = 1 To u
  sxd(i) = Format(Round(xd(i), 1), "0.0")                         '测点水深串
    iOL = QPrecision(dblCSLS(i))
  sls(i) = funDAE(dblCSLS(i), iOL \ 10, iOL Mod 10, 1, intCW)
Next i
If vxs = u Then                                                   '一点法的位置
  For i = 1 To u
    If sxd(i) = "0.0" Then dc0 = dc0 + 1
    If sxd(i) = "0.2" Then dc2 = dc2 + 1
    If sxd(i) = "0.5" Then dc5 = dc5 + 1
    If sxd(i) = "0.6" Then dc6 = dc6 + 1
  Next i
  sdc = "0.6"
  i = dc6
  If i < dc0 Then i = dc0: sdc = "0.0"
  If i < dc2 Then i = dc2: sdc = "0.2"
  If i < dc5 Then i = dc5: sdc = "0.5"
Else
  sdc = LTrim$(str$(u))                                           '常测法或选点法的点数
End If
vd = 0: svd = ""                                                  '挑选最大测点流速
For i = 1 To u
  If v(i) > vd Then
    vd = v(i)
```

```
        svd = sv(i)
      End If
    Next
    hd = 0: shd = ""                                                        '挑选最大水深
    For i = 1 To r
        If h(i) > hd Then
            hd = h(i)
            shd = sh(i)
        End If
    Next
     n = n - 1: dti = 0: li = 0
    On Error GoTo errStage
    m = (Val(strPg1) + Val(strPld1) + Val(strPg2) + Val(strPld2)) / 2              '基本水位
    iOL = ZPrecision(m)
    strPg = funDAE(m, iOL \ 10, iOL Mod 10, 1, intCW)
    gp = Val(strPg)
    strPg = Right(Space(6) & strPg, 7)
    m = Val(strPg1)
    strPg1 = funDAE(m, 6, 2, 1, intCW)
    m = Val(strPg2): strPg2 = funDAE(m, 6, 2, 1, intCW)
    m = Val(strPld1): strPld1 = funDAE(m, 6, 2, 1, intCW)
    m = Val(strPld2): strPld2 = funDAE(m, 6, 2, 1, intCW)
    sbj = ""
    scl = ""
    If Len(strCn1) > 0 Then
        m = (Val(strCg1) + Val(strCld1) + Val(strCg2) + Val(strCld2)) / 2  '基本水位
        strCg = funDAE(m, 6, 2, 1, 1)
        strCg = Right(Space(6) & strCg, 7)
        m = Val(strCg1): strCg1 = funDAE(m, 6, 2, 1, intCW)
        m = Val(strCg2): strCg2 = funDAE(m, 6, 2, 1, intCW)
        m = Val(strCld1): strCld1 = funDAE(m, 6, 2, 1, intCW)
        m = Val(strCld2): strCld2 = funDAE(m, 6, 2, 1, intCW)
    End If
    If Len(strUn1) > 0 Then
        m = (Val(strUg1) + Val(strUld1) + Val(strUg2) + Val(strUld2)) / 2          '基本水位
        strUg = funDAE(m, 6, 2, 1, intCW)
        strUg = Right(Space(6) & strUg, 7)
        m = Val(strUg1): strUg1 = funDAE(m, 6, 2, 1, intCW)
        m = Val(strUg2): strUg2 = funDAE(m, 6, 2, 1, intCW)
        m = Val(strUld1): strUld1 = funDAE(m, 6, 2, 1, intCW)
        m = Val(strUld2): strUld2 = funDAE(m, 6, 2, 1, intCW)
    End If
    If Len(strLn1) > 0 Then
```

```
        m = (Val(strLg1) + Val(strLld1) + Val(strLg2) + Val(strLld2)) / 2        '基本水位
        strLg = funDAE(m, 6, 2, 1, intCW)
        strLg = Right(Space(6) & strLg, 7)
        m = Val(strLg1): strLg1 = funDAE(m, 6, 2, 1, intCW)
        m = Val(strLg2): strLg2 = funDAE(m, 6, 2, 1, intCW)
        m = Val(strLld1): strLld1 = funDAE(m, 6, 2, 1, intCW)
        m = Val(strLld2): strLld2 = funDAE(m, 6, 2, 1, intCW)
    End If
    If Len(strUn1) > 0 And Len(strLn1) > 0 Then
        m = 10000! * (strUg - strLg) / strLocation(2)
        If strUg - strLg >= 0.2 Then
            sbj = funDAE(m, 3, 3, 1, intCW)
        Else
            sbj = funDAE(m, 3, 3, 1, intCW)
        End If
    ElseIf Len(strUn1) > 0 Then
        m = 10000! * (strUg - strPg) / strLocation(2)
        If strUg - strPg >= 0.2 Then
            sbj = funDAE(m, 3, 3, 1, intCW)
        Else
            sbj = funDAE(m, 3, 3, 1, intCW)
        End If
    ElseIf Len(strLn1) > 0 Then
        m = 10000! * (strPg - strLg) / strLocation(2)
        If strPg - strLg >= 0.2 Then
            sbj = funDAE(m, 3, 3, 1, intCW)
        Else
            sbj = funDAE(m, 3, 3, 1, intCW)
        End If
    End If
    If Len(strUn1) > 0 Or Len(strLn1) > 0 Then
        bj = sbj
        m = (bj / 10000) ^ (1 / 2) * phz ^ (2 / 3) / vp
        scl = Format(Round(m, 3), "##0.000")
    End If
    '测输沙率,计算输沙率
    1000: On Error GoTo 0
    If intIsQsFlags Then
        setMdiStatusBar frmMDIForm.StatusBar1, 1, "正在进行输沙率计算"
        For i = 0 To intSNumber + 1
            Debug.Print strQsData(i, 0) & "   " & strQsData(i, 1) & "   " & strQsData(i, 2)
        Next
        l = 1
```

```
    di = 1                                   '垂线号 测点含沙量
                   '
    vi = 0                                   '测点流速
    ix = 0                                   '测沙垂线间部分流量
    iv = 1                                   '含沙量垂线序号,从 1 开始
    i = 0
    j = 1
    k = 1
    intBN = 0                                '测沙垂线数
    Do
'        If intCSLPN(iv) = 1 Then
'            dblSD(intBN) = strQsData(di, 0)
'            strLCdata(iv) = strQsData(di, 2)
'            intBN = intBN + 1
'            di = di + 1
'            iv = iv + 1
'        Else
            If intThan > 0 Then
                Do Until (Val(vdd(i)) <= Val(strQsData(di, 0))) And i < 120
                    If Val(vc(i)) > 0 Then                 '测速垂线
                        k = k + intSLPointNumber(l)
                        l = l + 1                          '测速垂线
                    End If
                    i = i + 1
                Loop
            Else
                Do Until (Val(vdd(i)) >= Val(strQsData(di, 0))) And i < 120
                    If Val(vc(i)) > 0 Then                 '测速垂线
                        k = k + intSLPointNumber(l)        '测点序号
                        l = l + 1                          '测速垂线序号
                    End If
                    i = i + 1
                Loop
            End If
            j = k
            dblSD(intBN) = strQsData(di, 0)
            intBN = intBN + 1
            Select Case intCSLPN(iv)
            Case 0                                 '综合法垂线含沙量
                m = strQsData(di, 2)
                di = di + 1
            Case 1                                 '一点法
                m = strQsData(di, 2)
```

```
            Case 2
                LineSends 2
                m = (Val(strSQSdata(di - 2)) + strSQSdata(di - 1)) / vm(1) / 2
            Case 3
                LineSends 3
                m = (Val(strSQSdata(di - 3)) + strSQSdata(di - 2) + strSQSdata(di - 1)) / vm
(1) / 3
            Case 5
                LineSends 5
                m = (Val(strSQSdata(di - 5)) + 3 * strSQSdata(di - 4) + 3 * strSQSdata(di - 3)
+ _
                    2 * strSQSdata(di - 2) + strSQSdata(di - 1)) / vm(1) / 10
            End Select
            iOL = CPrecision(m)
            strLCdata(iv) = funDAE(m, iOL \ 10, iOL Mod 10, 1, intCW)
            iv = iv + 1                          '测沙垂线序号增1
'           Do While Val(vdd(l)) <> Val(strQsData(di, 0)) And l < 60
'               l = l + 1
'           Loop
'       End If
    Loop Until di >= intSNumber + 1
    iCN = iCN                '测沙垂线数(序号)
    iZLN = iZLN              '综合法垂线数
    iCPN = iCPN              '含沙量总个数
    i = 0
    di = 0                                       'chuixian huo cedian hanshaliang
                                                 '
    vi = 1                                       'cedian liusu
    ix = 0                                       'cesha chuixian jian bufenliuliang
    j = 0
    k = 0
    lxl = 0
    strZQs = 0: qz = 0
    strPQS_Qdata(di) = 0
    blnStart = True
    Dim lsx As Integer               '流速线号
    lsx = 0
    Do
        If Val(vc(i)) > 0 Then lsx = lsx + 1
        If Val(vc(i)) = 0 Then                                              '水边
            If Not blnStart Then                                            '前一垂线测沙
                strPQS_Qdata(di) = Val(strPQS_Qdata(di)) + q(lxl)        '累计测沙垂线间部分
流量
```

```
            strLPCdata(di) = strLCdata(vi - 1)
            strPQSdata(di) = PQSdata(strPQS_Qdata(di), strLPCdata(di))
            strZQs = Val(strZQs) + strPQSdata(di)
            m = strPQS_Qdata(di)                            'cedian liusu
            iOL = QPrecision(m)
            strPQS_Qdata(di) = funDAE(m, iOL \ 10, iOL Mod 10, 1, intCW)
            qz = qz + strPQS_Qdata(di)
            di = di + 1
            lxl = lxl + 1
        End If
        blnStart = True
        strPQS_Qdata(di) = "0"
    ElseIf vm(lsx) = 0 Then                                              '死水边
        If Not blnStart Then                                           '前一垂线测沙
            strPQS_Qdata(di) = Val(strPQS_Qdata(di)) + q(lxl)      '累计测沙垂线间部分流
量
            strLPCdata(di) = strLCdata(vi - 1)                           '部分含沙量
            strPQSdata(di) = PQSdata(strPQS_Qdata(di), strLPCdata(di))  '部分输沙率
            strZQs = Val(strZQs) + strPQSdata(di)
            m = strPQS_Qdata(di)                            'cedian liusu
            iOL = QPrecision(m)
            strPQS_Qdata(di) = funDAE(m, iOL \ 10, iOL Mod 10, 1, intCW)
            qz = qz + strPQS_Qdata(di)
            di = di + 1
            lxl = lxl + 1
        End If
        blnStart = True
        strPQS_Qdata(di) = "0"
    ElseIf Val(vdd(i)) = dblSD(vi - 1) Then   '测沙垂线
'        blnLastS = True
        If blnStart = True Then         '本垂线为岸边后的第一条测沙垂线
            strPQS_Qdata(di) = strPQS_Qdata(di) + q(lxl)           '累计测沙垂线间部分
流量
            strLPCdata(di) = strLCdata(vi)
            m = strPQS_Qdata(di)                            'cedian liusu
            iOL = QPrecision(m)
            strPQS_Qdata(di) = funDAE(m, iOL \ 10, iOL Mod 10, 1, intCW)
            strPQSdata(di) = PQSdata(strPQS_Qdata(di), strLPCdata(di))
            iOL = CPrecision(m)
            strZQs = Val(strZQs) + strPQSdata(di)
            qz = qz + strPQS_Qdata(di)
            vi = vi + 1                              'cedian liusu
            di = di + 1
```

```
                lxl = lxl + 1
                blnStart = False
'           ElseIf Val(vdd(i)) = dblSD(vi - 1) Then                  '前一垂线和本垂线都测沙
            Else
                strPQS_Qdata(di) = Val(strPQS_Qdata(di)) + q(lxl)                  '累计
测沙垂线间部分流量
                m = (Val(strLCdata(vi - 1)) + strLCdata(vi)) / 2
                strLPCdata(di) = funDAE(m, iOL \ 10, iOL Mod 10, 1, intCW)
                m = strPQS_Qdata(di)                              'cedian liusu
                iOL = QPrecision(m)
                strPQS_Qdata(di) = funDAE(m, iOL \ 10, iOL Mod 10, 1, intCW)
                strPQSdata(di) = PQSdata(strPQS_Qdata(di), strLPCdata(di))
                strZQs = Val(strZQs) + strPQSdata(di)
                qz = qz + strPQS_Qdata(di)
                vi = vi + 1                                 'cedian liusu
                di = di + 1
                lxl = lxl + 1
                blnStart = False
            End If
        Else
            strPQS_Qdata(di) = Val(strPQS_Qdata(di)) + q(lxl)                  '累计测沙
垂线间部分流量
            lxl = lxl + 1
        End If
        i = i + 1
    Loop Until LCase(vc(i - 1)) = sjs
    m = qz
    iOL = QPrecision(m)
    sqz = funDAE(m, iOL \ 10, iOL Mod 10, 1, intCW)
    qz = sqz
    m = strZQs
    iOL = SPrecision(m)
    strZQs = funDAE(m, iOL \ 10, iOL Mod 10, 1, intCW)
    m = strZQs / qz * 1000 ^ (1 - intFileCSU \ 2)
    iOL = CPrecision(m)
    strZPC = funDAE(m, iOL \ 10, iOL Mod 10, 1, intCW)
    m = qz / a
    iOL = VPrecision(m)
    svp = funDAE(m, iOL \ 10, iOL Mod 10, 1, intCW)
    vp = svp
End If
ysh = 1 + Fix((r + u - (pn - 1) - 12) / 18 + 0.949)
If glbBoolean Then
```

```
        setMdiStatusBar frmMDIForm.StatusBar1, 1, "正在计算相应水位"
        subEquivalentStage                                  '计算相应水位
    End If
    If blnReportSend = vbNo Then
      Pbflags = False
    Else
        bt = Format(yf, "00") & Format(r1, "00") & Format(stt1, "00") & Format(stt2, "00")
        Pbflags = True
        If strPg1 > strPg2 Then
          shuishi = 4
        ElseIf strPg1 < strPg2 Then
          shuishi = 5
        Else
          shuishi = 6
        End If
        If EquivalentStage = 0 Then
          If IsNumeric(strPg) Then EquivalentStage = strPg
        End If
        msg = "H" & " " & ZhanHao & " " & bt & " Z " & Trim(EquivalentStage) _
              & " ZS " & CStr(shuishi) & " Q " & sqz & " QS 3" & " AC " & saz & " AS 2 NN"
        strHICD = msg
        strHIT = CStr(nf) & " 年 " & CStr(yf) & " 月 " & CStr(r1) & "日" & _
                 stt1 & " 时 " & stt2 & "分"
    End If
    输出输沙率 Excel 表
    blnStart = False
    'ZhanmingSub                                                 '获得站名
    setMdiStatusBar frmMDIForm.StatusBar1, 1, "正在制表"
    vi = 0
    frmRunDialog.Label1 = "正在存储数据,请稍侯!"
    frmRunDialog.Refresh
    msg = App.Path & "\Effort\Mdb\Quantity.xlt"
    If intIsQsFlags Then
        msg = App.Path & "\Effort\Mdb\Qs.xlt"
        lxl = 1
        intSNumber = 0
        intBN = 0
    End If
        Dim blnSL As Boolean
        msg0 = App.Path & "\Effort\Quantity1.xlt"
        FileCopy msg, msg0
        Set exlMRApp = New Excel.Application
        exlMRApp.Workbooks.Open (msg0)
```

```
'       exlMRApp.Visible = True
    n = 0: u = 1: i = 0: j = 0
    ix = 0: nvaq = 0: nAera = 0: pn = 0
    intStartLine = 1
    WriteTableHead intStartLine
    blnStart = False
    Do
        i = i + 1: vx = 0.1
        If Val(dt$(i)) <> 0 Then tdt$ = Left$(dt$(i), 2)
        sc = WaterSide(cx(i))
'       If cx$(i) = "3920" Then Stop                        '测深垂线
        If Val(cx$(i)) < 100 Then                           '测深垂线
            If Val(cx$(i)) = 0 Or Val(sh(i)) = 0 Then                       '水边
                WriteNotSpeedLine intStartLine
                blnStart = Not blnStart
                If InStr(LCase(cx(i)), "y") <> 0 Or InStr(LCase(cx(i)), "右") <> 0 Or _
                    InStr(LCase(cx(i)), "z") <> 0 Or InStr(LCase(cx(i)), "左") <> 0 Then
                    If blnStart Then                                    'Is start water side
                        j = j + 1
                        WritePhDj intStartLine
                        If Val(cx$(i + 1)) < 100 Then               '下一垂线不测速
                            writeSda intStartLine
                        Else                                         '下一垂线测速
                            nAera = nAera + 1
                            writeSba intStartLine
                        End If
                        If iVTI(i + 1) > 0 Then                                 '岸边非死水
                            writeSvbSq intStartLine
                            nvaq = nvaq + 1
                            If iVTI(i + 1) = 2 Then WritePsPqs intStartLine   '后有测沙垂线
'                            If blnLastS = True Then WritePsPqs intStartLine   '后有测沙垂线
                            blnLastS = False
                        End If
                        intStartLine = intStartLine + 2
                        mx = mx + 1
                        mxPage True
                    Else
'                   终止水边
                        intStartLine = intStartLine + 2
                        mx = mx + 1
                        mxPage False, False
                    End If
                Else
```

```
                If Val(cx $(i + 1)) < 100 Then                    '下一垂线是测深垂线
                    mxPage False, False
                    If Val(cx(i + 1)) = 0 Then                    '下一垂线是水边
                        'Is sand
                        intStartLine = intStartLine + 2
                        mxPage True
                    Else
                        '下一垂线不测速
                        blnStart = True
                        j = j + 1
                        WritePhDj intStartLine                    'Print area data
                        writeSda intStartLine
                        intStartLine = intStartLine + 2
                        mx = mx + 1
                        mxPage True
                    End If
                Else
                    '测速
                    blnStart = True
                    j = j + 1
                    WritePhDj intStartLine                        'Print area data
                    nAera = nAera + 1
                    writeSba intStartLine
                    If iVTI(i + 1) > 0 Then
                        writeSvbSq intStartLine
                        nvaq = nvaq + 1
                    End If
'                   If qd(i + 1) = dblSD(lxl - 1) Then
                    If iVTI(i + 1) = 2 Then
                        WritePsPqs intStartLine                   '下一垂线测沙
                    End If
                    intStartLine = intStartLine + 2
                    mx = mx + 1
                    mxPage True
                End If
            End If
            blnLastLine = False
            blnLastV = False
            blnLastS = False
        Else                                                      '测深垂线
            WriteNotSpeedLine intStartLine                        'Print speed line
            j = j + 1
            WritePhDj intStartLine                                'Print average profundity
```

```
of water and space between
                    writeSda intStartLine
                    If Val(cx $(i + 1)) < 100 Then
                        If Val(cx $(i + 1)) = 0 Or Val(sh(i + 1)) = 0 Then      '下一垂线是水边
                            nAera = nAera + 1
                            writeSba intStartLine
                            If blnLastLine = True Then
                                If vm(pn) <> 0 Then
                                    writeSvbSq intStartLine                      'There is a speed line be-
fore this line
                                    nvaq = nvaq + 1
                                End If
                                If lxl > 0 Then
'                                   If dblSD(lxl - 1) <> "" Then WritePsPqs intStartLine
'                                   If dblSD(lxl - 1) <> 0 Then
                                    If blnLastS = True Then
                                        WritePsPqs intStartLine
                                        blnLastS = False
                                    End If
                                End If
                            Else
                            End If
                        End If
                    Else
                        '下一垂线测速
                        nAera = nAera + 1
                        writeSba intStartLine
                        If iVTI(i + 1) <> 0 Then
                            If blnLastV = True Then
                                If vm(pn) <> 0 Or vm(pn + 1) <> 0 Then
                                    writeSvbSq intStartLine
                                    nvaq = nvaq + 1
                                End If
                            Else
                                If vm(pn + 1) <> 0 Then
                                    writeSvbSq intStartLine
                                    nvaq = nvaq + 1
                                End If
                            End If
                        End If
'                       If qd(i + 1) = dblSD(lxl - 1) Then
                        If iVTI(i + 1) = 2 Then
                            WritePsPqs intStartLine
```

```
                ElseIf iVTI(i + 1) = 1 And vm(pn + 1) = 0 Then
                    If blnLastS = True Then
                        WritePsPqs intStartLine
                    End If
                End If
            End If
            intStartLine = intStartLine + 2
            mx = mx + 1
            mxPage True
        End If
        'intStep = intStep + 1
    Else                                          '测速垂线
        blnLastLine = True
        blnLastV = True
        '本垂线测速
        WriteNotSpeedLine intStartLine                                     'Print speed line
        pn = pn + 1
        vi = vi + 1                                                        '测速垂线号加 1
        If lx(pn) <> 0 Then WriteLx pn, intStartLine                       'Print speed line
        WriteSvm pn, intStartLine                                          'Print speed line
        If qd(i) = dblSD(lxl - 1) Then
            WriteLineSends intStartLine, lxl
            blnLastS = True
        End If
        SDint = 0
        Select Case intSLPointNumber(vi)                  'sxd(u)
        Case 1
            ui = 0
            writeSpeedPoint u, intStartLine
            u = u + 1
            intStartLine = intStartLine + 2
                mx = mx + 1
                mxPage False, ui + 1 < intSLPointNumber(vi)
            If qd(i) = dblSD(lxl - 1) Then
                intSNumber = intSNumber + 1
            End If
        Case 2
            For ui = 0 To 1
                writeSpeedPoint u, intStartLine
                u = u + 1
                If qd(i) = dblSD(lxl - 1) Then
                    If intCSLPN(lxl) > 0 Then
                        WritePointSends intStartLine, intSNumber
```

```
                    intSNumber = intSNumber + 1
                    SDint = SDint + 1
                End If
            End If
            intStartLine = intStartLine + 2
            mx = mx + 1
            mxPage False, ui + 1 < intSLPointNumber(vi)
    Next
    If qd(i) = dblSD(lxl - 1) Then
            If SDint = 0 Then
                intSNumber = intSNumber + 1
            End If
      End If
  Case 3
      For ui = 0 To 2
            writeSpeedPoint u, intStartLine
            u = u + 1
            If qd(i) = dblSD(lxl - 1) Then
                If intCSLPN(lxl) > 1 Then
                    WritePointSends intStartLine, intSNumber
                    intSNumber = intSNumber + 1
                    SDint = SDint + 1
                End If
            End If
            intStartLine = intStartLine + 2
            mx = mx + 1
            mxPage False, ui + 1 < intSLPointNumber(vi)
      Next
      If qd(i) = dblSD(lxl - 1) Then
            If SDint = 0 Then
                intSNumber = intSNumber + 1
            End If
      End If
  Case 5
      For ui = 0 To 4
            writeSpeedPoint u, intStartLine
            u = u + 1
            If qd(i) = dblSD(lxl - 1) Then
                If intCSLPN(lxl) > 1 Then
                    WritePointSends intStartLine, intSNumber
                    intSNumber = intSNumber + 1
                    SDint = SDint + 1
                End If
```

```
            End If
            intStartLine = intStartLine + 2
            mx = mx + 1
            mxPage False, ui + 1 < intSLPointNumber(vi)
        Next
        If qd(i) = dblSD(lxl - 1) Then
            If SDint = 0 Then
                intSNumber = intSNumber + 1
            End If
        End If
    End Select
    intStartLine = intStartLine - 2              '多加 1,退回
    j = j + 1
    sc = WaterSide(cx(i))
    WritePhDj intStartLine
    If qd(i) = dblSD(lxl - 1) Then lxl = lxl + 1
    If Val(cx $(i + 1)) < 100 Then                                    '下一垂线不测速
        If Val(cx $(i + 1)) = 0 Or Val(sh(i + 1)) = 0 Then       '下一垂线是水边
            nAera = nAera + 1
            writeSba intStartLine
            If vm(pn) <> 0 Then
                writeSvbSq intStartLine
                nvaq = nvaq + 1
           End If
'             If lxl > 1 Then
'                 If sqd(lxl - 1) <> "" Then WritePsPqs intStartLine
'                 If qd(i) = dblSD(lxl - 1) Then WritePsPqs intStartLine
'            End If
            If blnLastS = True Then WritePsPqs intStartLine
            blnLastS = False
        Else
            writeSda intStartLine
        End If
        If vm(pn) = 0 Then blnLastS = False
    Else
        '下一垂线测速
        nAera = nAera + 1
        writeSba intStartLine
        If vm(pn) = 0 Then blnLastS = False
        If vm(pn) = 0 And vm(pn + 1) = 0 Then
        Else
            writeSvbSq intStartLine
            nvaq = nvaq + 1
```

```
'                   If qd(i + 1) = dblSD(lxl - 1) Then
                    If iVTI(i + 1) = 2 Then
                        WritePsPqs intStartLine
                    Else
                        If blnLastS = True And vm(pn + 1) = 0 Then
                            WritePsPqs intStartLine
                        End If
                    End If
                End If
            End If
            intStartLine = intStartLine + 2
            mx = mx + 1
            mxPage True
        End If
    Loop Until i >= r Or LCase(cx(i)) = sjs
If r <= 20 Then WriteTongJi
Close #2
With exlMRApp.Workbooks(1).Worksheets(1)
    .Range("A21:AX25").Font.Name = "宋体"
    .Range("A1:A1").Select
End With
setMdiStatusBar frmMDIForm.StatusBar1, 1, "正在保存记载计算表"
i = InStrRev(strFileName, "\")
msg = Left(strFileName, i)
msg = msg & CStr(nf) & Format(cc, "0000") & ".xls"                'CurDir
On Error Resume Next
Kill msg
exlMRApp.Workbooks(1).SaveAs msg
exlMRApp.Workbooks.Close
Set exlMRApp = Nothing
exlMRApp.Quit
On Error GoTo 0
msg = Format(t1, "#0.00")
st1 = Left(msg, Len(msg) - 3) & ":" & Right(msg, 2)
msg = Format(t2, "#0.00")
st2 = Left(msg, Len(msg) - 3) & ":" & Right(msg, 2)
On Error Resume Next
    syf = yf 'IIf(Val(wy1) = yf, "", yf)
    srr = r1 'IIf(Val(wy2) = r1, "", r1)
    swzh = strComparatively_Location
'    If swzh = sy4 Then swzh = """"
    sdcf1 = "流速仪"
    sdcf2 = vxs & "/" & sdc
```

```
'      sdcf = sdcf1 & sdcf2
      msg = Format(EquivalentStage, "###0.00")
'      If Int(EquivalentStage) = wy6 Then msg = Right $(msg, 2)
'存储实测流量成果表数据
msg = cc & "," & syf & "," & srr & "," & st1 & "," & st2 & "," & _
        swzh & "," & sdcf1 & "," & sdcf2 & "," & msg & "," & sqz & "," & _
        saz & "," & svp & "," & svd & "," & sb & "," & sphz & "," & _
        shd & "," & sbj & "," & scl & "," & sbzh
fMsg = App.Path & "\Data\" & strSTCD & "\Q1G.XML"
SaveQ1G fMsg, snf, cc, msg
'存储实测输沙率成果表数据
msg = CStr(QsCC) & "," & cc & "," & syf & "," & srr & "," & st1 & "," & _
        st2 & "," & sqz & "," & strZQs & "," & strZPC & "," & _
        strPscC & "," & pSYiQiXingShi & "," & pXianDianBi & "," _
        & pChuiXianCeFa & "," & pDanShaCeFa
fMsg = App.Path & "\Data\" & strSTCD & "\C1G.XML"
SaveC1G fMsg, snf, CStr(QsCC), msg
setMdiStatusBar frmMDIForm.StatusBar1, 1, "计算保存完毕"
Exit Function
errStage:
    If err.Number = 13 Then
        MsgBox "开始或终了水位数据错,请校对!"
        Resume 1000
    End If
ObjectErrHandle:
    If err.Number = 438 Then
      Resume Next
    ElseIf err = 380 Then
      'Err.Raise 380
      Resume Next
    End If
End Function
'存储实测流量成果表数据
Function SaveQ1G(ByVal strFN As String, strY As String, strC As String, strText As String)
'修改 XML 文件的一个记录
Dim xmlDoc As New MSXML2.DOMDocument
Dim objNode As IXMLDOMNode
Dim sNode As IXMLDOMNode
Dim nNode As IXMLDOMNode
Dim toElement As IXMLDOMElement
Dim msg As String
Dim bln As Boolean
msg = Dir(strFN, vbDirectory)
```

```
If Len(msg) > 4 Then
Else
    '成果表数据库不存在,创建该文件
    fnCreateXML strFN, "Q1G"
End If
    bln = xmlDoc.Load(strFN)
    If bln Then
        msg = "Q1G/YEAR/YN[text()=" & strY & "]"
        Set objNode = xmlDoc.selectSingleNode(msg)                '年份节点
        If Not objNode Is Nothing Then
            '找到年份节点
            msg = "QN/CC[text()=" & strC & "]"
            Set sNode = objNode.parentNode.selectSingleNode(msg)   '施测号数节点
            If Not sNode Is Nothing Then
                '找到施测号数节点
'                sNode.parentNode.childNodes(1).Text = strN
                sNode.parentNode.selectSingleNode("QD").Text = strText
            Else
                '添加一个测次节点
                '在这个测次节点中添加一个当前测次节点和一个测次记录节点
                Set sNode = objNode.parentNode
                Set nNode = CreateNode(1, sNode, "QN", "")
                CreateNode 1, nNode, "CC", strC
                CreateNode 1, nNode, "QD", strText
            End If
            Set sNode = objNode.parentNode.selectSingleNode("TOTAL")   '施测号数节点
            i = CInt(sNode.Text)
            If CInt(strC) > i Then
                sNode.Text = strC
            End If
        Else
            Set sNode = xmlDoc.selectSingleNode("Q1G")                        '年份节点
            Set objNode = xmlDoc.createElement("YEAR")                        '年份节点
            sNode.appendChild objNode
            Set nNode = xmlDoc.createElement("YN")                            '当年年份节点
            nNode.Text = strY
            objNode.appendChild nNode
            Set nNode = xmlDoc.createElement("TOTAL")                         '当年最大施测号数
            nNode.Text = strC
            objNode.appendChild nNode
            Set nNode = xmlDoc.createElement("QN")                            '当年数据节点
            objNode.appendChild nNode
            CreateNode 1, nNode, "CC", strC
```

```
                CreateNode 1, nNode, "QD", strText
            End If
            xmlDoc.save strFN
        Else
        End If
End Function
'存储实测输沙率成果表数据
Function SaveC1G(ByVal strFN As String, strY As String, strC As String, strText As String)
'修改 XML 文件的一个记录
Dim xmlDoc As New MSXML2.DOMDocument
Dim objNode As IXMLDOMNode
Dim sNode As IXMLDOMNode
Dim nNode As IXMLDOMNode
Dim toElement As IXMLDOMElement
Dim msg As String
Dim bln As Boolean
Dim i As Integer
msg = Dir(strFN, vbDirectory)
If Len(msg) > 4 Then
Else
    '成果表数据库文件不存在,创建该文件
    fnCreateXML strFN, "C1G"
End If
    bln = xmlDoc.Load(strFN)
    If bln Then
        msg = "C1G/YEAR/YN[text()=" & strY & "]"
        Set objNode = xmlDoc.selectSingleNode(msg)                    '年份节点
        If Not objNode Is Nothing Then
            '找到年份节点
            msg = "QN/CC[text()=" & strC & "]"
            Set sNode = objNode.parentNode.selectSingleNode(msg)    '施测号数节点
            If Not sNode Is Nothing Then
                '找到施测号数节点
'                sNode.parentNode.childNodes(1).Text = strN
                sNode.parentNode.selectSingleNode("QD").Text = strText
            Else
                '添加一个测次节点
                '在这个测次节点中添加一个当前测次节点和一个测次记录节点
                Set sNode = objNode.parentNode
                Set nNode = CreateNode(1, sNode, "QN", "")
                CreateNode 1, nNode, "CC", strC
                CreateNode 1, nNode, "QD", strText
            End If
```

```
'            msg = "QN/CC[text()=" & strC & "]"
            Set sNode = objNode.parentNode.selectSingleNode("TOTAL")   '施测号数节点
            i = CInt(sNode.Text)
            If CInt(strC) > i Then
                sNode.Text = strC
            End If
        Else
            Set sNode = xmlDoc.selectSingleNode("C1G")                              '年份节点
            Set objNode = xmlDoc.createElement("YEAR")                              '年份节点
            sNode.appendChild objNode
            Set nNode = xmlDoc.createElement("YN")                                '当年年份节点
            nNode.Text = strY
            objNode.appendChild nNode
            Set nNode = xmlDoc.createElement("TOTAL")                         '当年最大施测号数
            nNode.Text = strC
            objNode.appendChild nNode
            Set nNode = xmlDoc.createElement("QN")                                '当年数据节点
            objNode.appendChild nNode
            CreateNode 1, nNode, "CC", strC
            CreateNode 1, nNode, "QD", strText
        End If
        xmlDoc.save strFN
    Else
    End If
End Function
```

'下面的代码展示了创建一个新的子节点的子程序,并使用父节点的 appendChild 方法将其加入到父节点中:

```
Public Function CreateNode(ByVal indent As Integer, _
                ByVal parent As IXMLDOMNode, ByVal node_name As String, _
                ByVal node_value As String) As IXMLDOMNode
    Dim new_node As IXMLDOMNode
    ' Create the new node.
    Set new_node = parent.ownerDocument.createElement(node_name)
    ' Set the node's text value.
    new_node.Text = node_value
    ' Add the node to the parent.
    parent.appendChild new_node
    Set CreateNode = new_node
End Function
```

6.8.7 Excel 制表输出模块组设计与实现

该模块组的主要作用是将流量、输沙率测验记载计算结果输出为流速仪法流量记载计算表、流速仪法流量输沙率记载计算表、实测流量成果表、实测输沙率表等 Excel 报表格式。

报表输出可以采用直接制表模式和 Excel 模板模式。建议采用模板模式。模板模式利于报表格式修改,提高制表速度。

上述流速仪法流量记载计算表、流速仪法流量输沙率记载计算表应符合《河流流量测验规范》(GB 50179—2015)规定,实测流量成果表、实测输沙率表应符合《水文资料整编规范》(SL 247—2012)和《水文年鉴刊印规范》规定。

```
Option Explicit
Sub CopyTable1(intStartLine As Integer)
    Dim strSub As String
    strSub = Trim(str(intStartLine + 1))
    strSub = strSub & ":" & strSub
    With exlMRApp.Workbooks(1)                              '部分输沙率
        .Sheets("Sheet2").Select
        Rows("1:47").Copy
        Sheets("Sheet1").Select
        Rows(strSub).Select
        ActiveSheet.Paste
    End With
End Sub
Sub WritePsPqs(ByVal intSub As Integer)
    'If intSub < 41 Then
        intSub = intSub + 1
    'End If
    With exlMRApp.Worksheets(1)                                         '部分输沙率
        .Cells(intSub, 43) = "'" & strPQS_Qdata(intBN)
        .Cells(intSub, 48) = "'" & strLPCdata(intBN)        '有效位数错
        .Cells(intSub, 50) = "'" & strPQSdata(intBN)        '目前为 kg
    End With
    intBN = intBN + 1
End Sub
Sub WriteLineSends(intSub As Integer, intLmsg As Integer)
Dim m As Double, msg As String
Dim iOL As Integer
    m = strLCdata(intLmsg)
    iOL = CPrecision(m)
    msg = funDAE(m, iOL \ 10, iOL Mod 10, 1, intCW)
    With exlMRApp.Worksheets(1)                             '垂线平均含沙量
        .Cells(intSub, 47) = "'" & msg
        intLineNumeric = intLineNumeric + 1
        .Cells(intSub, 3) = "'" & intLineNumeric
    End With
    'intLmsg = intLmsg + 1
```

```
End Sub
Sub WritePointSends(intSub As Integer, intStartPoint As Integer)        ', intStartPoint As Integer
    Dim intLmsg As Integer, iOL As Integer
    Dim m As Double, msg As String
    m = strQsData(intStartPoint + 1, 2)
    iOL = CPrecision(m)
    msg = funDAE(m, iOL \ 10, iOL Mod 10, 1, intCW)
    With exlMRApp.Worksheets(1)                                         '测点含沙量、单位输沙率输
沙率 intTolerantModulus
            .Cells(intSub, 45) = "'" & msg
            .Cells(intSub, 46) = "'" & strSQSdata(intStartPoint + 1)
    End With
End Sub
Sub SetStartTime()
    Dim intTime As Integer
  snf = Year(Date $)
  syf = Mid $(Date $, 6, 2)
  sr1 = Right $(Date $, 2)
  shj = Left $(Time $, 2)
  intTime = Minute(Time)                    'Int(Minute(Time) / 6) * 6
  sfen = Right(str(100 + intTime), 2)
  'lsycs = 0
End Sub
Sub WriteTableHead(ByRef intStartLine As Integer)
    Dim Yewei As Integer                                    '表头数据
    Dim intH As Integer
    Dim msg As String
  With exlMRApp.Worksheets(1)
    msg = ZHanMing
    .Cells(intStartLine, 1) = msg
    intStartLine = intStartLine + 1
    msg = "施测时间： " & nf & " 年 " & yf & " 月 " & r1 & " 日 " & st11 & " 时 " & st12 & " 分
至 "
    msg = msg & r2 & " 日 " & st21 & " 时 " & st22 & " 分(平均： " & rp & " 日 "
    msg = msg & stt1 & " 时 " & stt2 & " 分) 天气： "
    msg = msg & stq & "  风向风力 ： " & sfx & "  流向：" & strFlowAngle
    .Cells(intStartLine, 1) = msg
    .Cells(intStartLine, 46) = strWT
    intStartLine = intStartLine + 1
    msg = strLsy(1, 0) & "   " & strLsy(1, 1) & "   " & strLsy(1, 2) & "   " _
        & strLsy(1, 3) & " = " & strLsy(1, 4) & " n+ " & strLsy(1, 5)
'     msg = strLsy(1, 0) & "   " & strLsy(1, 1) & "   " & "V" & strLsy(1, 2) & "=" & strLsy(1,
3) & "n+" & strLsy(1, 4) & "   " & strLsy(1, 5)
```

```
        .Cells(intStartLine, 9) = msg
        If intIsQsFlags = 0 Then
            .Cells(intStartLine, 27) = strLsy(1, 7)
        Else
            .Cells(intStartLine, 29) = strLsy(1, 7)
        End If
        .Cells(intStartLine, 36) = stbh
        intStartLine = intStartLine + 1
'        exlMRApp.Visible = True
        If intFileCSU = 1 Then .Cells(intStartLine, 47) = "(g/m"
        intStartLine = intStartLine + 5
        If intFileCSU = 1 Then .Cells(intStartLine - 1, 46) = "(g/s)"
        If intFileCSU <> 0 Then .Cells(intStartLine - 1, 50) = "(kg/s)"
        intH = 43
        If intIsQsFlags Then intH = 51
        If intStartLine <= 40 Then
            pageNum = (intStartLine - 41) \ 47 + 1
            .Cells(29, intH) = ysh
            .Cells(37, intH) = pageNum
        Else
            pageNum = (intStartLine - 41) \ 47 + 2
            .Cells((41 + (pageNum - 2) * 47 + 28), intH) = ysh
            .Cells(41 + (pageNum - 2) * 47 + 38, intH) = pageNum
'            intStartLine = intStartLine + 1
                If intIsQsFlags Then
                    .Cells((42 + (pageNum - 1) * 47), 3) = strUnderWrite(0)
                    .Cells((42 + (pageNum - 1) * 47), 14) = strUnderWrite(1)
                    .Cells((42 + (pageNum - 1) * 47), 22) = strUnderWrite(2)
                    .Cells((42 + (pageNum - 1) * 47), 29) = strUnderWrite(3)
                    .Cells((42 + (pageNum - 1) * 47), 41) = cc
                    .Cells((42 + (pageNum - 1) * 47), 46) = QsCC
                    .Cells((42 + (pageNum - 1) * 47), 49) = SandCC
                Else
                    .Cells((42 + (pageNum - 1) * 47), 4) = strUnderWrite(0)
                    .Cells((42 + (pageNum - 1) * 47), 14) = strUnderWrite(1)
                    .Cells((42 + (pageNum - 1) * 47), 21) = strUnderWrite(2)
                    .Cells((42 + (pageNum - 1) * 47), 28) = strUnderWrite(3)
                    .Cells((42 + (pageNum - 1) * 47), 38) = cc
                End If
        End If
    End With
End Sub
Sub subCheckData(strFileName As String, ByRef blnErrHandle As Boolean)
```

```
Dim intFileNumber As Integer
Dim intLine As Integer
Dim strLine As String
Dim strMsg As String
intLine = 0
intFileNumber = FreeFile
Open strFileName For Input As #intFileNumber
Line Input #intFileNumber, strMsg
intLine = intLine + 1
strLine = str(intLine)
If strMsg <> "1" And strMsg <> "0" And strMsg <> "-1" Then
  MsgBox "第" & strLine & " 行 测法 错"
  blnErrHandle = True
End If
Line Input #intFileNumber, strMsg
intLine = intLine + 1
strLine = str(intLine)
intmsg = InStrCount(strMsg, ",")
If intmsg <> 3 Then
  MsgBox "第" & strLine & " 行 开始时间 错"
  blnErrHandle = True
End If
Line Input #intFileNumber, strMsg
intLine = intLine + 1
strLine = str(intLine)
If strMsg <> "7" And strMsg <> "8" And strMsg <> "9" Then
  MsgBox "第" & strLine & " 行 天气 错"
  blnErrHandle = True
End If
Line Input #intFileNumber, strMsg
intLine = intLine + 1
strLine = str(intLine)
intmsg = InStrCount(strMsg, ",")
If intmsg <> 1 Then
  MsgBox "第" & strLine & " 行 风向风力 错"
  blnErrHandle = True
End If
Line Input #intFileNumber, strMsg
strMsg = LCase(strMsg)
intLine = intLine + 1
strLine = str(intLine)
If strMsg <> "s" And strMsg <> "n" And strMsg <> "sn" Then
  MsgBox "第" & strLine & " 行 流向 错"
```

```
    blnErrHandle = True
  End If
  Line Input #intFileNumber, strMsg
  intLine = intLine + 1
  strLine = str(intLine)
  intmsg = InStrCount(strMsg, ",")
  If intmsg <> 5 Then
    MsgBox "第" & strLine & " 行 流速仪数据 错"
    blnErrHandle = True
  End If
  i = 0
  Do
    i = i + 1
    Line Input #intFileNumber, strMsg
    strMsg = LCase(strMsg)
    intLine = intLine + 1
    strLine = str(intLine)
    If strMsg <> "n" Then
      intmsg = InStrCount(strMsg, ",")
      If intmsg <> 6 Then
        MsgBox "第" & strLine & " 行 流速仪数据 错"
        blnErrHandle = True
      End If
    Else
    End If
  Loop Until strMsg = "n" Or i > 3
  If i > 3 Then
    MsgBox "无流速仪更换标志 N"
    blnErrHandle = True
  End If
  Line Input #intFileNumber, strMsg                    'biaohao
    intLine = intLine + 1
  'huanyiqi = True          'Not huanyiqi
  Do
    Line Input #intFileNumber, strMsg
    intLine = intLine + 1
    strLine = str(intLine)
    intmsg = InStrCount(strMsg, ",")
    If Val(strMsg) = 0 Then
      If LCase(Left(strMsg, 1)) = "y" Or LCase(Left(strMsg, 1)) = "z" Then
        'huanyiqi = Not huanyiqi
        If intmsg <> 3 Then
          MsgBox "第" & strLine & " 行 垂线数据 错"
```

```
        blnErrHandle = True
      End If
    ElseIf LCase(Left(strMsg, 1)) = "s" Then
      If intmsg <> 3 Then
        MsgBox "第" & strLine & " 行 垂线数据 错"
        blnErrHandle = True
      End If
    Else
      If intmsg <> 2 Then
        MsgBox "第" & strLine & " 行 测点数据 错"
        blnErrHandle = True
      End If
    End If
  Else
    If Val(strMsg) = 1 Then
      If Val(Right(strMsg, 3)) >= 100 Then
        If intmsg <> 2 Then
          MsgBox "第" & strLine & " 行 测点数据 错"
          blnErrHandle = True
        End If


      Else
        If intmsg <> 3 Then
          MsgBox "第" & strLine & " 行 垂线数据 错"
          blnErrHandle = True
        End If
      End If
    ElseIf Val(strMsg) < 1 Then
      If intmsg <> 2 Then
        MsgBox "第" & strLine & " 行 测点数据 错"
        blnErrHandle = True
      End If
    Else
      If intmsg <> 3 Then
        MsgBox "第" & strLine & " 行 垂线数据 错"
        blnErrHandle = True
      End If
      If Val(strMsg) > 100 Then
        Line Input #intFileNumber, strMsg
        intLine = intLine + 1
      End If
    End If
  End If
```

```
Loop Until EOF(intFileNumber) 'Or huanyiqi
Line Input #intFileNumber, strMsg
strMsg = LCase(strMsg)
intLine = intLine + 1
strLine = str(intLine)
If Val(strMsg) <= 0 Or Val(strMsg) >= 24 Then
  MsgBox "第" & strLine & " 行 结束时间 错"
  blnErrHandle = True
End If
Line Input #intFileNumber, strMsg
intLine = intLine + 1
strLine = str(intLine)
intmsg = InStrCount(strMsg, ",")
If intmsg <> 3 Then
  MsgBox "第" & strLine & " 行 水位数据 错"
  blnErrHandle = True
End If
Line Input #intFileNumber, strMsg
intLine = intLine + 1
strLine = str(intLine)
If Not IsNull(strMsg) Then
  If strMsg <> "" Then
    intmsg = InStrCount(strMsg, ",")
    If intmsg <> 3 Then
      MsgBox "第" & strLine & " 行 比降水位 错"
      blnErrHandle = True
    End If
  End If
End If
Line Input #intFileNumber, strMsg
intLine = intLine + 1
strLine = str(intLine)
intmsg = InStrCount(strMsg, ",")
If intmsg <> 1 Then
  MsgBox "第" & strLine & " 行 断面位置 错"
  blnErrHandle = True
End If
If LCase(Left$(strMsg, 1)) <> "s" And LCase(Left$(strMsg, 1)) <> "x" Then
  MsgBox "第" & strLine & " 行 断面位置 错"
  blnErrHandle = True
End If
Close #intFileNumber
End Sub
```

```
'保存文件
Sub SaveFile(ByVal strFileName As String, ByVal strDataFile As String)
Dim filenumber As Integer
filenumber = FreeFile
Open strFileName For Output As #filenumber
Print #filenumber, strDataFile
Close #filenumber
End Sub
'读取文件
Function ReadQuantityData(ByVal strFileName As String) As String
Dim strMsg As String, msg As String
On Error GoTo OpenErr
      Open strFileName For Input As #6
      msg = ""
On Error GoTo 0
      On Error Resume Next
        Line Input #6, msg
        Do
            Line Input #6, strMsg
            If strMsg <> "" And strMsg <> vbCrLf Then msg = msg & vbCrLf & strMsg
        Loop Until EOF(6)
        Close #6
ReadQuantityData = msg
Exit Function
OpenErr:
MsgBox "文件" & strFileName & "不存在"
End Function
Sub WriteTongJi()                                                    '统计栏数据
Dim intSub As Integer
'intStartLine = intStartLine + 1
If intIsQsFlags Then
    QsWriteTongJi
Else
  With exlMRApp.Worksheets(1)
'     exlMRApp.Visible = True
    intStartLine = 34
    .Cells(intStartLine, 6) = "'" & sqz
    .Cells(intStartLine, 13) = "'" & sb
    .Cells(intStartLine, 20) = "'" & scl
    intStartLine = intStartLine + 1
    .Cells(intStartLine, 6) = "'" & saz
    .Cells(intStartLine, 13) = "'" & sphz
    .Cells(intStartLine, 20) = vxs & "/" & sdc
```

```
If strPn1 = strPn2 Then
    wap $ = strPn1
Else
   wap $ = strPn1 ' & "/" & strPn2
End If
If Len(wap $) > 0 Then
    .Cells(intStartLine, 27) = "'" & wap $
    .Cells(intStartLine, 30) = "'" & strPg1
    .Cells(intStartLine, 34) = "'" & strPg2
    If strPld1 = strPld2 Then
        wap $ = strPld1
    Else
        wap $ = strPld1 ' & "/" & strPld2
    End If
    .Cells(intStartLine, 37) = "'" & wap $
    .Cells(intStartLine, 41) = "'" & strPg
End If
intStartLine = intStartLine + 1
.Cells(intStartLine, 6) = "'" & sasa
.Cells(intStartLine, 13) = "'" & shd
.Cells(intStartLine, 20) = "'" & " "          '铅鱼重
If Len(strCn1) > 0 Then
    WriteLevelF strCn1, strCn2, strCg1, strCg2, strCg
End If
intStartLine = intStartLine + 1
.Cells(intStartLine, 6) = "'" & svp
.Cells(intStartLine, 13) = "'" & strEquivalentStage
If Len(strUn1) > 0 Then
    WriteLevelF strUn1, strUn2, strUg1, strUg2, strUg
End If
intStartLine = intStartLine + 1
.Cells(intStartLine, 6) = "'" & svd
.Cells(intStartLine, 13) = "'" & sbj
If Len(strLn1) > 0 Then
    WriteLevelF strLn1, strLn2, strLg1, strLg2, strLg
End If
intStartLine = intStartLine + 1
scq = strComparatively_Location & "施测。"
scq = scq & strRemark & "   "
If intYiqishu > 1 Then
    scq = scq & "流速仪 "
    For intSub = 2 To intYiqishu
        scq = scq & strLsy(intSub, 0) & "   " & strLsy(intSub, 1) & "   " & strLsy(intSub, 2)
```

```
& "    " _
                    & strLsy(intSub, 3) & " = " & strLsy(intSub, 4) & " n+ " & strLsy(intSub, 5) _
                    & " " & strLsy(intSub, 7)
                If intSub < intYiqishu Then scq = scq & " | "
            Next
        End If
        .Cells(intStartLine, 4) = "'" & scq
        intStartLine = intStartLine + 3
        .Cells(intStartLine, 4) = "'" & strUnderWrite(0)
        .Cells(intStartLine, 14) = "'" & strUnderWrite(1)
        .Cells(intStartLine, 21) = "'" & strUnderWrite(2)
        .Cells(intStartLine, 28) = "'" & strUnderWrite(3)
        .Cells(intStartLine, 38) = "'" & cc
    End With
        intStartLine = 42
  End If
  End Sub
  Sub QsWriteTongJi()                                                    '统计栏数据
  Dim intSub As Integer
  With exlMRApp.Worksheets(1)
        intStartLine = 34
        .Cells(intStartLine, 6) = "'" & sqz
        .Cells(intStartLine, 13) = "'" & sb
        .Cells(intStartLine, 23) = "'" & strZPC            'scl
        If intFileCSU = 1 Then .Cells(intStartLine, 26) = "g/"
        intStartLine = intStartLine + 1
        .Cells(intStartLine, 6) = "'" & saz
        .Cells(intStartLine, 13) = "'" & sphz
        .Cells(intStartLine, 23) = "'" & strPscC            '
        If intFileCSU = 1 Then .Cells(intStartLine, 26) = "g/"
        If strPn1 = strPn2 Then
            wap $ = strPn1
        Else
            wap $ = strPn1 ' & "/" & strPn2
        End If
        If Len(wap $) > 0 Then
            .Cells(intStartLine, 32) = "'" & wap $
            .Cells(intStartLine, 38) = "'" & strPg1
            .Cells(intStartLine, 43) = "'" & strPg2
            If strPld1 = strPld2 Then
                wap $ = strPld1
            Else
                wap $ = strPld1 ' & "/" & strPld2
```

```
        End If
        .Cells(intStartLine, 46) = "'" & wap$
        .Cells(intStartLine, 49) = "'" & strPg
    End If
    intStartLine = intStartLine + 1
    .Cells(intStartLine, 6) = "'" & sasa
    .Cells(intStartLine, 13) = "'" & shd
    .Cells(intStartLine, 23) = "'" & sbj            '铅鱼重
    If Len(strCn1) > 0 Then
        WriteLevel strCn1, strCn2, strCg1, strCg2, strCg
    End If
    intStartLine = intStartLine + 1
    .Cells(intStartLine, 6) = "'" & svp
    .Cells(intStartLine, 13) = "'" & strEquivalentStage
    .Cells(intStartLine, 23) = "'" & scl
    If Len(strUn1) > 0 Then
        WriteLevel strUn1, strUn2, strUg1, strUg2, strUg
    End If
    intStartLine = intStartLine + 1
    .Cells(intStartLine, 6) = "'" & svd
    .Cells(intStartLine, 13) = "'" & strZQs
    If intFileCSU <> 0 Then .Cells(intStartLine, 15) = "kg/s"
    .Cells(intStartLine, 23) = vxs & "/" & sdc
    If Len(strLn1) > 0 Then
        WriteLevel strLn1, strLn2, strLg1, strLg2, strLg
    End If
    intStartLine = intStartLine + 1
    scq = strComparatively_Location & "施测。"
    scq = scq & strRemark & "   "
    If intYiqishu > 1 Then
        scq = scq & "流速仪 "
        For intSub = 2 To intYiqishu
            scq = scq & strLsy(intSub, 0) & "   " & strLsy(intSub, 1) & "   " & strLsy(intSub, 2)
& "   " _
                & strLsy(intSub, 3) & " = " & strLsy(intSub, 4) & " n+ " & strLsy(intSub, 5) _
                & " " & strLsy(intSub, 7)
            If intSub < intYiqishu Then scq = scq & "|"
        Next
    End If
    scq = scq & "   "
    scq = scq & pXianDianBi
    .Cells(intStartLine, 4) = "'" & scq
    intStartLine = intStartLine + 3
```

```
        .Cells(intStartLine, 3) = "'" & strUnderWrite(0)
        .Cells(intStartLine, 14) = "'" & strUnderWrite(1)
        .Cells(intStartLine, 22) = "'" & strUnderWrite(2)
        .Cells(intStartLine, 29) = "'" & strUnderWrite(3)
        .Cells(intStartLine, 41) = "'" & cc
        .Cells(intStartLine, 46) = "'" & QsCC
        .Cells(intStartLine, 49) = "'" & SandCC
    End With
        intStartLine = 42
    End Sub
    Sub ReadTimes()                                   '读取开始终了时间数据
    Dim msg As String
    Dim m As Double
    Dim intThan As Integer
    Dim SDint As Integer
    Dim msg0 As String
    Dim lxl As Integer
    Dim intJU  As Integer
      Dim xdl, xhl, lsl, dc
      Dim tq, sdtv As String, scxv As String
      Dim ll2 $, tdt $, qw, dtw, hiw, biw, mx, bi $, w1, sc $, w2
      Dim cei, ceci, yr, wy1, wy2, wy01 $, wy02 $, wy3, sy4, sy5, sy6, sy16
      Dim wy4, wy5, wy6, wy7, wy8, wy9, wy10, wy11, wy12, wy13 $, wy14, wy15
      Dim bws, yrr, swy3, swy, swy4, swy15   ', ys, rsyrf,
    Dim vi As Integer
    Dim endFlags As Boolean
    Dim DBoolean  As String
    'Dim FileName As String
    Dim pn As Integer
    Dim blnLastLine As Boolean
    Dim quantityData1(10) As Long
    Dim quantityData2(10) As Double
    Dim quantityData3(10) As Long
    Dim quantityData4(10) As Double
    Dim quantityData5(10) As Long
    Dim quantityData6(10) As Double
    Dim quantityData7(10) As Long
    Dim QNumber As Integer
    Dim bt As Long
    Dim filenumber As Integer
    Dim shuishi As Integer
      Dim intmsg As Integer
      Dim strMsg As String
```

```
    Dim blnStart As Boolean
    Dim blnEnd As Boolean
  Dim intDW As Integer
  'On Error Resume Next
  ysh = 0                                  'Page number to zero
  pageNum = 0
  vi = 0: n = 1: sa = 0: ch$ = ""
  i = 0: a = 0: qz = 0: b = 0
    filenumber = FreeFile
    Open FileName For Input As #filenumber
    blnStart = True
    Input #filenumber, intmsg
    intIsQsFlags = intmsg
    Input #filenumber, intmsg, intmsg, intmsg
    intEquivalentStage = intmsg
    Input #filenumber, nf, yf, r1                          '读取年月日
    Input #filenumber, msg
    t1 = Val(msg) + Val(Right(msg, 2)) / 100                  '读取并计算开始时间
    Input #filenumber, tq                                    '读取天气 weather
    Input #filenumber, sfx                                   '读取风向风力 wind
    Input #filenumber, strFlowAngle                         '读取流向
  intStep = 0
  Do                                                          '读取流速仪
      Line Input #filenumber, msg
      blnEnd = True
      If InStrCount(msg, ",") > 5 And InStrCount(msg, "/") <> 0 Then
          blnEnd = False
      End If
  Loop Until blnEnd Or LCase(msg) = "lsyend"
  If LCase(msg) = "lsyend" Then
      Input #filenumber, stbh                                 '停表牌号
  Else
      stbh = msg                                              '停表牌号
  End If
  Input #filenumber, strPn1, strPg1, strPld1                 '开始水位数据
  Input #filenumber, strCn1, strCg1, strCld1
  Input #filenumber, strUn1, strUg1, strUld1
  Input #filenumber, strLn1, strLg1, strLld1
  i = 0: pn = 0: u = 0
  blnStart = False
  Do
      Line Input #filenumber, msg
      If LCase(msg) <> "CXEnd" Then
```

```
            If InStrCount(msg, ":") > 0 And InStrCount(msg, ",") = 1 Then          '查到结束时间
                intDW = 101
            End If
        Else
            intDW = 102
        End If
    Loop Until intDW >= 100 Or EOF(filenumber)
    Close #filenumber
    cscx = i
    ds = u: dc = u                                                  '测点数
    vxs = pn                                                        '测速垂线数
    r2 = Left(msg, InStr(msg, ",") - 1)
    msg = Right(msg, Len(msg) - InStr(msg, ","))                    '并计算终了时间
    t2 = Val(msg) + Val(Right(msg, 2)) / 100
    t3# = Int(t1) + (t1 - Int(t1)) / 0.6                            '时间处理
    t4# = Int(t2) + (t2 - Int(t2)) / 0.6
    If t4# > t3# Then
        r2 = r1
        rp = r1
        m = t3# / 2 + t4# / 2
    ElseIf t4# < t3# And (t3# + t4#) / 2 < 24 Then
        r2 = r1 + 1
        rp = r1
        m = (t3# + t4# + 24) / 2
    Else                                             'If t4# < t3# And (t3# + t4#) >= 24 Then
        r2 = r1 + 1
        rp = r2
        m = (t3# + t4# - 24) / 2
    End If
    stt1 = Int(m) + Int((m - Int(m)) * 0.6 + 0.405)
    stt2 = Round(((m - Int(m)) * 60)) Mod 60
    i = DayOfMonth(nf, yf)                                          'r2
    If r2 > i Then
        r2 = 1
        yf = yf + 1
        If yf > 12 Then
            yf = 1
            nf = nf + 1
        End If
    End If
    If rp > i Then                                                  '平均日期
        rp = 1
    End If
```

```
st11 = Int(t1) + Int((t1 - Int(t1)) + 0.405)
st12 = Round((t1 - Int(t1)) * 100) Mod 60
st21 = Int(t2) + Int((t2 - Int(t2)) + 0.405)
st22 = Round((t2 - Int(t2)) * 100) Mod 60
snf = LTrim $(str $(nf))                                    '年、月、日转换为串
syf = LTrim $(str $(yf))
sr1 = LTrim $(str $(r1))
sr2 = LTrim $(str $(r2))
End Sub
```

6.8.8 数据格式规范化处理模块组设计

数据格式规范化,包括数字有效数字处理、数字保留小数位数处理等数字精度处理模块组。固定小数位数处理比较容易实现,根据数字大小确定不同有效位数或小数位数则比较复杂,其计算结果与计算过程中所采用的变量类型或精度有关,还与软件开发所采用的软件平台有关。

影响最直接的是计算机实际存储数据的"末尾非准确"性,所以不能直接使用 VB 的 Int()函数和 Round()函数。一般采用科学计数法进行末位数据修正。

```
Option Explicit
Function ZPrecision(ByVal dblNummoric As Double) As Integer
dblNummoric = Abs(dblNummoric)
'水位精度确定
        ZPrecision = 62
'        ZPrecision = 73
End Function
Function QPrecision(ByVal dblNummoric As Double) As Integer
dblNummoric = Abs(dblNummoric)
'流量精度确定
        QPrecision = 33
End Function
Function APrecision(ByVal dblNummoric As Double) As Integer
dblNummoric = Abs(dblNummoric)
''面积精度确定
    APrecision = 32
End Function
Function SPrecision(ByVal dblNummoric As Double) As Integer
dblNummoric = Abs(dblNummoric)
'输沙率精度确定
    SPrecision = 33
End Function
Function CPrecision(ByVal dblNummoric As Double) As Integer
dblNummoric = Abs(dblNummoric)
'含沙量精度确定                              '
```

```
        If intFileCSU <> 1 Then
            '含沙量单位取 kg/m3
                CPrecision = 33
        Else
                CPrecision = 31
        End If
    End Function
    Function DPrecision( ByVal dblNummoric As Double) As Integer
    dblNummoric = Abs( dblNummoric)
    '起点距精度确定
        If dblNummoric >= 99.95 Then
            DPrecision = 60
        Else
            DPrecision = 61
        End If
    End Function
    Function HPrecision( ByVal dblNummoric As Double) As Integer
    dblNummoric = Abs( dblNummoric)
    '水深精度确定
        If dblNummoric >= 4.995 Then
            HPrecision = 31
        Else
            HPrecision = 32
        End If
    End Function
    Function VPrecision( ByVal dblNummoric As Double) As Integer
    dblNummoric = Abs( dblNummoric)
    '流速精度确定
        If dblNummoric >= 0.995 Then
            VPrecision = 32
        Else
            VPrecision = 23
        End If
    End Function
    Function IPrecision( ByVal ZP As Integer, ByVal dblNummoric As Double) As Integer
    dblNummoric = Abs( dblNummoric)
    '比降精度确定
            IPrecision = 33
    End Function
    ' CPrecision    funDAE        被处理数据;有效位数; 最多小数位数   源数精度              进位方式
    '* * * * * * * * * * * * * * * * * * * * * * * * * * * * * * * * * * *
    '* * 函数名称:funDAE
    '* * 函数功能:对数据取有效数字。四舍六入、奇进偶舍;四舍五入
```

```
'**参　　数:dblSource,被处理数据;intEd,有效位数;intDd,最多小数位数;
'　　　　　intPrecision,单精度填0,双精度填1;
'　　　　　iCW,进位方式,不管5后数据填0,5后一位有数进位填1,5后非0进位填2
'**返 回 值:String
'**创建单位:
'*************************************
Public Function funDAE(ByVal dblSource As Double, ByVal intEd As Integer, _
                ByVal intDd As Integer, ByVal intPrecision As Integer, _
                iCW As Integer) As String
Dim dblDBL As Double
Dim iF1   As Integer       '奇偶标志
Dim iF2   As Integer       '进舍标志
Dim iEd As Integer         '位数差
Dim iXR   As Integer       '有效数字小数位数
Dim intFn As Integer
Dim ss As String, strF1 As String, strF2 As String
Dim dblA As Double, dblB As Double
Dim jw As Integer, djw As Double
Dim MySign As Integer
'jw = 50 '5后为0看前位,不为0则进一
'jw = 60 '不管5后,看前位
'数字奇进偶舍函数   Abandon   Enter
MySign = Sgn(dblSource)   ' 返回 1。
Select Case MySign
Case 0
    ss = CStr(0)
Case Else
'   intEd,有效位数;intDd,最多小数位数;intPrecision,单精度填0,双精度填1;
'   iCW,进位方式,不管5后数据填0,5后一位有数进位填1,5后非0进位填2
    If MySign < 0 Then dblSource = Abs(dblSource)
    ss = Format(dblSource, "0.0000000000000E+00")        '科学记数法
    intFn = CInt(Right(ss, 3)) + 1                        '原有整数位数
    If intFn > 0 And intFn <= 13 Then
        iXR = 13 - intFn
    ElseIf intFn > 13 Then
        iXR = 0
    Else
        iXR = 13
    End If
    dblDBL = Round(dblSource, iXR)                    '取13位可靠数字(累加数据会产生尾数误差累加)
    ss = Format(dblDBL, "0.0000000000000E+00")       '去掉两位尾数后的数据
    If intFn >= intEd Then                                        '整数位数不小于有效位数
```

```
        iXR = intFn - intEd                              '富裕的整数位数
        iEd = 0                                           '小数位数
    ElseIf intFn > 0 Then
        iXR = 0
        iEd = intEd - intFn
        If iEd > intDd Then iEd = intDd                  '不超过最多小数位数
    ElseIf intFn <= 0 Then
        iXR = 0
        iEd = intEd
        If iEd > intDd Then iEd = intDd                  '不超过最多小数位数
    End If
    dblDBL = dblDBL * 10 ^ (-iXR)
    dblDBL = dblDBL * 10 ^ iEd
    If dblDBL >= 1 Then
        ss = CStr(dblDBL)
    Else
        ss = Format(dblDBL, "0.0##############")
    End If
    jw = InStr(1, ss, ".")
    If jw > 0 Then
        Select Case iCW
        Case 0                  '不管5后
            ss = Mid(ss, 1, jw + 1)
            dblA = CDbl(Mid(ss, 1, jw - 1))
            dblB = CDbl(Right(ss, Len(ss) - jw + 1))
            If dblB > 0.5 Then
                dblA = dblA + 1
            ElseIf dblB = 0.5 Then
                If dblA Mod 2 > 0 Then
                    dblA = dblA + 1
                End If
            End If
        Case 1                  '考虑5后1位
            If Len(ss) > jw + 1 Then ss = Mid(ss, 1, jw + 2)
            dblA = CDbl(Mid(ss, 1, jw - 1))
            dblB = CDbl(Right(ss, Len(ss) - jw + 1))
            If dblB > 0.5 Then
                dblA = dblA + 1
            ElseIf dblB = 0.5 Then
                If dblA Mod 2 > 0 Then
                    dblA = dblA + 1
                End If
            End If
```

```
            Case 2                  '考虑5后各位
                dblA = CDbl(Mid(ss, 1, jw - 1))
                dblB = CDbl(Right(ss, Len(ss) - jw + 1))
                If dblB > 0.5 Then
                    dblA = dblA + 1
                ElseIf dblB = 0.5 Then
                    If dblA Mod 2 > 0 Then
                        dblA = dblA + 1
                    End If
                End If
            Case 3                  '四舍五入
                dblA = CDbl(Mid(ss, 1, jw - 1))
                dblB = CDbl(Right(ss, Len(ss) - jw + 1))
                If dblB >= 0.5 Then
                    dblA = dblA + 1
                End If
            End Select
        Else
            dblA = dblDBL
        End If
        dblDBL = dblA * 10 ^ (-iEd)
        dblDBL = dblDBL * 10 ^ (iXR)
        Select Case iEd
        Case Is <= 0
            ss = Format(dblDBL, "0")
        Case 1
            ss = Format(dblDBL, "0.0")
        Case 2
            ss = Format(dblDBL, "0.00")
        Case 3
            ss = Format(dblDBL, "0.000")
        Case 4
            ss = Format(dblDBL, "0.0000")
        Case 5
            ss = Format(dblDBL, "0.00000")
        Case Is >= 6
            ss = Format(dblDBL, "0.000000")
        End Select
        If MySign < 0 Then ss = "-" & ss
    End Select
    funDAE = ss
    End Function
    '交换变量
```

```
Public Sub DataSwap(varFore As Variant, varBack As Variant)
Dim varMsg As Variant
varMsg = varFore
varFore = varBack
varBack = varMsg
End Sub
'确定当月的天数(以及是否闰年 DaysOfMonth2=29)
Public Function DayOfMonth(ByVal Years As Integer, _
                ByVal Months As Integer)
  Dim DaysOfMonth  As Variant, DaysOfMonth2 As Integer
  DaysOfMonth2 = 28 - (DateSerial(Years, 2, 29) <> _
                DateSerial(Years, 3, 1))
  DaysOfMonth = Array(31, DaysOfMonth2, 31, 30, 31, _
                30, 31, 31, 30, 31, 30, 31)
  DayOfMonth = DaysOfMonth(Months - 1)
End Function
'边坡系数选择
Public Function SelectBorderModulus(hs As Double, strAnBiao As String, SmallHOfB As Double) As Double
    SmallHOfBorder = 0
    If hs > SmallHOfBorder Then
        If strAnBiao Like "左" Or LCase(strAnBiao) = "z" Then
            If Val(strBorderModulus(2, 2)) = 1 Or Val(strBorderModulus(2, 2)) = 3 Then
                SelectBorderModulus = strBorderModulus(2, 1)
            Else
                Select Case strBorderModulus(0, 2)
                Case 1, 3
                    SelectBorderModulus = strBorderModulus(0, 1)
                Case Else
                    SelectBorderModulus = InputBorderModulus()
                End Select
            End If
        ElseIf strAnBiao Like "右" Or LCase(strAnBiao) = "y" Then
            If Val(strBorderModulus(2, 2)) = 2 Or Val(strBorderModulus(2, 2)) = 3 Then
                SelectBorderModulus = strBorderModulus(2, 1)
            Else
                Select Case strBorderModulus(0, 2)
                Case 2, 3
                    SelectBorderModulus = strBorderModulus(0, 1)
                Case Else
                    SelectBorderModulus = InputBorderModulus()
                End Select
            End If
```

```
            Else
                SelectBorderModulus = strBorderModulus(2, 1)
            End If
        Else
            If strAnBiao Like "左" Or LCase(strAnBiao) = "z" Then
                If Val(strBorderModulus(3, 2)) = 1 Or Val(strBorderModulus(3, 2)) = 3 Then
                    SelectBorderModulus = strBorderModulus(3, 1)
                Else
                    Select Case strBorderModulus(1, 2)
                    Case 1, 3
                        SelectBorderModulus = strBorderModulus(1, 1)
                    Case Else
                        SelectBorderModulus = InputBorderModulus()
                    End Select
                End If
            ElseIf strAnBiao Like "右" Or LCase(strAnBiao) = "y" Then
                If Val(strBorderModulus(3, 2)) = 2 Or Val(strBorderModulus(3, 2)) = 3 Then
                    SelectBorderModulus = strBorderModulus(3, 1)
                Else
                    Select Case strBorderModulus(1, 2)
                    Case 2, 3
                        SelectBorderModulus = strBorderModulus(1, 1)
                    Case Else
                        SelectBorderModulus = InputBorderModulus()
                    End Select
                End If
            Else
                SelectBorderModulus = strBorderModulus(3, 1)
            End If
        End If
End Function
'读取边坡系数数据
Function ReadBorderModulus(ByVal strFileName As String) As Boolean
Dim xmlDoc As DOMDocument                    '定义 XML 文档
Dim blnLoadXML As Boolean                    '加载 XML 成功
Dim msg As String
Dim varVar As Variant
If Len(Dir(strFileName, vbDirectory)) > 0 Then
    Set xmlDoc = New DOMDocument
    blnLoadXML = xmlDoc.Load(strFileName)
    Dim root As IXMLDOMElement                   '定义 XML 根节点
    Set root = xmlDoc.documentElement        '给 XML 根节点赋值
    Dim sssNode As IXMLDOMNode                        '第二级单个节点
```

```
        Dim tssNode As IXMLDOMNode                    '第三级单个节点
        Dim sssNodeList As IXMLDOMNodeList                    '定义节点列表
        If root.childNodes.length > 0 Then                '
            Set sssNodeList = root.selectNodes("BM")
            If sssNodeList.length > 0 Then
                Set sssNode = root.selectSingleNode("BM")
                If sssNode.childNodes.length = 5 Then
                    Set tssNode = sssNode.selectSingleNode("BM1")        '光滑陡坡
                    msg = tssNode.Text
                    varVar = Split(msg, ",")
                    strBorderModulus(0, 0) = varVar(0)
                    strBorderModulus(0, 1) = varVar(1)
                    strBorderModulus(0, 2) = varVar(2)
                    Set tssNode = sssNode.selectSingleNode("BM2")        '光滑缓坡
                    msg = tssNode.Text
                    varVar = Split(msg, ",")
                    strBorderModulus(1, 0) = varVar(0)
                    strBorderModulus(1, 1) = varVar(1)
                    strBorderModulus(1, 2) = varVar(2)
                    Set tssNode = sssNode.selectSingleNode("BM3")        '陡坡
                    msg = tssNode.Text
                    varVar = Split(msg, ",")
                    strBorderModulus(2, 0) = varVar(0)
                    strBorderModulus(2, 1) = varVar(1)
                    strBorderModulus(2, 2) = varVar(2)
                    Set tssNode = sssNode.selectSingleNode("BM4")        '缓坡
                    msg = tssNode.Text
                    varVar = Split(msg, ",")
                    strBorderModulus(3, 0) = varVar(0)
                    strBorderModulus(3, 1) = varVar(1)
                    strBorderModulus(3, 2) = varVar(2)
                    Set tssNode = sssNode.selectSingleNode("BM5")        '死水
                    msg = tssNode.Text
                    varVar = Split(msg, ",")
                    strBorderModulus(4, 0) = varVar(0)
                    strBorderModulus(4, 1) = varVar(1)
                    strBorderModulus(4, 2) = varVar(2)
                End If
            Else
                MsgBox "无边坡系数"
            End If
        End If
    Else
```

```
        MsgBox "边坡系数文件 " & strFileName & " 不存在"
    End If
    End Function
    '加载专用  读取边坡系数数据
    Function ReadBorderModulusZ(ByVal strFileName As String) As Boolean
    Dim xmlDoc As DOMDocument                    '定义 XML 文档
    Dim blnLoadXML As Boolean                   '加载 XML 成功
    Dim msg As String
    Dim varVar As Variant
    If Len(Dir(strFileName, vbDirectory)) > 0 Then
        Set xmlDoc = New DOMDocument
        blnLoadXML = xmlDoc.Load(strFileName)
        Dim root As IXMLDOMElement                     '定义 XML 根节点
        Set root = xmlDoc.documentElement        '给 XML 根节点赋值
        Dim sssNode As IXMLDOMNode                          '第二级单个节点
        Dim tssNode As IXMLDOMNode                          '第三级单个节点
        Dim sssNodeList As IXMLDOMNodeList                         '定义节点列表
        If root.childNodes.length > 0 Then                '
'            Set sssNodeList = root.selectNodes("BM")
'            If sssNodeList.length > 0 Then
'                Set sssNode = root.selectSingleNode("BM")
'                If sssNode.childNodes.length = 5 Then
                    Set tssNode = root.selectSingleNode("BM1")          '光滑陡坡
                    msg = tssNode.Text
                    varVar = Split(msg, ",")
                    strBorderModulus(0, 0) = varVar(0)
                    strBorderModulus(0, 1) = varVar(1)
                    strBorderModulus(0, 2) = varVar(2)
                    Set tssNode = root.selectSingleNode("BM2")          '光滑缓坡
                    msg = tssNode.Text
                    varVar = Split(msg, ",")
                    strBorderModulus(1, 0) = varVar(0)
                    strBorderModulus(1, 1) = varVar(1)
                    strBorderModulus(1, 2) = varVar(2)
                    Set tssNode = root.selectSingleNode("BM3")          '陡坡
                    msg = tssNode.Text
                    varVar = Split(msg, ",")
                    strBorderModulus(2, 0) = varVar(0)
                    strBorderModulus(2, 1) = varVar(1)
                    strBorderModulus(2, 2) = varVar(2)
                    Set tssNode = root.selectSingleNode("BM4")          '缓坡
                    msg = tssNode.Text
                    varVar = Split(msg, ",")
```

```
                strBorderModulus(3, 0) = varVar(0)
                strBorderModulus(3, 1) = varVar(1)
                strBorderModulus(3, 2) = varVar(2)
                Set tssNode = root.selectSingleNode("BM5")          '死水
                msg = tssNode.Text
                varVar = Split(msg, ",")
                strBorderModulus(4, 0) = varVar(0)
                strBorderModulus(4, 1) = varVar(1)
                strBorderModulus(4, 2) = varVar(2)
'           End If
'       Else
'           MsgBox "无边坡系数"
'       End If
    End If
Else
    MsgBox "边坡系数文件" & strFileName & "不存在"
End If
End Function
'起点距标准化函数
Function fmatQDJ(ByVal strQDJ As String) As String
If strZDF = "B" Then
    If dblSMK > 99.94 Then
        fmatQDJ = Format $(strQDJ, "######0")
    ElseIf dblSMK > 4.9499 Then
        fmatQDJ = Format $(strQDJ, "######0.0")
    Else
        fmatQDJ = Format $(strQDJ, "######0.00")
    End If
ElseIf strZDF = "A" Then
    fmatQDJ = Format(strQDJ, "######0.0")
End If
End Function
'水深数据标准化函数
Function fmatSHSH(ByVal strSS As String) As String
If Val(strSS) > 4.9999 Then
    fmatSHSH = Format(strSS, "##0.0")
Else
    fmatSHSH = Format(strSS, "0.00")
End If
End Function
'取得测点系数
'strRelativePlace 相对位置
Function GetPointModulus(ByVal strRelativePlace As String, ByVal vu As Double) As String
```

```
Dim di   As Integer, fi As Integer
di = 0: fi = 0
GetPointModulus = 1
Do
    fi = fi + 1
    If strRelativePlace > strPointModulus(di, 0) Then
        di = di + 1
    Else
        If strRelativePlace = strPointModulus(di, 0) And vu > strPointModulus(di, 1) Then
            di = di + 1
        ElseIf strRelativePlace = strPointModulus(di, 0) Then
            GetPointModulus = strPointModulus(di, 2)
            fi = 1001
        End If
    End If
Loop Until fi > 1000
End Function
'读入测点系数数据——从测点系数文件流量数据.XML
Function ReadPointModulus(ByVal strFileName As String) As Boolean
Dim xmlDoc As DOMDocument                       '定义 XML 文档
Dim blnLoadXML As Boolean                      '加载 XML 成功
Dim msg As String
Dim varVar As Variant
Dim il As Integer
If Len(Dir(strFileName, vbDirectory)) > 0 Then
    Set xmlDoc = New DOMDocument
    blnLoadXML = xmlDoc.Load(strFileName)
    Dim root As IXMLDOMElement                      '定义 XML 根节点
    Set root = xmlDoc.documentElement       '给 XML 根节点赋值
    Dim sssNode As IXMLDOMNode                       '第二级单个节点
    Dim tssNode As IXMLDOMNode                       '第三级单个节点
    Dim sssNodeList As IXMLDOMNodeList                       '定义节点列表
    Set tssNode = root.selectSingleNode("PM")           '测点流速系数
    If tssNode.childNodes.length > 0 Then
        il = 0
        Set sssNode = tssNode.selectSingleNode("PMI00")     '水面系数
        If sssNode.childNodes.length > 0 Then                '有水面系数数据
            Set sssNodeList = sssNode.selectNodes("PMI")     '水面系数列表
            For Each sssNode In sssNodeList                 '逐个垂线节点处理
                il = il + 1
                msg = sssNode.Text
                varVar = Split(msg, ",")
                strPointModulus(il - 1, 0) = "0.0"
```

```
                strPointModulus(il - 1, 1) = varVar(0)
                strPointModulus(il - 1, 2) = varVar(1)
            Next
        End If
        Set sssNode = tssNode.selectSingleNode("PMI02")    '0.2 系数
        If sssNode.childNodes.length > 0 Then              '有垂线数据
            Set sssNodeList = sssNode.selectNodes("PMI")    '获得垂线数据列表
            For Each sssNode In sssNodeList                '逐个垂线节点处理
                il = il + 1
                msg = sssNode.Text
                varVar = Split(msg, ",")
                strPointModulus(il - 1, 0) = "0.2"
                strPointModulus(il - 1, 1) = varVar(0)
                strPointModulus(il - 1, 2) = varVar(1)
            Next
        End If
        Set sssNode = tssNode.selectSingleNode("PMI05")    '0.5 系数
        If sssNode.childNodes.length > 0 Then              '有垂线数据
            Set sssNodeList = sssNode.selectNodes("PMI")    '获得垂线数据列表
            For Each sssNode In sssNodeList                '逐个垂线节点处理
                il = il + 1
                msg = sssNode.Text
                varVar = Split(msg, ",")
                strPointModulus(il - 1, 0) = "0.5"
                strPointModulus(il - 1, 1) = varVar(0)
                strPointModulus(il - 1, 2) = varVar(1)
            Next
        End If
        Set sssNode = tssNode.selectSingleNode("PMI06")    '0.5 系数
        If sssNode.childNodes.length > 0 Then              '有垂线数据
            Set sssNodeList = sssNode.selectNodes("PMI")    '获得垂线数据列表
            For Each sssNode In sssNodeList                '逐个垂线节点处理
                il = il + 1
                msg = sssNode.Text
                varVar = Split(msg, ",")
                strPointModulus(il - 1, 0) = "0.6"
                strPointModulus(il - 1, 1) = varVar(0)
                strPointModulus(il - 1, 2) = varVar(1)
            Next
        End If
    End If
End If
End Function
```

```
'读入测点系数数据——从测点系数文件 PointModulus.XML
Function ReadPointModulusZ(ByVal strFileName As String) As Boolean
Dim xmlDoc As DOMDocument              '定义 XML 文档
Dim blnLoadXML As Boolean              '加载 XML 成功
Dim msg As String
Dim varVar As Variant
Dim il As Integer
If Len(Dir(strFileName, vbDirectory)) > 0 Then
    Set xmlDoc = New DOMDocument
    blnLoadXML = xmlDoc.Load(strFileName)
    Dim root As IXMLDOMElement                '定义 XML 根节点
    Set root = xmlDoc.documentElement      '给 XML 根节点赋值
    Dim sssNode As IXMLDOMNode                   '第二级单个节点
    Dim tssNode As IXMLDOMNode                   '第三级单个节点
    Dim sssNodeList As IXMLDOMNodeList                 '定义节点列表
    Set sssNode = root.selectSingleNode("PMI00")   '水面系数
    il = 0
    If sssNode.childNodes.length > 0 Then              '有水面系数数据
        Set sssNodeList = sssNode.selectNodes("PMI")      '水面系数列表
'        Grid1.Rows = sssNodeList.length + 2
        For Each sssNode In sssNodeList                '逐个垂线节点处理
            il = il + 1
            msg = sssNode.Text
            varVar = Split(msg, ",")
            strPointModulus(il - 1, 0) = "0.0"
            strPointModulus(il - 1, 1) = varVar(0)
            strPointModulus(il - 1, 2) = varVar(1)
        Next
    End If
    Set sssNode = root.selectSingleNode("PMI02")   '0.2 系数
    If sssNode.childNodes.length > 0 Then              '有垂线数据
        Set sssNodeList = sssNode.selectNodes("PMI")      '获得垂线数据列表
'        Grid2.Rows = sssNodeList.length + 2
        For Each sssNode In sssNodeList                '逐个垂线节点处理
            il = il + 1
            msg = sssNode.Text
            varVar = Split(msg, ",")
            strPointModulus(il - 1, 0) = "0.2"
            strPointModulus(il - 1, 1) = varVar(0)
            strPointModulus(il - 1, 2) = varVar(1)
        Next
    End If
    Set sssNode = root.selectSingleNode("PMI05")   '0.5 系数
```

```
        If sssNode.childNodes.length > 0 Then                    '有垂线数据
            Set sssNodeList = sssNode.selectNodes("PMI")         '获得垂线数据列表
'           Grid3.Rows = sssNodeList.length + 2
            For Each sssNode In sssNodeList                      '逐个垂线节点处理
                il = il + 1
                msg = sssNode.Text
                varVar = Split(msg, ",")
                strPointModulus(il - 1, 0) = "0.5"
                strPointModulus(il - 1, 1) = varVar(0)
                strPointModulus(il - 1, 2) = varVar(1)
            Next
        End If
        Set sssNode = root.selectSingleNode("PMI06")    '0.5 系数
        If sssNode.childNodes.length > 0 Then                    '有垂线数据
            Set sssNodeList = sssNode.selectNodes("PMI")         '获得垂线数据列表
'            Grid4.Rows = sssNodeList.length + 2
            For Each sssNode In sssNodeList                      '逐个垂线节点处理
                il = il + 1
                msg = sssNode.Text
                varVar = Split(msg, ",")
                strPointModulus(il - 1, 0) = "0.6"
                strPointModulus(il - 1, 1) = varVar(0)
                strPointModulus(il - 1, 2) = varVar(1)
            Next
        End If
    End If
    End Function
    'dblPM 没有使用
```

'建筑试验室要求对计算的数据进行“四舍六入五单双”的处理,就与平常用的四舍五入雷同,在网友的代码上略加更改而成,发给大家参考:

```
    Public Function MyNub(X As Double, m As Integer) As Double
    'M 为定义小数位数
    '示例:MyNub(5.25,1) 返回 5.2
    Dim i As Double
    Dim j As Double
    Dim Nub As Double
    Dim vArr As Variant
    Dim s As String
    Nub = X * 10 ^ m
    If InStr(1, Nub, ".") > 0 Then
        vArr = Split(Nub, ".")
        i = vArr(0)
        j = vArr(1) / (10 ^ Len(vArr(1)))
```

```
        If j > 0.5 Then
            i = i + 1
        End If
        If j = 0.5 Then
            If Right(i, 1) Mod 2 > 0 Then
                i = i + 1
            Else
                i = i
            End If
        End If
    Else
        i = Nub
    End If
    i = i / 10 ^ m
    MyNub = i
    End Function
```

7 测试分析

本章说明了输沙率计算软件的测试过程、测试结果及对其功能的分析。编写本章的主要目的是把组装测试和确认测试的结果、发现及分析写成文件加以记载,以便为软件维护人员提供必要资料。

7.1 系统测试概要

输沙率计算软件测试采用开发过程中过程测试、模块测试和集中测试相结合的办法进行。主要测试内容有参数管理测试(包括流速仪参数设置、边坡系数管理器、测点系数管理器等)、流量数据编辑测试(包括表头数据编辑、基本数据编辑、附注数据编辑、水位数据编辑等)、输沙率数据编辑测试(包括测点含沙量数据或垂线含沙量数据编辑、相应单沙编辑等)、流量计算测试、输沙率计算测试、制表测试、图形分析测试等,同时对程序的操作方法、帮助系统进行了测试。输沙率计算软件测试概要说明见表7-1。

表7-1 输沙率计算软件测试概要说明

测试项目	测试内容	测试目的
软件功能测试	按照输沙率计算软件功能需求和软件功能设计的要求测试软件运行结果	测试输沙率计算软件是否满足软件需求和软件设计的功能要求
硬件环境	不同硬件环境下软件的运行情况	测试输沙率计算软件的硬件适应性
软件环境	不同软件环境下输沙率计算软件的运行情况	测试输沙率计算软件的支持软件适应性
标准数据测试	按输沙率计算软件的要求提供数据,测试结果的正确性	测试输沙率计算软件标准数据处理的正确性
破坏性测试	整理非标准输沙率计算软件数据,或者随意将标准数据破坏,然后进行计算和制表	测试输沙率计算软件的查错、纠错、容错能力

7.2 输沙率计算软件功能测试

7.2.1 流量测算功能测试

7.2.1.1 流量测算功能要求

按照软件功能需求和软件功能设计的要求,输沙率计算软件的流量测算功能应包括如下内容。

1.流量测算数据采集功能

流量数据采集部分分为自动采集数据和人工采集数据两种情况。

其中,最重要的是数据信息采集和检验模块,该模块能够根据用户选定的指标对采集的数据进行分析监控,屏蔽错误数据。其操作符合多数人的操作习惯,适用于不同类型的河道特性。其结果符合《河流流量测验规范》(GB 50179—2015)的规定。同时,考虑适用于非规范性的操作。

2.流量测算数据实时计算功能

在流量测验数据编辑过程中实时计算已有的数据,将计算结果填入“流量测验数据编辑表”。

3.计算制表功能

计算制表包括计算输出流量记载计算表、流量输沙率记载计算表。

上述报表均为Excel格式的电子表格,用户可以利用Excel或者WPS Office来打开这些表格。

数据处理的结果符合《河流流量测验规范》(GB 50179—2015)、《河流悬移质泥沙测验规范》(GB 50159—2015)和《水文资料整编规范》(SL 247—2012)的规定。

7.2.1.2 流量测算功能测试情况

流量测算功能测试先后由软件开发者、技术科、天水勘测局和库区勘测局的龙门、潼关、华县等三个水文站的部分技术人员进行。

1.流量测算数据采集功能

流量数据采集部分分为自动采集数据和人工采集数据两种情况。

其中,最重要的是数据信息采集和检验模块,该模块能够根据用户选定的指标对采集的数据进行分析监控,屏蔽错误数据。其操作符合多数人的操作习惯,适用于不同类型的河道特性。

自动采集功能主要在龙门、潼关、华县等三个水文站进行。

其结果符合《河流流量测验规范》(GB 50179—2015)的规定。同时,考虑适用于非规范性的操作。

2.流量测算数据实时计算功能

在流量测验数据编辑过程中实时计算已有的数据,将计算结果填入“流量测验数据编辑表”。

在天水测试过程中发现,起点距的有效数字位数与规范和操作习惯不一致,某些操作需要更人性化。

上述问题已经根据测试情况修正。

3.计算制表功能

计算制表包括计算输出流量记载计算表。

上述报表均为Excel格式的电子表格,用户可以利用Excel或者WPS Office来打开这些表格。

数据处理的结果符合《河流流量测验规范》(GB 50179—2015)和《水文资料整编规范》(SL 247—2012)的规定。

7.2.1.3 测试条件

1.测试条件 1

PC 硬件条件:HP Compaq nx6320,酷睿双核 1.66 GB,内存 512 MB;

软件条件:WindowsXP SP2,安装有 VB6 及 VS6SP6;

支持软件:Microsoft Word2003 和 Access2003。

2.测试条件 2

PC 硬件条件:东芝 Setllate3320,赛扬 1.8 GB,内存 256 MB;

软件条件:WindowsXP SP2;

支持软件:Microsoft Word2000 和 Access2000。

3.测试条件 3

PC 硬件条件:联想奔腾双核 2.5 GB,内存 2.0 GB;

软件条件:WindowsXP SP2,安装有 VB6 及 VS6SP6;

支持软件:Microsoft Word2003 和 Access2003。

7.2.2 输沙率测算功能测试

输沙率功能测试在流量测算功能测试的基础上进行。

7.2.2.1 输沙率测算功能要求

按照软件功能需求和软件功能设计的要求,输沙率计算软件的输沙率测算功能应包括如下内容。

1.含沙量数据编辑功能

含沙量数据编辑部分分为从含沙量软件计算成果数据读取和人工编辑数据两种情况。

其中,最重要的是数据编辑和检验模块,该模块能够根据用户选定的指标对采集的数据进行分析监控,屏蔽错误数据。其操作符合多数人的操作习惯,适用于不同类型的河道特性。其结果符合《河流悬移质泥沙测验规范》(GB 50159—2015)的规定。同时,考虑适用于非规范性的操作。

2.输沙率测算数据实时计算功能

在输沙率测验数据编辑过程中实时计算已有的数据,将计算结果填入“流量输沙率测验数据编辑表”。

3.计算制表功能

计算制表计算输出流量输沙率记载计算表。

报表为 Excel 格式的电子表格,用户可以利用 Excel 或者 WPS Office 来打开这些表格。

数据处理的结果符合《河流流量测验规范》(GB 50179—2015)、《河流悬移质泥沙测验规范》(GB 50159—2015)和《水文资料整编规范》(SL 247—2012)的规定。

7.2.2.2 输沙率测算功能测试情况

输沙率测算功能测试先后由软件开发者、技术科、天水勘测局的部分技术人员进行。

1.含沙量数据采集功能

含沙量数据采集部分分为自动采集数据和人工采集数据两种情况。

其中,最重要的是数据信息采集和检验模块,该模块能够根据用户选定的指标对采集的数据进行分析监控,屏蔽错误数据。其操作符合多数人的操作习惯,适用于不同类型的河道特性。

其结果符合《河流悬移质泥沙测验规范》(GB 50159—2015)。同时,考虑适用于非规范性的操作。

自动采集功能有开发人员测试。

2.输沙率测算数据实时计算功能

在输沙率测验数据编辑过程中实时计算已有的数据,将计算结果填入"流量输沙率测验数据编辑表"。

在测试过程中发现,单位输沙率的数字显示结果与计算结果不一致。

上述问题已经根据测试情况修正。

3.计算制表功能

计算输出流量输沙率记载计算表。

报表均为 Excel 格式的电子表格,用户可以利用 Excel 或者 WPS Office 来打开这些表格。

数据处理的结果符合《河流流量测验规范》(GB 50179—2015)、《河流悬移质泥沙测验规范》(GB 50159—2015)和《水文资料整编规范》(SL 247—2012)的规定。

7.2.2.3 测试条件

1.测试条件 1

PC 硬件条件:HP Compaq nx6320,酷睿双核 1.66 GB,内存 512 MB;

软件条件:WindowsXP SP2,安装有 VB6 及 VS6SP6;

支持软件:Microsoft Word2003 和 Access2003。

2.测试条件 2

PC 硬件条件:Acer N15C1,corei7,2.56 HZ,内存 12 GB;

软件条件:Windows7 专业版;

支持软件:Microsoft Word2010 和 Access2010。

3.测试条件 3

PC 硬件条件:联想奔腾双核 2.5 GB,内存 2.0 GB;

软件条件:WindowsXP SP2,安装有 VB6 及 VS6SP6;

支持软件:Microsoft Word2003 和 Access2003。

7.3 软硬件环境测试

结合功能测试进行了软硬件测试,经测试,本软件基本不受硬件环境影响。所受影响的仅有软件运行速度,下一节将详细说明。

7.4 运行速度测试

在流量输沙率计算软件设计完成后,结合功能测试进行了运行速度测试。运行速度测试的内容主要有数据编辑过程测试、计算制表过程测试等。本测试在不同的硬件环境下进行多站、单站的计算测试,详见表 7-2。

7-2 运行速度测试情况统计

运行内容	行数	测试内容	耗时		平均耗时(ms)	测试日期(2010年)	计算机牌号/处理器/内存说明
			数量	单位			
数据编辑	18	界面操作		ms		10月12日	Acer/双 2.5/12 GB
数据编辑	18	存储数据	10	〃	0.5	11月6日	HP/双 1.6/512 MB
数据编辑	10	存储数据	5	〃	0.5	11月6日	HP/双 1.6/512 MB
数据编辑	10	存储数据	5	〃	0.5	11月6日	HP/双 1.6/512 MB
计算制表	18	生成及存储	350	〃	20	10月12日	HP/双 1.6/512 MB
计算制表	10	生成及存储	205	〃	20	8月22日	HP/双 1.6/512 MB
计算制表	18	生成及存储	380	〃	24	9月22日	联想/P1.4/256 MB

经过运行速度测试发现,处理器 P4 以下的计算机,处理速度较慢,制表过程所用时间较长。

解决办法:建议采用 P4 及以上配置的计算机。

实际上,现在使用的计算机配置远高于上述要求,故可以忽略。

8 软件应用文档编写方法

一个完善的软件,应具有完善的帮助系统、操作系统和软件使用说明书,常用水文软件功能相对集中,所以可以只编写操作手册,本系统具有适应性强、功能齐全、操作方便、界面友好等特点,并具有良好的帮助系统。是水文测验工作者的好助手。本手册详细描述软件的功能、性能和用户界面,使用户对如何使用该软件得到具体的了解,为操作人员提供该软件各种运行情况的有关知识,特别是操作方法的具体细节,如软件的安装与卸载方法,流量、泥沙测验数据的采集、计算方法和数据的存储等。

8.1 概 述

"流量输沙率测算系统"具有许多强大的功能。系统针对不同型号前置仪器的工作特性、黄河干支流站流量输沙率测验的特点、各个测区流量输沙率测验的习惯操作方法,具有较强的适应性。其特点如下:

(1)适用于部分或全部基本数据自动采集和手动采集时的流量、输沙率测算。

(2)适用于各种断面情况,适用于不同的测验习惯。

(3)使用简单,操作方便。

(4)自动读取水位数据以计算相应水位。

(5)自动读取含沙量数据以计算输沙率。

(6)能够进行断面流速、水深套绘分析。

(7)流量输沙率测验过程中,每条垂线数据输入完成后,计算已完成部分流量(和输沙率)。

该系统是流量输沙率测算的理想工具,如有疑问,欢迎垂询。

8.1.1 软件及其帮助系统

8.1.1.1 软件

软件名称:流量输沙率计算软件。

可执行程序:流量输沙率测算系统.exe,大小 2.60 MB;源程序 30 660 行,2.34 MB。

8.1.1.2 帮助

流量输沙率测算系统帮助系统,大小 39 kB;帮助代码,4100 行。

本系统具有适应性强、功能齐全、操作方便、界面友好等特点,并具有良好的帮助系统,是水文测验工作者的好助手。如果你有什么疑问,你可以打开帮助查询。

软件以光盘、独立文件、网络文件方式发行。

8.1.2 适用范围、主要功能及性能指标

8.1.2.1 适用范围

该软件适用以下情况:

(1)起点距、水深、流速等基本数据自动采集和流量测算。

(2)部分或全部数据人工采集时的流量测算。

(3)含沙量自动采集时的输沙率测算。

(4)含沙量人工采集时的输沙率测算。

(5)流量、输沙率测验资料校核、分析和整理。

(6)已经计算完成的流量或输沙率成果,制表或生成整编软件要求的数据格式。

(7)该系统还适用"缆道全自动流量测验控制系统"和"测船半自动流量测验控制系统"的控制操作。

8.1.2.2 基本功能

采用 Visual Basic 6.0 开发平台设计通用的 Windows 程序。

该软件具有如下功能:

(1)微机测流制表功能(包括半自动和全人工测验)。

(2)流量测验制表功能。

(3)输沙率测验制表功能。

(4)相应水位计算制表功能。

(5)编制水流沙资料整编综合制表电算数据加工表 *.Q1G 和 *.C1G 的功能。

(6)相关系数自动选择功能。

(7)多次断面流速、水深套绘分析功能。

8.1.2.3 性能指标

(1)流量自动测验系统控制功能。

(2)起点距、水深、流速等基本数据自动采集和流量测算。

(3)部分或全部数据人工采集时的流量测算。

(4)含沙量自动采集时的数据计算输沙率测算。

(5)含沙量人工采集时的数据计算输沙率测算。

(6)断面流速、水深套绘生成分析图表。

(7)读取水位数据计算相应水位。

(8)实测流量成果表输出。

(9)实测流量、输沙率测验资料计算校核、分析和整理。

(10)编制水流沙资料整编综合制表电算数据加工表 *.Q1G 和 *.C1G。

(11)实测流量水情信息编码输出。

(12)已经计算完成的流量或输沙率成果,制表或生成整编软件要求的数据格式。

(13)软件计算结果应符合《河流流量测验规范》(GB 50179—2015)、《河流悬移质泥沙测验规范》(GB/T 50159—2015)和《水文资料整编规范》(SL 247—2012)的规定。

8.1.3 运行环境

(1)自动采集(起点距、水深、流速)时的要求:三门峡库区水文水资源局开发的缆道流量测验控制及计算系统或测船流量测验控制及计算系统。

(2)计算机硬件:P4 及其以上的处理器,256 MB 以上的内存。

(3)Windows 98/2000/XP 等系统软件。

(4)安装 Microsoft Excel 2000 或以上版本。

8.1.4　安装与卸载

8.1.4.1　软件安装

安装:运行安装光盘上的“流量输沙率测算系统.exe”,根据提示操作即可完成。对于数据自动采集的测站,还应配备测验控制系统。

8.1.4.2　卸载软件

卸载:从开始—程序—流量输沙率测算系统执行“卸载流量输沙率测算系统”命令,打开“卸载流量输沙率测算系统”对话框逐步执行即可。

8.1.5　启动和退出

启动——从开始—程序—流量输沙率测算系统执行“流量输沙率测算系统”命令即可。

退出——打开“文件”菜单,执行“退出”命令即可退出。

8.2　流量测验

8.2.1　开始测流

该系统适用于部分项目或全部项目自动采集时的流量输沙率测算,也适用于人工采集数据时的流量输沙率测算。

该系统启动后默认进入流量数据编辑窗口(见图 8-1),在这里进行流量数据编辑。必要时可以进行相关参数设置。

图 8-1　流量输沙率测算系统的主窗口

如果在主窗口“缆道流量测验控制计算系统”进行流量测验时，从“测验—测验(手动)”菜单中执行“流量测算”命令，进入[流量数据编辑]窗口，见图8-2。

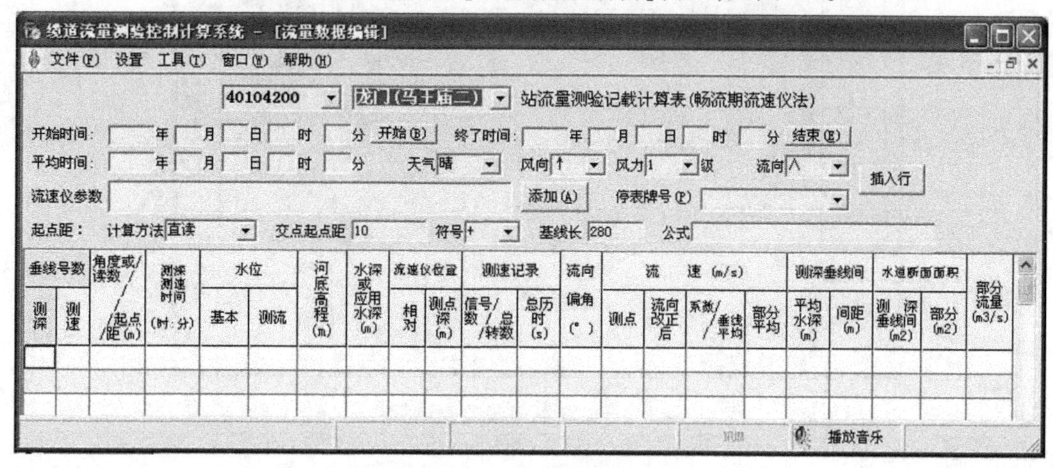

图8-2　**流量数据编辑窗口**

[流量数据编辑]窗口编辑数据，要求在每一组数据编辑完成后按回车键“Enter”确认，系统就对数据进行正确性检查并将输入焦点移到下一个默认值。

警告：如果使用其他方式移动编辑焦点，系统将不进行检查，可能会漏记某些数据，或者保存错误数据。

8.2.2　编辑表头数据

表头数据与《河流流量测验规范》(GB 50179—2015)规定的畅流期流速仪法流量记载计算表的表头基本一致。

开始测流，最重要的、必须首先进行的是：站名(站号)选择、录入开始时间(或单击【开始】按钮)、【添加】流速仪。

8.2.2.1　测站编码和测站名称

测站编码与测站名称是联动的，只要选对一项，另一项自动改变。如果所需测站的信息不存在，可以进行如下操作：

从“设置”菜单执行“站名站号设置”命令，打开“站名站号设置”对话框，在其中录入相应测站的河名、站名、测站编码和水情站号等项目，然后单击【保存】按钮完成设置，如图8-3所示。

8.2.2.2　开始时间和辅助项目

“开始时间和辅助项目”包括“开始时间”、“天气”、“风向”、“风力”、“流向”等内容。所有各项使用回车键可以确认并将焦点移到下一个项目。

年份，采用四位制，也可以采用二位制；二位制仅限于1950~2050年。

天气，可以通过数字7、8、9分别选择雨、阴、晴等天气，也可以直接输入汉字，还可以使用鼠标选择相应的天气。

风向、风力、流向等项的选择方法与“天气”的选法基本相同。

停表牌号，从下拉列表框中选择，也可以直接输入。对于直接输入的内容，当用户按回车键时，系统会把输入内容记入备用。

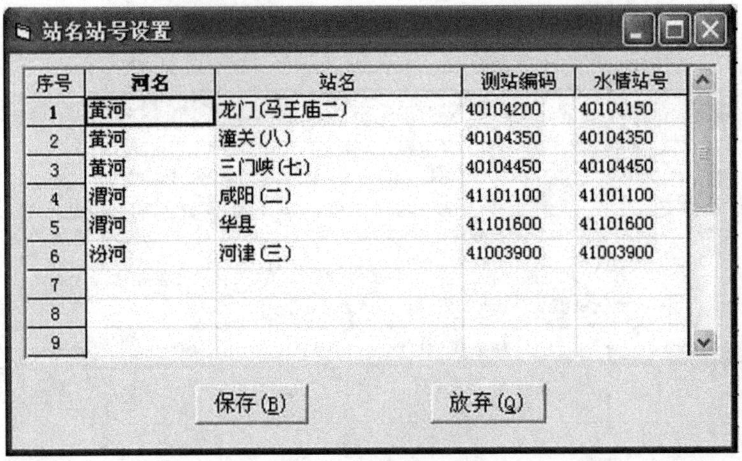

站名站号设置

序号	河名	站名	测站编码	水情站号
1	黄河	龙门(马王庙二)	40104200	40104150
2	黄河	潼关(八)	40104350	40104350
3	黄河	三门峡(七)	40104450	40104450
4	渭河	咸阳(二)	41101100	41101100
5	渭河	华县	41101600	41101600
6	汾河	河津(三)	41003900	41003900
7				
8				
9				

保存(B)　　放弃(Q)

图 8-3　站名站号设置对话框

8.2.2.3　选择流速仪

添加流速仪参数到测验数据(【流速仪参数】列表)中。从“设置”菜单执行“添加流速仪”命令或单击【添加】按钮,打开“选择流速仪”对话框(见图 8-4),从“流速仪选择表”中选定使用的流速仪(在“选择”列的复选框中单击以打上对钩),按【确定】按钮即可完成。

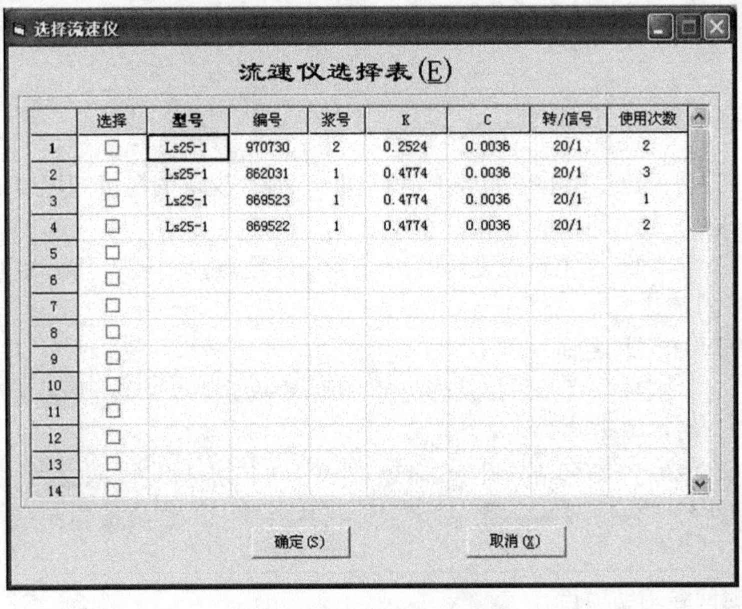

选择流速仪

流速仪选择表(E)

	选择	型号	编号	浆号	K	C	转/信号	使用次数
1	□	Ls25-1	970730	2	0.2524	0.0036	20/1	2
2	□	Ls25-1	862031	1	0.4774	0.0036	20/1	3
3	□	Ls25-1	869523	1	0.4774	0.0036	20/1	1
4	□	Ls25-1	869522	1	0.4774	0.0036	20/1	2
5	□							
6	□							
7	□							
8	□							
9	□							
10	□							
11	□							
12	□							
13	□							
14	□							

确定(S)　　取消(X)

图 8-4　选择流速仪对话框

一次可以添加多个流速仪。

如果所选流速仪不在选择列表中,则应进行流速仪参数设置。

8.2.2.4　停表牌号

停表牌号可以从下拉列表框中选择,也可以直接输入。如果所选停表不在选择列表中,则应进行停表参数设置。

8.2.2.5　流速仪参数设置

从“设置”菜单执行“流速仪参数设置”命令,打开“修改流速仪参数”对话框(见

图 8-5)，逐项编辑流速仪参数，按【保存】按钮即可完成。

修改流速仪参数

序号	型号	编号	浆号	K	C	转/信号	使用次数
1	Ls25-1	970730	2	0.2524	0.0036	20/1	2
2	Ls25-1	862031	1	0.4774	0.0036	20/1	2
3	Ls25-1	869523	1	0.4774	0.0036	20/1	1
4	Ls25-1	869522	1	0.4774	0.0036	20/1	2
5							
6							
7							
8							
9							
10							
11							
12							
13							
14							

保存(B) 放弃(Q)

图 8-5 流速仪参数编辑对话框

8.2.2.6 停表参数设置

从“设置”菜单执行“停表参数设置”命令，打开“停表参数设置”对话框（见图 8-6），逐项编辑停表参数，按【保存】按钮即可完成。

图 8-6 停表参数设置对话框

8.2.2.7 起点距计算方法

获取起点距的方法有直读法和交绘法。直读法包括人工观测的标志牌法，仪器仪表的步进计数器、数码计数器法。交绘法包括正切法和正弦定理法。如果采用直读法，则从起点距的“计算方法”下拉列表框中选择“直读”，后面的其他参数都被忽略；如果选择正切法和正弦定理法，则相应的应填写会选择“交点起点距”、“符号”和“基线长”等项，见图 8-7。

图 8-7 起点距计算对话框

8.2.3 测深数据采集

垂线上的数据包括测深数据（垂线号、起点距、测深时间、水位、河底高程、水深等）和测速数据（相对位置、仪器序号、信号数和测速历时、流向偏角等），其采集顺序按以上排列进行（见图 8-2）。测深时间、水位、河底高程、流向偏角等为可选项。

每个数据项采集完毕后，按 Enter 键确认并跳转到下一项测验。

8.2.3.1 垂线号

垂线号只是用作测验过程的控制数据，它并不直接参加计算。其规则如下：

(1)岸边的垂线号分别填“左岸”和“右岸”。

(2)水边的垂线号填“水边”。

系统提供快捷输入方式：Z—左岸，Y—右岸，S—水边。

除“岸边”和“水边”外，其余垂线的垂线号为可选项，可以由系统自动填写。如果填写，测深垂线和测速垂线的垂线号均应小于 100。系统提供快捷输入方式：0—单独测深垂线，1～9—测速垂线。

8.2.3.2 起点距

起点距的采集方式有人工采集方式和自动采集方式。

人工采集起点距的顺序可以根据情况自由变更。

自动采集起点距由“数据采集”窗口中的“自动测起点距”复选框的选中状态决定（详见控制系统操作手册）。

8.2.3.3 测深（测速）时间

测深（测速）时间是计算相应水位的必要依据，默认时由系统自动填写。

是否填记测深（测速）时间，可以用“工具”菜单中的“记录测深时间”乒乓命令切换。

采用系统填记测深时间还是采用人工填记测深时间，可以用“工具”菜单中的“自动记录测深时间”乒乓命令切换。

人工填记方法：“8:18”可以填“8.18”。

8.2.3.4 水深

水深的采集方式有人工采集方式和自动采集方式。

自动采集水深由“数据采集”窗口中的“自动测深”复选框的选中状态决定。其操作是：起点距采集或录入完毕后按回车键（详见控制系统操作手册）。

人工采集水深的顺序可以变更。

当测深结束后，系统会根据本垂线号和水深确定本垂线的默认测点数，并在第一个测点相对位置栏中显示默认的值。

8.2.4 测速数据

垂线上的测点数由垂线水深、流速仪回转半径和垂线测法控制。

8.2.4.1 相对位置

相对位置栏中可以输入小数,同时还可以输入相对位置的10倍数,系统会自动做出转换。

相对位置不得为空值。

相对位置输入完毕后按 Enter 键确认,系统将会计算该测点的相对水深并显示于状态栏中,供人工测点定位之用。

8.2.4.2 流速仪序号

流速仪序号是为同一次流量测验过程甚至同一垂线上使用不同流速仪而设置的参数。当用户选定流速仪后,该项由系统自动填入。要改变当前流速仪,只要在"流速仪参数"栏中单击目标流速仪即可完成。

8.2.4.3 信号数与测速历时

当"缆道测量控制"窗口(或"测船测量控制"窗口)"自动测速"复选框被选中时,在"相对位置"栏中按 Enter 键,则启动自动测速系统,信号数和测速历时均由系统填写。

人工测速时则逐项填写。完毕后以 Enter 键确认。

8.2.5 流向偏角

观测流向偏角时,人工填入,并按 Enter 键确认;否则,可以不填。本项为可选项。

8.2.6 关于垂线上的测速方法

垂线上的测速方法包括常测法、简测法和选点法。系统默认的测验方法为常测法。在测验过程中要改变测验方法,只要在"垂线测法"栏中选定相应的项即可(见图8-8)。

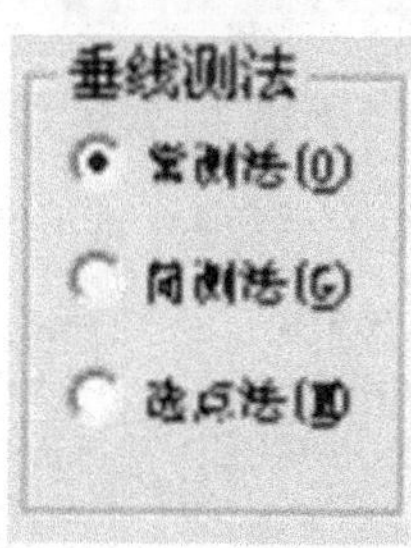

图8-8 多点法测速示意图

"垂线测法"栏是隐藏的,需要时可按"Ctrl + F"使其显示出来,按"Alt + O"、"Alt + G"、"Alt + M"分别选中常测法、简测法和选点法,也可以将鼠标移到窗口的右边缘使其显示出来,单击选中相应的项。

简测法在每条垂线上只测一点;

常测法按规范规定的两点法测验;

选点法根据用户预置的选项选择,一般为五点法。

测验的实际点数可以少于预置的点数。

说明:当实际测点数少于预置的点数时,用户可以在回车确认后按 Home 键转到下一垂线。岸边垂线号"左岸"和"右岸"必须是成对出现的。

8.2.7 终了时间

"终了时间"的录入方法与"开始时间"的录入方法相同,在现场测流时由系统自动填写,只需确认即可。

8.2.8 水位

水位是流量测验中的重要内容之一,也是观测和计算量比较大的项目,特别是相应水位的计算。该系统采用自记水位直接读取和人工观测录入两种方式。

“水位”包括以下断面水位的观测：基本水尺断面、测流断面、比降上断面、比降下断面，见图 8-9。

水位记录	水尺名称	水尺编号	水尺读数(m)			水尺零点高程(m)	平均水位(m)
			开始	终了	平均		
	基本	p	382.35	382.66		0	
	测流						
	比降上						
	比降下						

图 8-9　水位记录录入

8.2.8.1　**水位自记直读方式**

测站的自记水位数据已存入了测流微机，或者进行流量资料校核计算的微机，并选择了水位数据来源中的“自记直读方式”，则系统将从水位数据中读取相关水位数据添加到流量测验数据中，并据以进行相应水位、比降等项目的计算。

8.2.8.2　**人工观测水位数据**

采用人工观测水位的测站，在测流的开始和终了应录入水位观测数据。录入时根据系统提示，输入完毕后按回车键即可。

8.2.9　说明数据输入

说明数据(见图 8-10)包括以下内容。

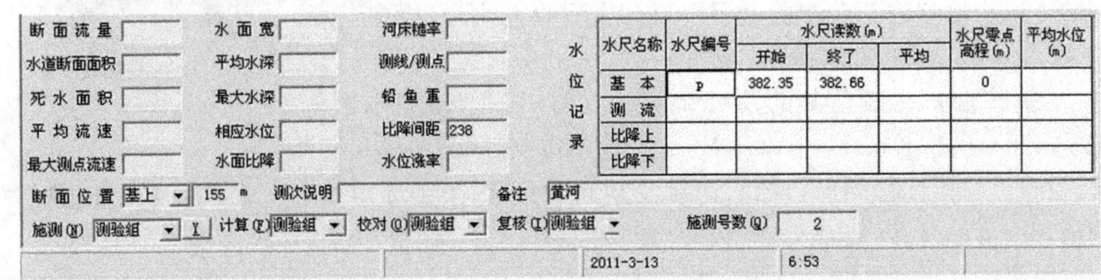

图 8-10

8.2.9.1　**断面位置**

“断面位置”指测流断面与基本水尺断面的相对位置和距离，分两部分填写：在下拉列表框中输入或选择断面“相对方向”，在文本框中输入它们之间的“距离”。

8.2.9.2　**测次说明和备注**

“测次说明”对应于实测流量成果表中“附注”栏的内容，简要说明水面情况、冰情、死水等，一般不超过 7 个汉字。

“备注”包括影响本次测验的问题、多于 1 架的流速仪参数等。

8.2.9.3　**施测号数**

流量的“施测号数”是必填项目。若不填，则系统将提示出错。

输沙率的“施测号数”，同时施测输沙率时填写；

相应单沙的“施测号数”，同时测输沙率时填写。前后测次之间用“—”号相连。

8.2.9.4 签名

用户可以从相应的下拉列表框中选择人员签名,也可以直接输入签名。对于直接输入的签名,按回车键确认后,本次输入将直接添加到相应的签名记录集中。

8.2.9.5 铅鱼重和比降间距

“铅鱼重”记至 kg。

“比降间距”是上下比降断面间的距离,记至 m。

8.3 输沙率测算

8.3.1 输沙率测验

8.3.1.1 现场测验

在“主窗口”的“测验—测验(手动)”菜单执行“输沙率测算”命令[见图 8-11(a)],或者在“流量数据编辑”窗口的“文件—新建”菜单执行“输沙率测算”命令[如图 8-11(b)],则打开[流量输沙率编辑]窗口(见图 8-12),在该窗口编辑流量数据和输沙率数据。

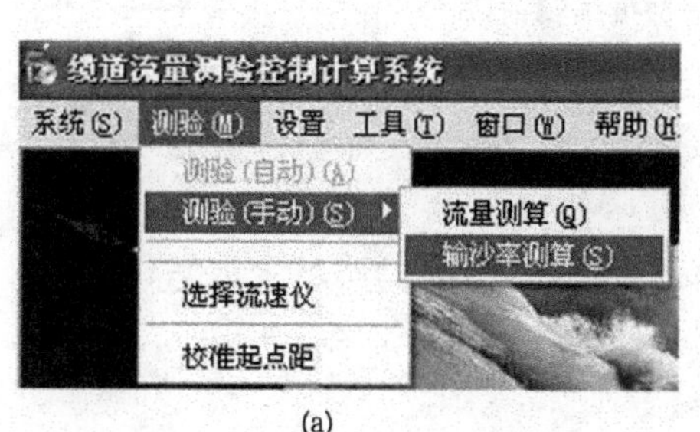

(a)

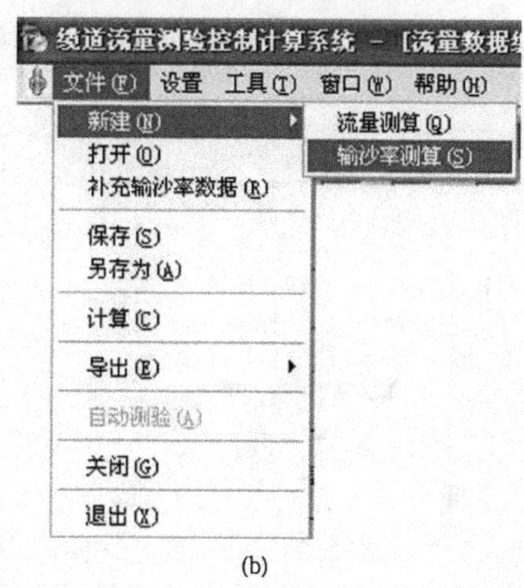

(b)

图 8-11 进行流量输沙率测算

流量数据编辑方法与[流量数据编辑]窗口基本相同。输沙率数据编辑方法见 3.1.2 补测输沙率。

8.3.1.2 补充输沙率数据

在“主窗口”的“系统”菜单执行“补充输沙率数据”命令,或者在[流量数据编辑]窗口的“文件”菜单执行“补充输沙率数据”命令,则系统弹出“打开”对话框,选择已经存在的流量测验数据文件,单击【打开】按钮,在【流量输沙率编辑】窗口打开流量数据文件,在该窗口编辑输沙率数据。

8.3.2 含沙量数据的采集方法

输沙率测算的关键工作是含沙量的采集问题,鉴于目前含沙量数据采集方法差别较大,该系统提供了从含沙量数据库中读数和人工置数两种方法。

对于自动测沙或利用含沙量计算的测站,在流量测验结束后,可以直接读取含沙量数

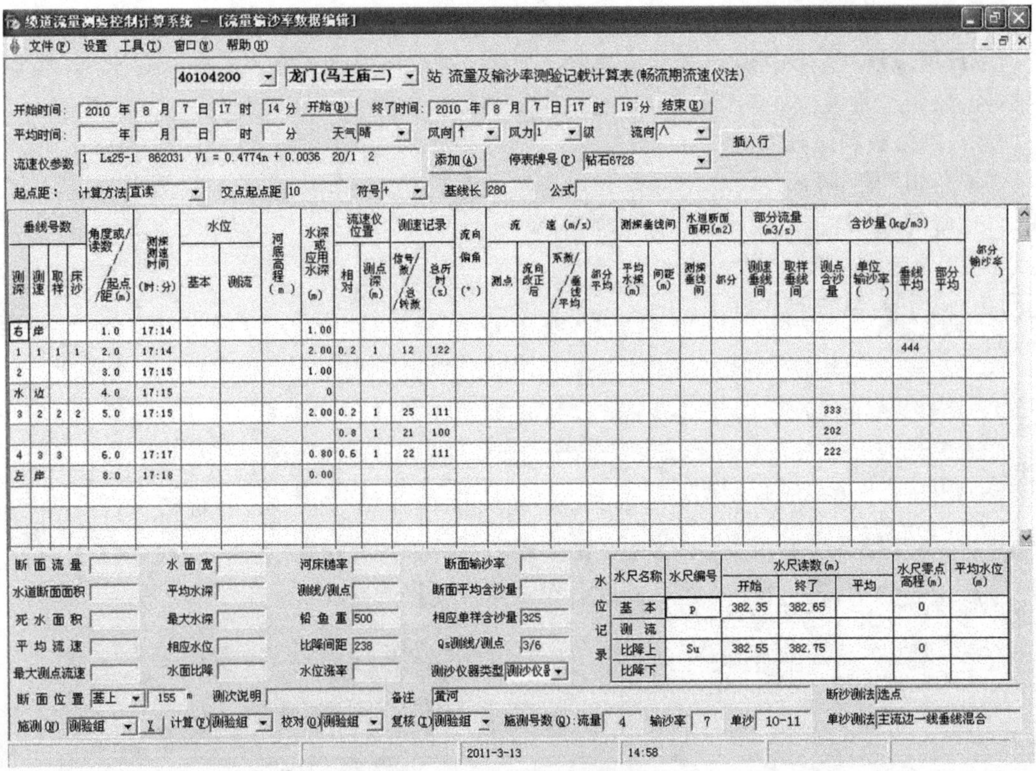

图 8-12　流量输沙率数据编辑窗口

据；而采用其他方法进行含沙量测验的测站，可以留待含沙量数据处理完毕后再进行含沙量数据读取或者人工录入。

8.3.2.1　人工录入测沙数据

对于测沙垂线，在“取样”、“床沙”垂线号中录入相应的垂线号，其录入方法与“测深”、“测速”垂线号录入方法相同，0—取样垂线，1～9—取样并测床沙垂线。

选点法的测点含沙量在“测点含沙量”栏录入。

其他测验方法的垂线含沙量直接在“垂线平均”含沙量栏录入。

每项数据录入完毕后以回车确认。

相应单沙由人工统计填入，同时别忘记填入相应单沙的施测号数。

8.3.2.2　读取含沙量数据

在“流量输沙率数据编辑”窗口的“文件”菜单执行“读取含沙量数据”命令，系统将从含沙量数据文件中分别读取输沙率测验数据和相应单沙数据。

8.4　主要参数和系数的设置

8.4.1　测点流速系数

从“工具”菜单中执行“测点系数管理器”命令，系统弹出“测点流速系数设置”对话框（见图 8-13）。该系统适用于各种测点流速系数、经验系数或实验系数、固定系数或可变系数,不一而足。概括起来,包括“随相对位置变化”的系数和“随相对位置、测点流速共同变化而变化”的测点流速系数。

设置时,用户只需在各“相对位置”表中分别输入“流速上限”和“系数值”,最后按【确定】按钮即可。其中,“最大流速”栏对应的是该系数在该相对位置所适用的最大流速,从小到大排序。

8.4.2 边坡流速系数的设置

“边坡流速系数”包括5个系数值。每个系数值对应于4个不同的应用范围值,见图8-14。边坡流速系数设置时,从“工具”菜单中执行“流速系数设置”命令,在系统弹出的“边坡流速系数设置”对话框中编辑相应的系数。其中:

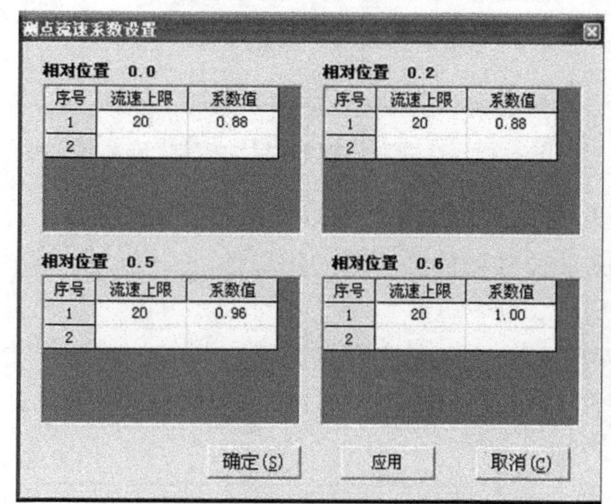

图8-13 测点流速系数设置对话框

边坡流速系数设置

序号	系数名称	系数值	应用范围
1	光滑陡坡	0.9	0-不用
2	光滑缓坡	0.8	0-不用
3	陡　坡	0.8	3-两岸
4	缓　坡	0.7	3-两岸
5	死　水	0.6	3-两岸

确定(S)　取消(C)

图8-14 边坡流速系数设置

“0-不用”表示相应的系数在流量测验中不会出现。

“1-左岸”表示相应的系数适用于左岸。

“2-右岸”表示相应的系数适用于右岸。

“3-两岸”表示相应的系数适用于两岸。

8.4.3 选项

从“工具”菜单执行“选项”命令,打开“参数选项”对话框,可以分别在“通用”选项卡和“自动控制”选项卡中设置各相应参数。

8.4.3.1 含沙量、输沙率单位

规范规定含沙量和输沙率单位有三种组合:“kg/m^3|t/s”、“g/m^3|kg/s”和“kg/m^3|kg/s”。该系统默认的含沙量和输沙率单位是“kg/m^3|t/s”。根据实际情况,用户可以设置为其他值。设置含沙量和输沙率单位的方法是:执行“工具”菜单下的“选项”命令,在“选项”对话框的“通用”选项卡(见图8-15)中选中相应的单位,按【确定】按钮返回即可。

8.4.3.2 开始岸边标志和零点桩的设置

系统默认的流量测验从“左岸”开始。但有些测站习惯从右岸开始,用户可以在“选项”对话框中的“自动控制”选项卡(见图8-16)中选定相应的值,以便此后由系统自动生成。

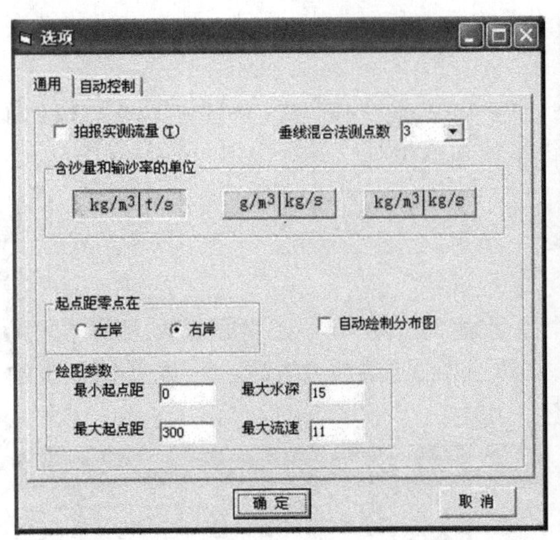

图 8-15 选项对话框的“通用”选项卡

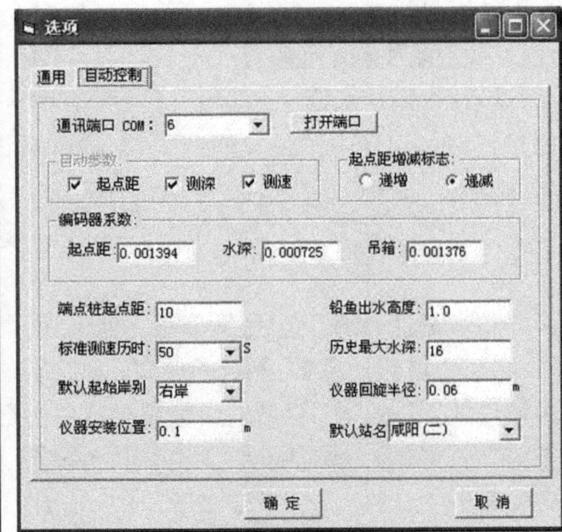

图 8-16 选项对话框的“自动控制”选项卡

零点桩一般设置在左岸,但有个别测站设置在右岸,用户可以在“选项”对话框(见图 8-16)中选定相应的值,以便由系统自动生成垂线号和检验测验的正确性。

8.4.3.3 其他选项

拍报实测流量:选中此项,系统将为用户保留实测流量水情电报数据。

打开数据时自动绘制分布图:选中此项,打开流量测验数据时系统将绘制断面流速和水深分布图。建议选中此项。

垂线混合法测点数:用于计算输沙率测验的总测点数。

绘图参数:定义断面流速、水深分布图的坐标和显示比例。

8.5 文件存储

流量输沙率测验的基本数据、控制数据、参数等文件均以 XML 格式存储。除基本数据外,其他数据文件请勿随意删除;否则,可能造成系统无法运行。

所有数据,请勿使用其他软件进行人工编辑;否则,可能造成系统运行受阻。

8.5.1 基本数据

基本数据包括流量记载计算表或流量输沙率记载计算表中所有的测验数据和控制数据、测点流速系数、边坡流速系数等。

基本数据以“测站编码”+“年份”+“流量施测号数”+“.XML”命名。例如:咸阳水文站 2011 年第 181 次流量的原始数据文件名为“4110110020110181.xml”。

基本数据存储在软件安装目录下的“Data”文件夹中。

8.5.2 控制数据和参数

控制数据是标志测验方法和控制计算过程的重要数据。控制参数是参与相关计算的数据。控制数据和参数均为 XML 格式,存储在软件安装目录下的“ControlData”文件夹中。

8.5.2.1 控制数据

控制数据主要用于控制常规计算方式和自动测验过程。包括以下内容：

(1)通用控制数据 PublicParameter.XML。

(2)铅鱼起点距校准文件 DXLineRegulate.XML。

(3)垂线测验项目说明文件 LineItem.XML。

(4)测站基本信息文件 StationData.XML。

8.5.2.2 计算参数

计算参数主要用于报表项目计算。包括以下内容：

(1)流速仪相关参数文件 lsyCS.XML。

(2)停表相关参数文件 TBCS.XML。

(3)边坡流速系数文件 BorderModulus.XML。

(4)测点流速系数文件 PointModulus.XML。

8.5.3 成果数据

成果数据文件存储计算制表的报表文件,实测流量成果表、实测输沙率成果表数据文件。

流量记载计算表文件以 Excel 文件 *.xls 文件存储于软件安装目录下的"\Data\"+测站编码 文件夹中。

成果表数据文件以 Q1G.XML 和 C1G.XML 存储在软件安装目录下的"\Data\"+测站编码文件夹中。

实测流量成果表、实测输沙率成果表整编数据文件(北方版)分别以 *Q.SSB 和 *C.SSB存储在软件安装目录下的"\Effort"文件夹中。

实测流量成果表、实测输沙率成果表整编数据文件(98 版)分别以 *.Q98 和 *.C98 存储在软件安装目录下的"\Effort"文件夹中。

实测流量成果表、实测输沙率成果表的表格文件分别以 Excel 文件 *.Q1L 和 *.C1L 存储在软件安装目录下的"\Effort"文件夹中。

8.5.4 界面格式化文件

*.cel 均为软件界面格式化文件,没有可编辑的内容。

8.6 辅助功能介绍

该系统设置了一些辅助功能,主要目的是提高该系统的应用范围,便于文件的相互交流,促进各软件之间的相互结合,加快水文现代化的步伐。这些功能包括:实测流量成果表的编制、实测输沙率成果表的编制、实测流量成果数据的导出和导入、实测输沙率成果数据的导出和导入、测点流速系数的导出和导入、边坡系数的导出和导入、测算人员名单的导出和导入。

8.6.1 实测流量成果表的编制和实测流量成果数据的导出

它们的操作方法是：

第一步，从“文件”菜单下“导出”菜单中执行“实测流量成果表”命令，系统弹出“导出实测流量成果”对话框（见图 8-17）。

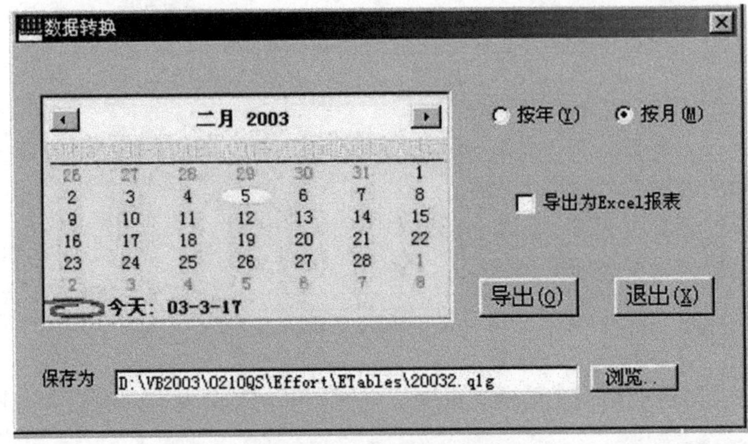

图 8-17 导出数据对话框

第二步，在“导出实测流量成果”对话框中，两个单选按钮可以选择“按年”，导出选定年份的实测流量成果数据；也可以选择“按月”，导出选定月份的实测流量成果数据。

“导出为 Excel 报表”复选框如果被选中，则系统将编制相应时段的实测流量成果表并存储为 Excel 电子表格；否则，系统将编制相应时段的实测流量成果表整编的电算数据文件 *.q1g。这些文件默认的存储位置和默认的文件名列于下面的文本框中，用户也可以按【浏览】按钮来改变路径和文件名。

第三步，上述各参数选好以后，按【导出】按钮，片刻功夫就能完成用户要求的任务。

8.6.2 实测输沙率成果表的编制和实测输沙率成果数据的导出

它们的操作方法与“实测流量成果表的编制和实测流量成果数据的导出”方法相同。

8.6.3 实测流量成果数据的导入

第一步，从“文件”菜单下“导入”菜单中执行“实测流量成果表”命令，系统弹出“导入实测流量成果数据”对话框（见图 8-18）。

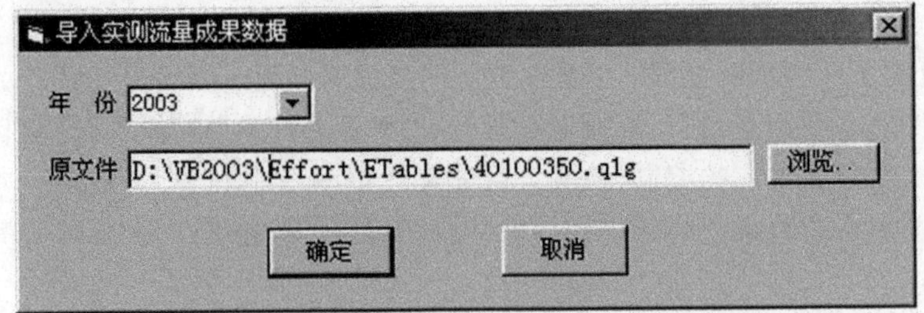

图 8-18 导入数据对话框

第二步,在“导入实测流量成果数据”对话框中,选定所导入数据所在的年份”和实测流量成果数据文件名(包括完整的路径)。

系统默认的文件名是安装目录下的“\Effort\ETables\”目录下的“站号”+“.q1g”。

第三步,上述各参数选好以后,按【确定】按钮,片刻功夫就能完成用户要求的导入任务。

8.6.4　实测输沙率成果数据的导入

它们的操作方法与“实测流量成果数据的导入”方法相同。

8.6.5　实测流量电报

系统在计算流量的过程中会提示用户“是否拍报本次流量?”,如果用户选择“是”,则系统就会将本次流量数据存储,由“水情电报编校程序”读出并编报。

8.6.6　其他数据的导出和导入

其他数据的导出和导入方法与流量成果数据的导出和导入方法基本相同,这里不再赘述。这些数据包括“测点流速系数表”、“边坡系数表”和“测算人员名单”等。

8.6.7　断面流速和水深的套绘分析

如选中“选项”中的“自动套绘分布图”,则断面流速和水深的分布图由系统自动套绘。系统能够同时套绘5次流量的断面流速和水深分布图。

打开原有流量的数据文件时,系统自动套绘断面流速和水深的分布图。

测流时,每测完一条垂线,系统即绘制该垂线的分布图。

双击绘图区域可以改变套绘图的显示比例。

8.7　结　语

随着水文业务技术的发展,对软件功能的需求会不断变化,软件系统应实时进行维护和更新,以满足不同条件下水文业务需要。可以将本程序的部分模块制作成外接函数DLL文件,由不同条件下的软件系统调用。

由于时间和水平所限,本书中难免存在一些不足。读者在使用过程中的意见和建议,我们会积极采纳,根据用户需求予以修正。